土 力 学

主　编　王丽琴　党发宁
副主编　佘芳涛　陈　阳

科学出版社
北　京

内 容 简 介

本书共9章，包括绪论、土的物理性质和工程分类、土的渗透性、土中应力、土的压缩性与地基沉降计算、土的抗剪强度、土压力、土坡稳定分析及地基承载力，并简要介绍了部分科研新进展和土力学思政教学案例。为适应智能化、信息化时代理论教学要求，对部分试验结果分析及复杂公式的计算部分，删除了传统教材中需要查表计算的内容，编制了计算分析电子表格，扫描相关内容处的二维码，进入计算表格，输入实际参数，即可快速获得计算结果。本书文字简明，重点突出；知识点逐层递进，内容与时俱进。

本书既可用作高等院校土木、水利、矿山、环境、市政、交通、港口航道与海岸工程专业本科生的教材，也可供相关专业技术人员学习参考。

图书在版编目(CIP)数据

土力学/王丽琴，党发宁主编. —北京：科学出版社，2022.11
ISBN 978-7-03-073143-2

Ⅰ. ①土… Ⅱ. ①王… ②党… Ⅲ. ①土力学 Ⅳ. ①TU4

中国版本图书馆 CIP 数据核字（2022）第 168705 号

责任编辑：祝 洁 汤宇晨 / 责任校对：崔向琳
责任印制：张 伟 / 封面设计：陈 敬

科学出版社 出版
北京东黄城根北街 16 号
邮政编码：100717
http://www. sciencep. com
北京中石油彩色印刷有限责任公司 印刷
科学出版社发行 各地新华书店经销
*

2022 年 11 月第 一 版 开本：720×1000 1/16
2022 年 11 月第一次印刷 印张：18
字数：358 000

定价：130. 00 元
（如有印装质量问题，我社负责调换）

前　言

万丈高楼平地起，人类所有的工程活动都离不开脚下的“岩”或“土”，“岩”也可看作是未风化的土，或者是黏聚力较大的土。从这一角度说，人类所有的工程活动都离不开与“土”打交道。土的物理力学性质是所有与“岩”或“土”有关的工程类专业研究的基础。“土力学”是土木、水利、矿山、环境、市政、交通、港口航道与海岸工程等专业的一门重要专业基础课，实践性很强，在土建类人才培养中起着重要作用。

为满足21世纪国家建设对专业人才的需求，适应智能化、信息化时代土力学理论教学的特点，响应教育部2019年全国教育工作大会“以本为本”，推进“四个回归”，全面提高人才培养能力的精神，根据高等院校工程教育专业评估（认证）对知识、能力与素质的要求编写了本书，对一些科研新进展进行了简要介绍，对部分重点内容进行了细化。

本书由西安理工大学王丽琴、党发宁、佘芳涛、陈阳编写。其中，王丽琴编写第1章、第2章、第4～6章；佘芳涛编写第3章；陈阳编写第7～9章；附录由王丽琴与党发宁共同编写。书中二维码链接的土力学试验分析及复杂公式计算部分的电子表格由王丽琴编制。全书由王丽琴统稿，党发宁审稿。

本书的出版获得了西安理工大学的资助，得到了岩土工程研究所众多老师的大力支持，在此表示衷心的感谢！本书参考了很多国内外相关文献，在此对文献作者一并表示感谢！

由于作者水平有限，书中难免存在疏漏与不足之处，敬请读者批评指正。

作　者

2022年3月

目　　录

第1章　绪　　论

人类的生活离不开水与空气，当然也离不开土。人们非常熟悉土，土滋养着万物生长，在生活中随处可见。肥沃的土地上、贫瘠的沙漠中、松软的海滩边，到处是土，连戈壁滩上的飞沙走石都是土。土是地球表面大块的岩石经过风化、搬运、沉积而形成的一种松散的堆积物，分布在地球的表面，与人类的生产、生活密切相关。

土可以作为建筑地基，也可以作为建筑物的周围环境介质（如隧道周围的土体），还可以作为建筑材料（如铁路、公路路基，工业与民用建筑物基坑、堤坝等的填料）。

与其他材料相比，土不是连续介质，而是由各种大小不同的颗粒集合而成的，是散粒体介质，具有松散性。颗粒间存在孔隙，孔隙间又有水与空气的存在。因此，土是由固相（土颗粒）、液相（水）和气相（空气）组成的三相体系，区别于一般的建筑材料（木材、石块、水泥、混凝土、钢筋……），主要具有以下几个特点。

（1）土的强度比较低且质地不均匀。

（2）土是多相体。土体的固相（土颗粒）、液相（水）和气相（空气）之间质量与体积的比例关系，特别是孔隙水的多少，对土的物理力学性质有很大影响。

（3）土具有透水性与隔水性。工程中常利用其良好的透水性或隔水性进行设计与施工。例如，透水性差的饱和软土或淤泥土地基常采用砂井及砂垫层加快地基的排水固结（图 1-1）；工程中还常利用隔水性好的黏土作为防渗处理的材料。

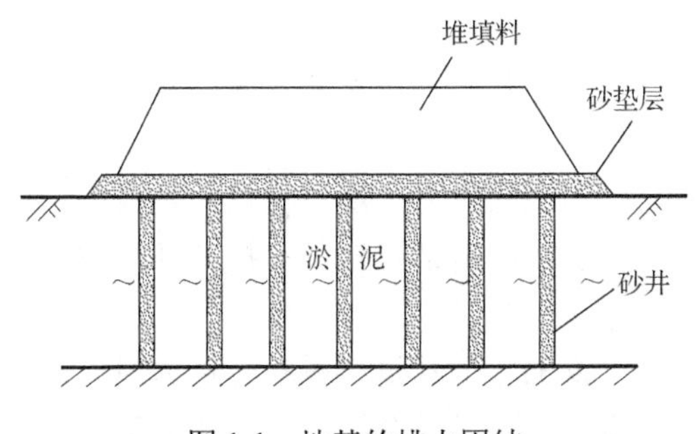

图 1-1　地基的排水固结

（4）土的变形较大。由于土颗粒之间联结很弱甚至无联结，在荷载作用下土颗粒之间会发生相对位移，孔隙水、气逐渐排出使孔隙减小。因此，相对于一般材料，土的变形较大，是一种大变形材料。

（5）土的变形需要一定时间才能完成。尤其是对于一些饱和的软黏土，并不是在加荷瞬间土的变形就会全部完成，而是需要几天、几月、几年、十几年甚至更长的时间，原因就是水从土的孔隙中排出需要一定的时间。透水性越差，需要的时间就越长。

（6）土的变形包括弹性变形和不可恢复的塑性变形。因此，按照弹性理论很难完全解决土力学中的有关问题，需要利用弹塑性理论和塑性理论来解决。

土力学是利用力学原理和土工试验技术来研究土的应力、应变、强度、渗透和稳定性等特性及其随时间变化规律的学科，它来源于生产力的发展，与工程实践有密切的关系。土无论作为建筑物地基、建筑材料，还是作为建筑物的周围环境介质，均与土力学所研究的范畴有关。

土力学研究的问题比较复杂，主要源于土本身的复杂性，具体如下。

（1）土的形成时代不同，有早有晚。整个第四纪的 250 多万年，地球表面均有土的沉积。不同沉积时代的土，工程性质差别很大。

（2）土的生成环境不同。例如，干旱区形成的黄土、湿热区形成的红土、静水区形成的淤泥土，性质截然不同。

（3）不同土体中的矿物成分及土颗粒的大小、形状均不同；同一土体，其三相之间质量与体积的比例也可不同。

以上各方面的差异，导致土体的性质千差万别。即使是同一类土，处于不同的场地、不同的深度，其性质均会不同。土的具体工程性质需通过试验分析，这些试验称为“土工试验”，其操作必须按照相关的土工试验方法标准进行。实际工程中，几乎找不到性质完全相同的土，要掌握某种土的性质，必须通过土工试验对土的物理力学性质进行测试，才能确定其基本参数。因此，土工试验在土力学（岩土工程）中非常重要，必须重视。

1.1 土力学的发展

土力学是一门古老而年轻的学科。所谓古老，是指在古代虽未形成土力学的理论体系，但人们早已有实践；所谓年轻，是指其真正成为一门独立的学科还未足百年。

在古代，人们已懂得将土作为建筑材料和建筑物的地基。在长期的生产实践中，人们不断地积累经验，修建了一个又一个的伟大工程，如我国的都江堰、万里长城、大运河、坎儿井，古埃及的金字塔，古罗马的阿皮亚古道等，无一不体现着当时人们的聪明才智与丰富的工程经验，但由于社会生产发展水平和技术条件的限制，发展较慢。直到18世纪中叶，人们对土工程性质的认识还停留在感性阶段。

18世纪中叶至20世纪初期，随着欧洲工业革命的发展，大型建筑物的兴建及相关学科的发展，人们开始从已得的感性认识来寻求对土工程性质的理性解释。许多学者开展了土力学问题的理论和试验研究，总结前人和自己的实践经验，取得了迄今仍然行之有效的重要研究成果，为土力学理论的逐步形成奠定了基础。1773年，法国的库仑（Coulomb）提出了土压力滑动楔体理论；随后，在试验的基础上，库仑于1776年又提出了砂土的抗剪强度公式。1856年，法国的达西（Darcy）在研究砂土中水的渗透特性的基础上提出了著名的达西定律。1857年，英国的朗肯（Rankine）分析半无限空间土体在自重作用下达到极限平衡状态时的应力条件，提出了另一著名的土压力理论，与库仑土压力理论一起构成了古典土压力理论。1885年，法国的布西内斯克（Boussinesq）提出了弹性半无限体上作用有竖向集中力时应力和变形的理论解，为地基承载力和地基变形的计算提供了理论依据。1900年，德国的莫尔（Mohr）提出了至今仍广泛应用的土的强度理论，发展了库仑强度理论。1920年，法国的普兰特尔（Prandtl）提出了地基极限承载力公式。1925年，美国学者太沙基（Terzaghi）将当时自己及前人已有的成果进行系统的整理，出版了专著*Erdbaume Chanik*，成为土力学作为一个完整而独立的学科诞生的标志。他提出的饱和土体有效应力原理、单向渗透固结理论、地基承载力理论等一系列成果，把土力学推到了一个新的高度，因此太沙基被公认为是土力学的奠基人。

随后，世界各国学者从不同角度、不同侧面发展了这门学科。1927年，瑞典的费伦纽斯（Felenius）提出了土坡稳定分析方法，为处理滑坡奠定了基础。1931年，苏联学者格尔谢瓦诺夫（Gersevanov）出版了《土体动力学原理》。比奥（Biot）分别于1940年、1951年提出了静力、动力的固结理论。1954年，索科洛夫斯基（Sokolovski）发表了《松散介质静力学》，斯肯普顿（Skempton）发展了有效应力原理，毕肖普（Bishop）、简布（Janbu）推进了边坡稳定性分析理论。1963年，英国罗斯科（Roscoe）提出了剑桥本构模型，全面考虑了土的压硬性和剪胀性，并出版了《临界状态土力学》，标志着现代土力学的开始。

我国的很多学者在土力学领域也作出了许多重要的贡献。例如，黄文熙改进了地基应力与沉降计算方法；陈宗基将流变学基本概念引进土力学，提出了流变模型；钱家欢求解了黏弹性多孔介质的固结问题；谢定义对砂土液化及黄土结构性问题进行研究，提出了结构势理论，开辟了土体结构性定量研究的先河；沈珠江对有效应力动力分析方法进行了研究。众多学者的研究成果，都推动着土力学向更高层次不断发展。

随着计算机的广泛应用，一些复杂的岩土力学问题可以通过计算机进行数值求解，相应的计算软件也得到了迅速的发展，扩展了土力学研究的空间。

1.2 与土有关的工程问题

前文已述及，土具有广泛的工程应用，可以是建筑物的地基、土工建筑材料，还可以作为建筑物的周围环境介质，因此，实际工程中存在大量与土有关的工程问题。

1. 与土的强度有关的工程问题

加拿大特朗斯康谷仓的平面形状为矩形，长 59.44m，宽 23.47m，高 31.00m，容积 36368m3。谷仓为圆筒仓，每排 13 个圆筒仓，共由 5 排 65 个圆筒仓组成。谷仓的基础为钢筋混凝土筏基，厚 61cm，基础埋深 3.66m。谷仓自身质量为 20000t，相当于装满谷物后满载总质量的 42.5%。该谷仓于 1911 年开始施工，1913 年秋完工。1913 年 9 月谷仓开始装填谷物，10 月 17 日装谷物达 31822m^3时，发现 1h 内垂直沉降达 30.5cm，24h 后谷仓向西倾斜达 26°53′，西端下沉 7.32m，东端上升 1.52m，表现为整体倾倒，如图 1-2 所示。

图 1-2 加拿大特朗斯康谷仓地基破坏

谷仓倾倒后，上部钢筋混凝土圆筒仓基本完好，仅有极少的表面裂缝，说明上部结构的设计是合理的。1952 年，对其地基进行勘察试验发现，基础下埋藏有厚达 16m 的软黏土层，该地基的实际承载力仅为 193.8～276.6kPa，远小于谷仓地基破坏时 329.4kPa 的基底压力，地基超载而发生强度破坏。其原因在于设计时未对谷仓地基承载力进行调查研究，而是借鉴了邻近建筑物地基 352kPa 的承载力。为恢复谷仓的使用功能，事后在谷仓下设置了 70 多个支撑于基岩上的混凝土墩，使用 388 个 50t 千斤顶及支撑系统，才将仓体逐渐纠正过来，但其高度比原来整体降低了 4m。

2009 年，上海市闵行区某在建的 13 层住宅楼整体倾倒（图 1-3），也与土的强度问题密切相关。事后调查结果显示，楼房倾覆的主要原因是楼房北侧（靠近淀浦河一侧）在短期内堆土高达 10m，堆载是土承载力的两倍多，而南侧正在开挖 4.6m 深的地下车库基坑，两侧压力差导致土体产生水平位移，过大的水平力超过了桩基的抗侧能力，最终导致楼房倾倒。

图 1-3 上海市某住宅楼整体倾倒

2. 与土的变形有关的工程问题

意大利著名的比萨斜塔始建于 1173 年 8 月，设计为直立结构。在 1178 年修建至第 4 层（高约 19m）时，因发现塔身向东南方向倾斜而停工。为修正倾斜，1272 年复工后，施工时曾企图通过调整承重柱的粗细和墙体的厚薄来改变塔身倾斜，但均未获成功。1278 年建至第 7 层（高约 48m）时，塔身转而向南倾斜，遂再次被迫停工。1360 年再次复工，至 1372 年竣工。全塔共 8 层，高度为 54.5m。比萨斜塔倾斜的原因在于：地基持力层为粉砂，其下为黏质粉土与淤泥质软黏土，地下水埋深约 1m，土层的压缩模量较小，变形较大，在修建过程中便发生了明显的不均匀沉降。历史上，虽采取了挖环形基坑卸载、基坑防水处理、基础灌浆加固等措施，但塔身的倾斜并未停止。1990 年 1 月，比萨斜塔被迫关闭。1991 年，塔身向南倾斜最大时，其顶部中心点偏离垂直中心线达 5.5m 以上，塔体倾斜 5.5°，塔基最大沉降量 3m，南北两端沉降量差 1.8m。1992 年 7 月开始，对比萨斜塔采取了一系列的保护及纠偏措施，如钢圈加箍、钢缆反向斜拉塔身；在斜塔北侧利用铅锭反压，并使用斜钻对塔底软土进行定期抽取。斜塔逐渐回倾，塔顶中心点偏离垂直中心线的距离减少了 43.8cm，对塔基进行加宽加厚处理后，逐步移除铅块反压荷载。2001 年 12 月，比萨斜塔重新向公众开放，如图 1-4 所示。

图 1-4　比萨斜塔

日本关西国际机场位于日本大阪湾东南部的泉州海域离岸 5 公里的海面上，1994 年正式通航，是世界第一座完全填海造陆的人工岛机场。由于大阪湾海底存在厚层淤泥土，机场从建设之日起就一直处于不停的沉降中，至今仍未沉降稳定。有机构警告，若无法解决沉降问题，该机场可能将在 21 世纪中叶被淹没。

3. 与土的渗透有关的工程问题

美国爱达荷州蒂顿（Teton）土坝的最大坝高 125.58m，坝顶长 944.88m，坝顶高程 1625.2m。该大坝于 1972 年 2 月开始动工兴建，1975 年建成。1975 年 10 月开始蓄水，1976 年春季库水位迅速上升，6 月 5 日库水位高程达 1616.0m 时发生溃坝事故，造成 14 人死亡，2.5 万人受灾，60 万亩（1 亩≈666.67m^2）农田被淹，32km 铁路被毁；直接经济损失 8000 万美元，并发生诉讼 5500 多起，涉案金额 2.5 亿美元。1976 年 10 月，蒂顿坝溃坝原因独立调查专家组认为水力劈裂造成的坝体管涌是此次失事的主要原因。在溃坝前 2 天，即 1976 年 6 月 3 日，在坝下游 400～460m 右岸高程 1532.5～1534.7m 处，发现有清水自岩石垂直裂隙流出；6 月 4 日，右岸坝脚下游 60m、高程 1585.0m 处发现有清水渗出；6 月 5 日晨，该渗水点出现窄长湿沟。上午 7:00，右侧坝趾高程 1537.7m 处发现有浑水流出，流量达 0.56～0.85m^3/s，在高程 1585.0m 也有浑水出露，且两股水流有明显加大趋势；上午 10:30，流量达 0.42m^3/s 的水流自坝面流出，将坝面块石护坡料冲走，同时听到炸裂声，随即在坝下 4.5m 刚发现出水的同一高程处出现小的渗水，新的渗水迅速增大，并从与坝轴线大致垂直、直径约 1.8m 的孔洞（坝轴线桩号 15+25）中流出；上午 11:00，在上游水库内靠近右岸处出现一个漩涡，直径迅速扩大；11:30 靠近坝顶的下游坝面出现下陷孔洞；11:55 坝顶开始破坏，形成水库泄水沟槽，如图 1-5 所示，大坝溃决。

图 1-5　美国蒂顿坝溃坝事故

以上实例均说明工程中存在与土的强度、变形、渗透等有关的工程问题，若没有给予足够的重视，将导致工程发生严重的后果。因此，为保证工程安全稳定，必须掌握土力学的相关知识和理论，并进行正确地应用。

1.3　土力学的学习内容、目的与方法

土力学从 1925 年诞生，到目前已有近百年的历史，现已成为土木、水利相关专业必不可少的一门专业基础课，其内容主要如下。

（1）土的物理性质：包括土的三相组成、物理性质指标、物理状态、结构性及压实性等。

（2）土的渗透性：土中水的渗透规律及渗流产生的力学作用等。

（3）土中应力：修建建筑物前后地基土体中应力的计算方法等。

（4）土的变形性质：荷载作用下土的压缩变形规律、地基沉降计算方法等。

（5）土的抗剪强度：土体在外力作用下的破坏规律等。

（6）土压力：挡土结构所受土压力的计算方法等。

（7）土坡的稳定性：土堤、土坡在重力和外力作用下的稳定性计算方法。

（8）地基承载力：研究地基在荷载作用下的破坏形式和地基承载力的计算方法。

土力学可以分析工程中与土有关的实际问题，人们掌握土体的工程特性后可用于指导工程实践。掌握土力学理论，学好土力学知识，需注意以下几点。

（1）注意土的基本特点：通过与其他材料（如混凝土、钢筋）的对比，掌握土的特殊性。

（2）注重理论联系实际：通过现场观察与土工试验，掌握土的工程性质及在工程中的应用。

（3）注重正确的学习方法：应搞清基本概念，掌握原理，抓住重点，需在理解的基础上，关注各知识点之间的联系，要记忆但避免死记硬背。

第 2 章　土的物理性质和工程分类

“土”在不同的学科有其不同的含义。就土木、水利相关学科而言，土是指覆盖在地表的没有胶结或胶结较弱的固体颗粒堆积物。土与岩石的区别仅在于颗粒间胶结的强弱，因此有时也会遇到难以区分的情况。实际上，岩石与土是相互转化的。地球表面完整的岩石在遭受风化作用破碎后，形成形状不同、大小不一的颗粒，受自然营力作用，在不同环境堆积形成了土；反过来，土在漫长的地质年代里，发生复杂的物理化学变化，压密、岩化，最终便形成了岩石。岩石和土就是这样不断地相互转化着，但对于人类历史而言，这种转化几乎察觉不到。

2.1　土 的 形 成

2.1.1　风化作用

岩石在向土转化的过程中，首先经历风化作用，这是地壳表层的岩石在太阳辐射、大气、水溶液及生物等因素的作用下，逐渐破碎、松散或发生化学变化，甚至生成新矿物的过程。风化作用可分为物理风化、化学风化和生物风化。

物理风化是指地表的岩石在自然因素（如温度的昼夜和季节变化、水的冻融变化、风的作用等）及盐类结晶等作用下产生机械破碎，或者在运动过程中因碰撞和摩擦等粒径变小的作用。其作用结果是使大块岩石变成碎块或细小的颗粒，但这种改变只是粒径大小上的不同，其矿物成分仍与原岩相同，称为原生矿物。物理风化形成的土颗粒一般粒径较大，肉眼可辨，是粗粒土的主要部分。

化学风化是指地表岩石受水、氧气及二氧化碳的作用而发生化学成分的改变，并产生新矿物的过程。化学风化作用包括水化作用、水解作用、氧化作用、碳酸化作用及溶解作用等。不仅破碎了岩石，而且改变了其化学成分，形成了新的矿物，称为次生矿物。例如，正长石经水解作用或碳酸化作用可形成高岭石。化学风化形成的土颗粒粒径小，肉眼无法辨别，是细粒土的重要组成部分。

生物风化是指在生物生长和分解的过程中，直接或间接地对岩石和矿物产生物理和化学作用的过程。生物物理风化作用就是生物的生命活动促使岩石机械破碎。例如，生长在岩石裂缝中的植物逐渐长大，其根系逐渐变粗、变长、增多，就像楔子一样将岩石逐渐劈裂；地鼠、蚂蚁、穿山甲等穴居动物，穿石翻土，破坏岩石的完整性等。人类的活动尤其是工程建设对岩石的破坏作用更加明显。生物化学风化作用就是生物的新陈代谢、遗体及其产生的有机酸、碳酸、硝酸等的腐蚀作用，使岩石矿物逐渐分解和风化，改变其矿物成分，并形成了有机质。

岩石的各类风化作用常常是同时存在、互相促进、彼此相互紧密联系的，但在不同的环境里，主次不同，就会形成多种多样的土。

2.1.2　土的堆积类型

工程中的土大多数是第四纪（Q）地质历史时期形成的。晚更新世（Q_3）及其以前沉积的土，为老沉积土；第四纪全新世（Q_4）中近期沉积的土，为新近沉积土。

岩石的风化产物经不同地质营力的搬运和堆积作用形成不同类型的土，其地质特征和工程性质也各不相同。按搬运和堆积作用的不同，土可分为残积土和运积土两大类。

残积土是指母岩表层经风化作用破碎后，未经搬运而残留在原地的碎屑堆积物。残积土颗粒表面粗糙、多棱角、粗细不均、无层理。一般干旱地区的残积土颗粒较粗，湿热地区的颗粒较细。残积土分布厚度变化较大，土质较疏松。

运积土是指母岩风化形成的土颗粒受地质营力的作用，搬运一定距离后沉积下来的松散堆积物。在搬运过程中，由于摩擦、碰撞等作用，运积土颗粒具有一定的磨圆度；在沉积过程中，粗的、重的、球状的颗粒下沉快，细的、轻的、片状的颗粒下沉慢，因此运积土具有一定的分选性。

根据搬运力和搬运距离的不同，运积土又可分为以下几类。

（1）坡积土：由暂时性水流或重力的作用，将覆盖于坡面上的风化破碎物质洗刷到山坡坡脚处形成的堆积物。坡积土厚度变化较大，一般在坡脚处最厚，向山坡上部及远离山脚方向逐渐变薄尖灭，其中的土颗粒粗细不均，层理不明显，磨圆度差。

（2）洪积土：暂时性的地表水流汇集后形成洪流，洪流裹挟着大量的泥砂、石块冲出沟口，在山麓沉积下来形成的堆积物。洪积土成分复杂，主要由上游汇水区岩石种类决定。在平面上，山口处洪积土颗粒粗大，多为砾石、块石；远离山口处越来越细，由砂直至黏土。在断面上，越往底部，颗粒越粗。洪积土初具分选性和层理，有一定的磨圆度。

（3）冲积土：由江河等常年流水搬运的岩石风化产物，在沿途合适的场所沉积下来形成的堆积物。因此，山谷、河谷和冲积平原上都有冲积土分布。冲积土颗粒成分复杂，可来源于沉积场所上游的山区、河谷等。由于搬运距离长，冲积土颗粒具有很好的磨圆度与分选性。

（4）淤积土：在静水或缓慢流水中堆积而成的土。主要包括湖沼相沉积土和海相沉积土。

湖沼相沉积土是指在湖泊或沼泽地的缓慢水流或静水中沉积下来的堆积物。河流注入湖泊时，水流挟带的岩石碎屑、泥砂等由于流速减小等，在湖泊内不同位置逐渐沉积下来，形成湖积土。粗粒泥砂常沉积在河流入湖处，越向湖心，沉积的颗粒越细。湖中间主要是黏性土、淤泥类土，常含有较多的有机质，土质松软。湖泊逐渐淤塞，则形成沼泽。在沼泽地的堆积物称为沼泽土，主要成分是含有半腐烂植物残余体的泥炭，特点是含水率极高，土质十分松软，工程性质极差。

海相沉积土是指由江河入海带来的或由海浪、潮汐等剥蚀海岸产生的各种物质，以及海洋中生物遗体等沉积而成的土。近海岸一般颗粒略粗，土质尚可。离海岸越远，堆积物颗粒越细小。海相沉积土表层土质松软，工程性质较差。

（5）冰积土：由冰川或冰水挟带搬运，在谷地或沟口沉积形成的堆积物。一般分选性极差，颗粒粗细变化较大，土质不均匀，无层理。

（6）风积土：由风力搬运形成的堆积物。颗粒均匀，往往堆积层很厚且不具层理。我国西北广泛分布的黄土就是典型的风积土。

由此可知，土是岩石风化后在不同条件下形成的自然历史的产物。由于形成过程不同，自然条件不同，就形成了性质复杂且随时间不断变化的土体。对土进行工程性质评价时，应重视土的形成历史、环境及存在条件等对土性的影响。

同一场地不同深度土的性质不一样，甚至同一位置的土，其性质随方向也不同。因此，仅根据土的堆积类型，远远不足以说明土的工程特性，要进一步描述和确定土的性质，就必须具体分析和研究土的三相组成、物理状态和土的结构。

2.2　土的三相组成

土是一种松散的颗粒堆积物，由固相、液相和气相三相组成。固相部分主要是土颗粒，有时还有粒间胶结物和有机质，构成了土的骨架，称为土骨架。液相部分主要是水，自然条件下水中还可以溶解一定的物质。气相部分主要是指空气，有时还可能有其他的气体。水和气体存在于土骨架间遍布的相互贯通的孔隙中。这些孔隙如果一部分被水占据，另一部分被气体占据，这种土称为非饱和土；如果完全被水充满，称为饱和土；如果完全充满气体，称为干土。非饱和土为三相土，饱和土和干土均为两相土。

土的固、液、气三相各自的性质及其之间的比例关系和相互作用决定着土的物理力学性质，因此，研究土的性质，首先需研究土的三相组成。

2.2.1　土的固相

土颗粒是土的固相必不可少的部分，其大小、形状、矿物成分和颗粒大小搭配情况对土的工程性质有着显著的影响。土粒的大小与成土矿物之间存在着一定的相互关系，因此土粒大小在某种程度上也就反映了土粒性质上的差异。颗粒大小和矿物成分不同的土可以表现出截然不同的性质。例如，颗粒粗大的砾石、砂大多为棱角状或浑圆状的石英或长石颗粒，组成的土具有很大的透水性，完全没有黏性和可塑性；颗粒细小的黏粒则是针状或片状的黏土矿物，透水性很小，而黏性和可塑性较大。

1. 颗粒级配

土粒的大小通常以粒径表示。天然土是由无数粒径大小不同的土粒组成的。自然界中土粒的大小相差悬殊，逐个研究它们的大小是不可能的，对工程而言也没有这个必要。通常，以土在性质上表现出明显差异的分界粒径作为依据，将粒径按大小分组，称为粒组。同一粒组的土，工程性质相近；不同粒组的土具有不同的性质。各国粒组的分界粒径不尽相同，我国《土的工程分类标准》（GB/T 50145—2007）对土的粒组划分见表 2-1。

表 2-1　土的粒组划分

粒组	颗粒名称		粒径 d/mm
巨粒	漂石（块石）		$d>200$
	卵石（碎石）		$60<d\leqslant 200$
粗粒	砾粒	粗砾	$20<d\leqslant 60$
		中砾	$5<d\leqslant 20$
		细砾	$2<d\leqslant 5$
	砂粒	粗砂	$0.5<d\leqslant 2$
		中砂	$0.25<d\leqslant 0.5$
		细砂	$0.075<d\leqslant 0.25$
细粒	粉粒		$0.005<d\leqslant 0.075$
	黏粒		$d\leqslant 0.005$

实际上，天然土常是由多种粒组的土颗粒所组成的，是不同粒组的混合物。显然，土的性质很大程度上取决于土中各粒组的相对含量。土中某粒组的相对含量定义为该粒组中土粒质量与干土总质量之比，常以百分数表示。土中各粒组的相对含量就称为土的颗粒级配。土的级配好坏将直接影响土的性质。级配良好的

土，压实时能达到较高的密实度，因此，压实土的透水性小、强度高、压缩性低。相反，级配不良的土，往往压实后密度小、强度低，或者渗透稳定性差。

为了确定土中各粒组的相对含量，必须用试验方法将各粒组区分开来，这个试验称为颗粒分析试验。

1）颗粒分析试验

最常用的颗粒分析试验方法有筛分法和水分法两种。

筛分法适用于粒径 $0.075\text{mm} < d \leqslant 60\text{mm}$ 的粗土颗粒。该方法是将一套孔径由大到小的筛子（粗筛和细筛，见图 2-1），按从上至下孔径逐渐减小放置。将具有代表性的、事先称过质量的风干土样放入顶层筛中，盖好顶盖，充分振摇后，称出留在各筛上土粒的质量，计算其占总土粒质量的百分数，用以确定土中各粒组的土粒含量。

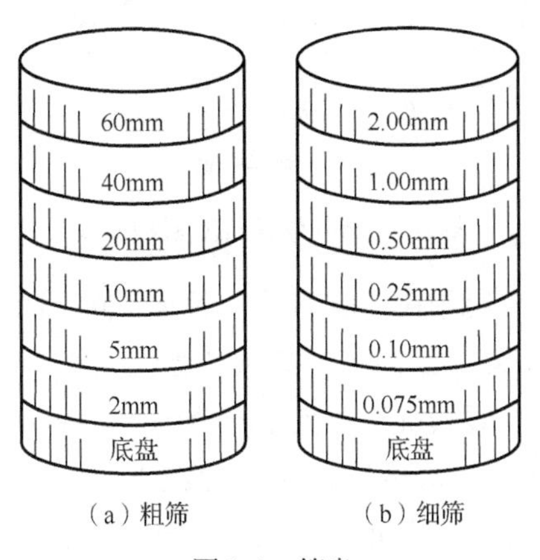

（a）粗筛　　　　（b）细筛

图 2-1　筛盘

水分法适用于粒径 $d \leqslant 0.075\text{mm}$ 的细土颗粒。根据斯托克斯定理，先用水使土粒彼此分散，制成悬液，然后根据不同粒径的土粒在静水中下沉速度不同的原理，来测定粒组的相对含量。水分法可采用密度计法或移液管法进行，具体的试验方法与步骤可参考《土工试验方法标准》（GB/T 50123—2019）。

当前，工程实践中颗粒分析试验也常采用激光粒度仪。

2）颗粒级配曲线

筛分法测定粗颗粒，水分法测定细颗粒，合并整理两部分的测定结果，可得到土样粒径组成的全部情况。计算小于各个分界粒径的土粒质量占总土质量的百分数，在半对数坐标系下标出并连接成一条光滑曲线，称为土的颗粒级配曲线，如图 2-2 所示。其中横坐标为土的粒径（单位为 mm），采用对数坐标；纵坐标为小于某粒径的土颗粒占总土质量的百分数。扫描二维码 2-1，下载 EXCEL 文件，将实测数据填入，可得土的颗粒级配曲线。

二维码 2-1

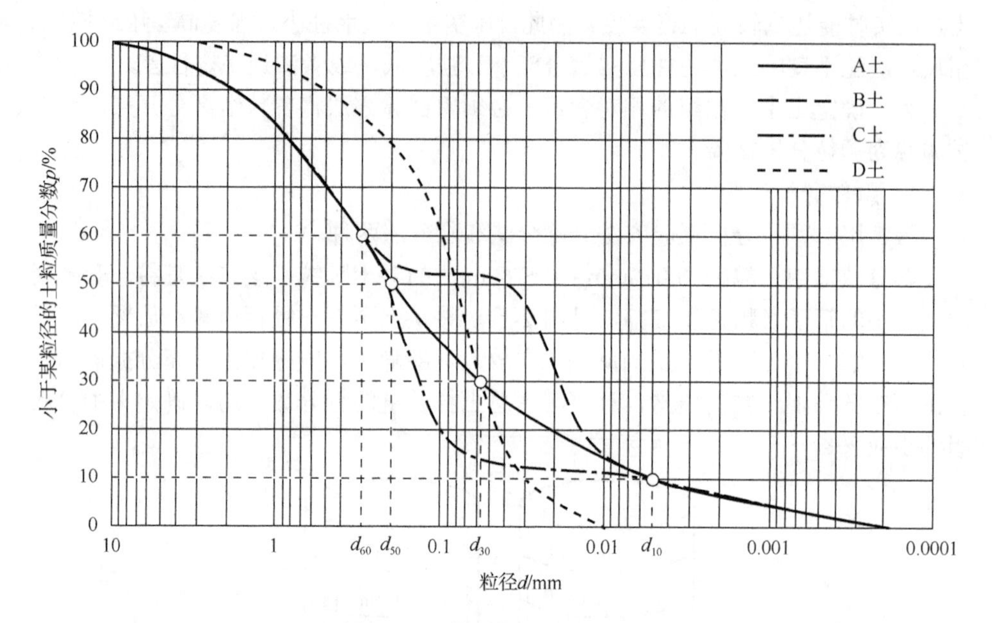

图 2-2　土的颗粒级配累积曲线

土的粒径组成情况可用颗粒级配曲线表示，不同土的颗粒级配曲线不同，如图 2-2 中表示了 A、B、C、D 四种土的颗粒级配曲线。A 土的曲线较平缓，粒径分布范围大；D 土的曲线较陡，粒径分布范围窄。A 土、D 土的曲线变化比较连续。B 土和 C 土的曲线在两端与 A 土的曲线重合，说明其粒径的分布范围与 A 土一致，但中间均出现了近似的水平段，其中 B 土曲线的水平段位于 A 土的上方，C 土曲线的水平段位于 A 土的下方。可见，A、B、C、D 四种土的颗粒级配均不同。

3）土级配情况的判断

土的颗粒级配曲线可直接反映土的粗细、粒径分布的均匀程度和级配的优劣，是工程中最常用的曲线之一。土的粗细常用平均粒径 d_{50} 表示，它指土中大于和小于此粒径的土粒含量各占 50%，常用于判断粗粒土的工程类型，详见 2.6 节。

颗粒级配曲线不同，土的均匀程度和级配优劣就不同。为定量表示，在颗粒级配曲线上取 d_{10}、d_{30} 和 d_{60} 三个特征粒径，它们分别表示小于该粒径的土粒质量占总土质量的 10%、30%和 60%。其中，d_{10} 称为有效粒径，d_{30} 称为连续粒径，d_{60} 称为限制粒径。以 A 土为例，特征粒径如图 2-2 所示。A、B、C、D 四种土的特征粒径见表 2-2。

表 2-2　土的特征粒径　（单位：mm）

特征粒径	土的编号			
	A	B	C	D
d_{10}	0.005	0.005	0.005	0.030
d_{30}	0.058	0.018	0.120	0.058
d_{60}	0.300	0.300	0.300	0.100

为反映土中土粒粒径的分布情况及均匀程度，定义了土的不均匀系数 C_u，其表达式为

$$C_u = \frac{d_{60}}{d_{10}} \tag{2-1}$$

土的不均匀系数 C_u 反映了曲线的坡度，表明土粒粒径分布范围的大小及其不均匀程度。C_u 越大，则颗粒级配曲线越平缓，表示土的粒径分布范围越大，土越不均匀，即粗颗粒和细颗粒的粒径大小相差越悬殊；反之，C_u 越小，则颗粒级配曲线越陡，表示土的粒径分布范围越小，土粒粒径就相对均匀。一般认为，当 $C_u \geqslant 5$ 时，土的粒径分布不均匀，称为不均匀土；$C_u < 5$ 时，土的粒径分布相对均匀，称为均匀土。将表 2-2 中的数据代入式（2-1），得到 A 土、B 土、C 土的 C_u=60，大于 5，说明此三种土为不均匀土；D 土的 C_u=3.3，小于 5，说明 D 土为均匀土。不均匀土颗粒大小悬殊，细颗粒易充填于粗颗粒形成的孔隙中，经压实后的土体密度较大，力学性质较好，易满足工程稳定性的要求。

图 2-2 中 B 土、C 土的颗粒级配曲线斜率不连续，曲线上出现的水平段说明其相应粒径范围中的土粒含量极少，近乎缺失，这种土称为缺少某种中间粒组的土。也有的土其颗粒级配曲线可能出现某段非常陡甚至近乎竖直的情况，说明相应粒径范围中的土粒含量集中。这些土均为级配不连续的土。因此，为反映土的颗粒级配是否连续，定义了土的曲率系数 C_c，其表达式为

$$C_c = \frac{d_{30}^2}{d_{60} \times d_{10}} \tag{2-2}$$

土的曲率系数 C_c 反映了颗粒级配曲线的形状。一般认为，当 $C_c \in [1，3]$时，土的颗粒级配连续；当 $C_c < 1$ 或 $C_c > 3$ 时，土的颗粒级配不连续，说明相应土体中的颗粒粗的粗、细的细，在同样压实能量的作用下，得到的密度小于级配连续的土，工程稳定性较差。

图 2-2 中，A 土、B 土、C 土的 d_{60}、d_{10} 均相同，均为不均匀土，但各自的 d_{30} 不同；D 土的 d_{30} 与 A 土的相同，但 d_{60}、d_{10} 均不同。将表 2-2 中的数据代入式（2-2），得到 A 土的 C_c=2.24∈[1，3]；B 土的 C_c=0.22<1；C 土的 C_c=9.6>3；D 土的 C_c=1.12∈[1，3]，说明 A 土、D 土是级配连续的土，B 土、C 土是级配不连续的土。

土粒不均匀、级配连续的土，压实后所得的土体密实度高、工程稳定性好。因此，工程上认为，此类土级配良好。级配良好的土应同时满足以下两个条件：

（1）$C_u \geqslant 5$，表示土的级配不均匀；

（2）$C_c \in [1, 3]$，表示土的级配连续。

不能同时满足以上两个条件的土，称为级配不良的土。

对于粗粒土，不均匀系数 C_u 和曲率系数 C_c 对填方工程中填料的选择及土体渗透稳定性分析具有重要作用。

图 2-2 中，A 土是级配良好的土；B 土、C 土虽级配不均匀，但级配不连续，因此是级配不良的土；D 土虽级配连续，但级配均匀，因此也为级配不良的土。

2. 固相成分

1）土中的矿物成分

大部分的土是岩石风化的产物，通常是无机土，其成分可以是原生矿物，也可以是次生矿物。若自然界中动植物残骸混入土中，由于生物的作用，有机质分解后，土体中便含有机质，有机质含量较多时，便成为有机土。

原生矿物常见的有石英、长石和云母，是由母岩经物理风化作用形成的，其形状多呈圆状、浑圆状、棱角状。粗大的土颗粒常是由一种或多种原生矿物颗粒组成的。即使是研磨很细的岩粉，其矿物成分也属于原生矿物。原生矿物的性质较稳定，由其组成的土一般具有无黏性、透水性较大、压缩性较小的特点。

次生矿物是由原生矿物经化学风化作用所形成的新矿物，其成分与母岩完全不同。土中的次生矿物主要是黏土矿物，此外还有一些无定形的氧化物胶体（Al_2O_3、Fe_2O_3）和盐类物质（$CaCO_3$、$CaSO_4$、NaCl）等。常见的黏土矿物有高岭石、伊利石和蒙脱石，其形状多呈针状、片状、扁平状。黏土矿物与原生矿物的性质不同，有较强的亲水性，具可塑性，其含量与类型对黏性土的性质影响很大。

2）黏土颗粒的带电性质

研究表明，片状、针状的黏土矿物表面常常带有负电荷，而在颗粒侧面断口处常常带有正电荷。黏土颗粒表面电荷的分布通常如图 2-3 所示。

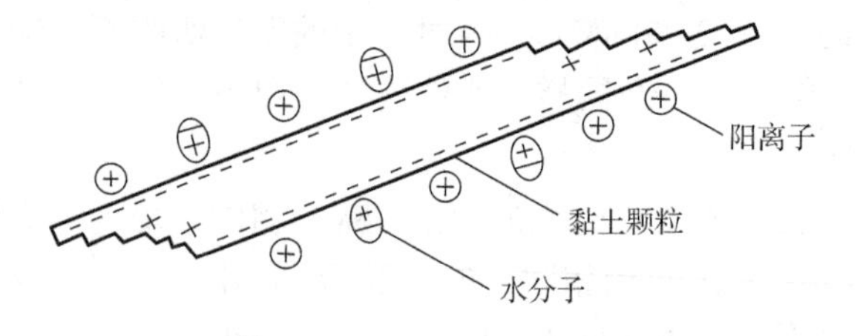

图 2-3　黏土颗粒的表面电荷

由于表面带电荷，黏土颗粒四周形成一个电场。在电场的作用下，水中的阳离子被吸附在颗粒表面。水分子是一种极性分子，在电场中将发生定向排列。由此可知，黏土矿物的表面性质直接影响土中水的分布状态，从而使黏性土具有许多无黏性土没有的特性。

黏土矿物中，高岭石颗粒较粗，遇水较为稳定，吸水膨胀、失水收缩的程度小；蒙脱石颗粒细微，有显著的吸水膨胀、失水收缩的特性，亲水能力极强；伊利石性质介于高岭石与蒙脱石之间。土颗粒越细，其单位质量颗粒的表面积越大，此表面积称为比表面积。当颗粒为圆球状，直径为 0.1mm 时，比表面积仅为 $0.03m^2/g$。黏土颗粒微小，高岭石的比表面积为 $10\sim20m^2/g$，伊利石的为 $80\sim100m^2/g$，而蒙脱石的可高达 $800m^2/g$。由于比表面积的不同，三种常见黏土矿物的主要特性也不同，具体见表 2-3。

表 2-3　三种黏土矿物的特性

特征指标	矿物类型		
	高岭石	伊利石	蒙脱石
平面尺寸/μm	0.1～2.0	0.1～0.5	0.1～0.5
厚度/μm	0.01～0.1	0.005～0.05	0.001～0.005
比表面积/(m^2/g)	10～20	80～100	800
密度/(g/cm^3)	2.60～2.68	2.60～3.00	2.35～2.70
塑性指数 I_p	20～29	32～67	100～650
活性指数 A	0.2	0.6	1～6
胀缩性	小	中	大
渗透性	大（$<10^{-5}$cm/s）	中	小（$<10^{-10}$cm/s）
压缩性	小	中	大
强度	大	中	小

2.2.2　土的液相

土的液相主要指的是土中的水。土中水的含量明显地影响土的工程性质，尤其是黏性土的性质。土中水除了一部分以结晶水的形式存在于固体颗粒的晶格内部外，大部分表现为结合水和自由水。

1. 结晶水

存在于结晶矿物中的水，只有在高温下才能从矿物中析出。

2. 结合水

黏土颗粒表面的带电性质使其四周形成一个电场，在电场作用下，水中的阳离子吸附在颗粒表面，水分子发生定向排列，如图 2-4 所示。颗粒表面的负电荷构成电场的内层，水中被吸引在颗粒表面的阳离子和定向排列的水分子构成电场的外层，合称为双电层。

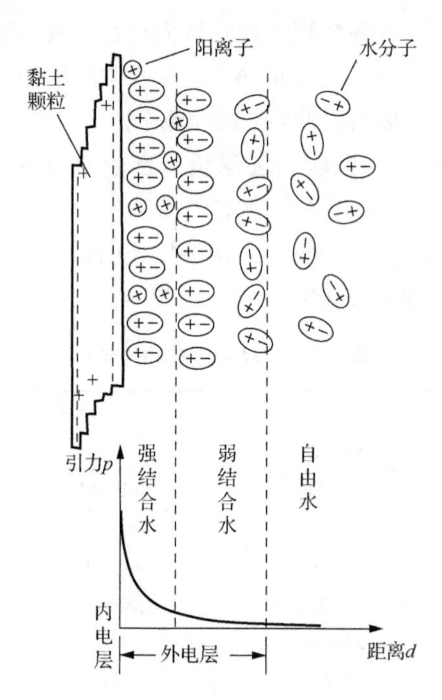

图 2-4　黏土颗粒表面水的定向排列

最靠近黏土颗粒表面的位置，电场引力最大。随着远离颗粒表面，引力急速衰减，直至电场外水分子不受电场引力的作用。受颗粒表面电场引力作用，吸附在颗粒周围不传递静水压力、不能随意流动的水，称为结合水。根据距离颗粒表面的远近，受电场引力作用的大小不同，结合水分为强结合水和弱结合水。

1）强结合水

强结合水所受的电场引力很大，紧靠在颗粒表面，几乎完全固定排列，完全不能移动。其性质接近于固体，密度大于 1.0g/cm^3，冰点可达零下几十度，温度在 105℃以上时才会蒸发，没有溶解能力和导电能力，不能传递静水压力。

2）弱结合水

弱结合水紧靠于强结合水的外围，所受的电场引力随着与颗粒距离增大而减弱。这层水是一种黏滞水膜，受力时能由水膜较厚处缓慢转移到水膜较薄处，也可以因电场引力从一个颗粒的周围转移到另一个颗粒的周围。也就是说，虽然弱结合水冰点为-2～-1℃，重力作用下不能流动，不能传递静水压力，但能发生转移，因此可使黏性土在某一含水率范围内表现出可塑性。

3. 自由水

不受黏土颗粒电场引力作用的水称为自由水，它与普通水无异，有溶解能力，受重力作用，能传递静水压力。自由水又可分为毛细水和重力水。

1）毛细水

土中存在许多大小不同的孔隙，这些孔隙相互连通，形成细小的通道。由于水和空气分界面处弯液面上产生的表面张力作用，土中自由水通过细小的弯曲通道从地下水位处逐渐上升，克服重力，形成毛细水，如图2-5（a）所示。因此，毛细水是在重力和表面张力作用下的自由水。

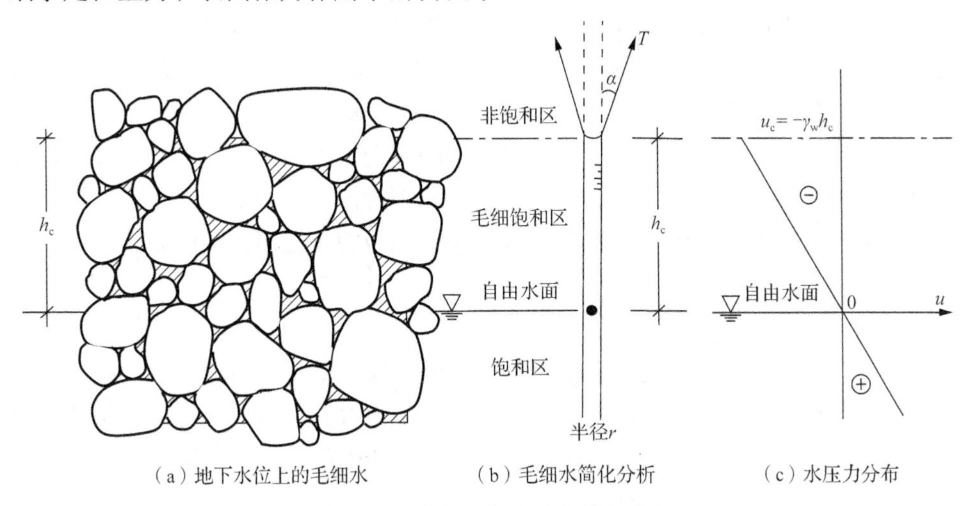

图2-5　土中的毛细水与水压力分布

为分析简便起见，设毛细水上升高度为 h_c，将实际弯曲的孔道简化为从自由水面到毛细水上升最高处的半径为 r 的竖直管道，T 为表面张力，α为表面张力 T 的作用方向与毛细管壁所成的夹角，如图2-5（b）所示。

分析毛细管中水柱的静力平衡，得

$$\pi r^2 h_c \gamma_w = 2\pi r T \cos\alpha \tag{2-3}$$

即

$$h_c = \frac{2T\cos\alpha}{r\gamma_w} \tag{2-4}$$

式中，γ_w为水的重度。

表面张力 T 的大小与温度有关，夹角α的大小与土颗粒和水的性质有关。式（2-4）表明，毛细水上升的高度 h_c与毛细管半径 r 成反比。不同粒径的土中，毛细水上升的高度各不相同。一般来说，粒径越小的土体，形成的孔隙通道越细，毛细水的上升高度 h_c越大。式（2-4）对于黏性土并不适用，因为黏性土中水除受重力与表面张力的作用外，还受电场引力的作用。

若弯液面处毛细水的压力为 u_c，分析水膜竖直方向的受力平衡条件，得

$$2\pi rT\cos\alpha + u_c\pi r^2 = 0 \tag{2-5}$$

结合式（2-3），可得

$$u_c = -h_c\gamma_w \tag{2-6}$$

式（2-6）表明毛细饱和区水压力与一般静水压力的概念相似，它与毛细水上升高度 h_c 成正比，负号表示拉力。自由水面以上，毛细饱和区的水压力分布如图 2-5（c）所示，地下水面处水压力为 0。

如果土骨架的孔隙内没有完全充满水，则处于三相土的非饱和状态。这时孔隙水主要集中在颗粒接触的缝隙处，在水与空气的分界面处同样存在着毛细现象，产生的负孔隙水压力可使土粒互相挤紧，使稍湿的无黏性土好像具有了黏聚力，但这与黏性土的黏聚力产生原因有本质的区别。当土中的水增加或减少，非饱和土变为饱和土或干土，即三相土变为两相土时，孔隙间毛细水消失，原来稍湿的无黏性土表现出的黏聚力丧失。这种因毛细力的存在而出现的黏聚力称为假黏聚力。

2）重力水

在自由水面以下，土粒电场引力范围以外，仅在本身重力作用下运动的自由水称为重力水。它是土中其他类型水的来源。重力水具有溶解能力，能传递静水压力和动水压力，对土粒及其间结构物将产生浮力作用。根据实用观点，一般认为它不能承受剪力，但能承受压力和一定吸力；同时，水的压缩性很小，在通常所遇到的压力范围内，其压缩量可忽略不计。

2.2.3 土的气相

土中的气体可分为与大气相通的气体和封闭的气体。前者的成分与空气相似，受外荷载作用时，易被挤出土外，对土的力学性质没有太大影响；后者是封闭气体，它的成分可能是空气或其他气体，压力增加时其体积可缩小或溶解于孔隙水中，压力减小时其体积又可恢复。因此，封闭气体对土的性质有较大的影响，它的存在会阻塞渗流通道，使土的渗透性减小、弹性增加，使土不易被压实。

2.3 土的物理性质指标

如 2.2 节所述，土是由以土颗粒为主的固相、以水为主的液相和以空气为主的气相组成的三相体系。三相组成的性质，特别是固体颗粒的性质，直接决定着

土的工程性质。同一种土密实还是松散，水多还是水少，其工程性质都不同。显然，土的性质不仅取决于其三相组成的性质，还受三相之间比例关系的影响。因此，将各相之间在体积与质量或重量上的比例关系作为指标来反映土的物理性质，这些指标可统称为土的物理性质指标。它们不但可以描述土的物理性质和它所处的状态，而且在一定程度上还可用来反映土的力学性质。

为形象地表示土中三相，可想象将其人为区分开，用如图 2-6 所示的三相图表示，将各相的质量（重量）与体积分列两侧标出，这样有助于直观地研究土中三相之间的比例关系。

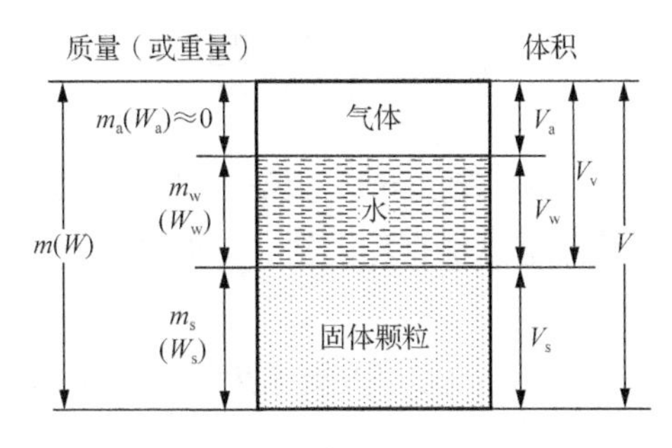

图 2-6　土的三相图

$m(W)$、V-土的总质量（或总重量）、总体积；$m_s(W_s)$、V_s-土中固体颗粒的质量（或重量）、体积；$m_w(W_w)$、V_w-土中水的质量（或重量）、体积；$m_a(W_a)$、V_a-土中气体的质量（或重量）、体积；V_v-土中孔隙的体积

工程常见土体中的固体颗粒就是土颗粒，因此后面描述中的土颗粒均指固体颗粒。在图 2-6 的三相图中，共 9 个物理量。由于气体的密度非常小，土中气体的质量可近似看作是 0，即 $m_a\approx 0$；土的总质量 m（总体积 V）等于各部分质量（体积）之和；孔隙的体积 V_v 等于孔隙中水与气体的体积之和，因此独立的物理量只剩 5 个。一般，水的密度ρ_w=1g/cm^3，其质量 m_w 与体积 V_w 可以互相换算；另外，土的物理性质指标表示的都是某种比例关系，与所研究土体的绝对大小（多少）没有关系。在分析时，总可以取某个物理量如 V=1cm^3（或 V_s=1cm^3，或 m=1g）的土进行分析，这样独立的物理量又减少 2 个。因此，对于三相土体，只要已知其中 3 个独立的物理量，其他各物理量均可计算得出。类似地，如果是两相土体（饱和土或干土），只要已知 2 个独立的物理量即可。

土的物理性质指标可分为两类：一类是必须通过试验测定的，统称为实测指标；另一类是可根据实测指标换算得出的，统称为导出指标。为便于说明这些物理性质指标的基本表达式和它们之间的换算关系，常利用三相图，这种方法称为三相图法。

2.3.1 实测指标

实际工作中，为确定 3 个独立的量，必须采取土样在实验室通过试验测定。相应的三个实测指标分别为土的密度、土粒比重和土的含水率，相关的试验方法与步骤详见《土工试验方法标准》（GB/T 50123—2019）。

1. 土的密度和土的重度

土的密度ρ是单位体积土的质量，即

$$\rho=\frac{m}{V}=\frac{m_s+m_w}{V_s+V_w+V_a} \tag{2-7}$$

密度的单位一般采用kg/m^3或g/cm^3。天然土的密度随着土的矿物组成、孔隙体积和水的含量而异，其测定方法有环刀法、蜡封法、灌砂（水）法、核子密度仪法等。

土的重度γ（也称作容重）在工程上更常用，指单位体积土的重量，即

$$\gamma=\frac{W}{V}=\frac{mg}{V}=\rho g \tag{2-8}$$

式中，g为重力加速度，取$9.8m/s^2$。工程上为了方便，一般取g=10 m/s^2。土的重度单位一般采用 kN/m^3。

2. 土粒比重和土粒重度

土粒比重 G_s为土粒的质量与同体积 4℃纯水的质量之比，即

$$G_s=\frac{m_s}{V_s\rho_w^{4℃}}=\frac{\rho_s}{\rho_w^{4℃}} \tag{2-9}$$

式中，ρ_s 为土粒的密度，即单位体积土粒的质量；$\rho_w^{4℃}$ 为 4℃时纯水的密度，$\rho_w^{4℃}=1.0g/cm^3$。

可见，土粒比重 G_s 是无量纲，它在数值上等于土粒的密度，其值变化不大，一般在 2.65～2.75，大小取决于土粒的矿物成分与有机质含量。砂土的平均比重约为 2.65；黏性土的比重在 2.67～2.75，平均比重为 2.70；土中含有机质时，其比重可在 2.4 以下。实验室测定土粒比重可采用比重瓶法（$d<5mm$）、浮称法或虹吸筒法（粒径 $d\geqslant5mm$）。

土粒重度γ_s是指土粒重量与土粒体积的比值，即

$$\gamma_s=\frac{W_s}{V_s}=\frac{m_s g}{V_s}=\rho_s g=\frac{\rho_s g}{\rho_w}\cdot\rho_w=G_s\gamma_w \tag{2-10}$$

3. 土的含水率

土的含水率（原规范的“含水量”）指土中水的质量与土粒的质量之比，以百分数表示，即

$$w=\frac{m_w}{m_s}\times100\%=\frac{m-m_s}{m_s}\times100\% \tag{2-11}$$

实验室采用烘干法测定含水率 w。现场有时采用酒精燃烧法测定，但不适用于测定有机质含量高的土体。工程现场也可使用核子密度仪快速测定土的含水率。

这里的含水率指的是质量含水率。工程中，采用水分计测定的往往是用式（2-12）计算的体积含水率 w_v，在实际中应注意区分。

$$w_v=\frac{V_w}{V}\times100\%=\frac{V_w}{V_v+V_s}\times100\% \tag{2-12}$$

2.3.2 导出指标

工程中，测出土的密度ρ、土粒比重 G_s和土的含水率 w 后，可计算出图 2-6 三相图中的各个量，导出以下指标。

1. 土的孔隙比

土的孔隙比 e 是指土中孔隙体积与固体颗粒的体积之比，即

$$e=\frac{V_v}{V_s} \tag{2-13}$$

土的孔隙比主要与土粒大小及其排列松密程度有关。砂土的孔隙比一般为 0.4～0.8；黏性土一般为 0.6～1.5；黏土若含有大量有机质时，孔隙比可达到 5，更有甚者如墨西哥城淤泥的天然孔隙比可为 7～12。孔隙比 e 的大小反映了土的密实程度。同一土体，孔隙比越大则土越疏松，越小则越密实。

下面以孔隙比 e 为例，介绍利用实测指标ρ、G_s和 w 导出该指标数值的过程。

设土颗粒的体积 V_s=1cm^3，根据孔隙比的定义，得 $V_v=V_s e=e$。

进一步得，土的总体积 $V=V_s+V_v=1+e$。

根据土粒比重的定义，得 $m_s=G_s\rho_w^{4℃}V_s=G_s$。

根据含水率的定义，得 $m_w=wm_s=wG_s$。

因此，$m=m_w+m_s=(1+w)G_s$。

将计算所得的各个物理量表示于三相图中，见图 2-7。

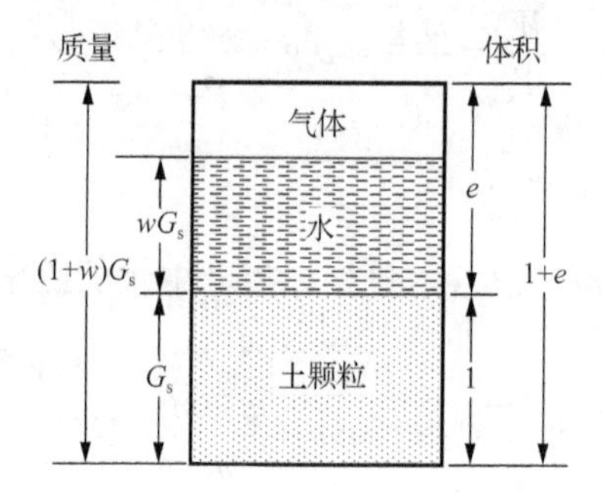

图 2-7　三相图分析

根据土的密度的定义，得 $m=\rho V=\rho(1+e)$，则$\rho(1+e)=(1+w)G_s$，解出 e 得

$$e=\frac{G_s(1+w)}{\rho}-1 \tag{2-14}$$

2. 土的孔隙率

土的孔隙率 n 是指土中孔隙体积与土的总体积之比，即

$$n=\frac{V_v}{V} \tag{2-15}$$

从图 2-7 可得出

$$n=\frac{V_v}{V}=\frac{e}{1+e} \tag{2-16}$$

将式（2-14）代入式（2-16），得

$$n=1-\frac{\rho}{G_s(1+w)} \tag{2-17}$$

同理，也可得

$$e=\frac{n}{1-n} \tag{2-18}$$

3. 土的饱和度

土的饱和度 S_r 定义为土中水的体积与孔隙总体积之比，即

$$S_r=\frac{V_w}{V_v} \tag{2-19}$$

水的密度ρ_w=1.0 g/cm^3，图 2-7 中水的体积 $V_w=\dfrac{m_w}{\rho_w}=\dfrac{wG_s}{\rho_w}=wG_s$，由此可得

$$S_r=\frac{V_w}{V_v}=\frac{wG_s}{e} \tag{2-20}$$

饱和度反映了土中孔隙被水充满的程度，也就是反映了土的潮湿程度。饱和度 S_r 的变化范围为 0～1.0。显然，理论上干土的饱和度为 0，饱和土 S_r=1.0。然而，土体中不可避免地会存在少量的封闭气泡，因此工程上一般认为饱和度 $S_r\geqslant$ 0.85 的土已处于饱和状态。

4. 土的干密度和干重度

土的干密度ρ_d是指单位体积土中的颗粒质量，或土被完全烘干时的密度，即

$$\rho_d=\frac{m_s}{V} \tag{2-21}$$

若已知土的密度ρ、含水率 w，可求得干密度，即

$$\rho_d=\frac{m_s}{V}=\frac{m_s\cdot\dfrac{m}{m_sV}}{V\cdot\dfrac{m}{m_sV}}=\frac{\dfrac{m}{V}}{\dfrac{m}{m_s}}=\frac{\rho}{\dfrac{m_s+m_w}{m_s}}=\frac{\rho}{1+w} \tag{2-22}$$

土的干重度γ_d是指单位体积土中固体颗粒的重量，即

$$\gamma_d=\frac{W_s}{V}=\frac{m_sg}{V}=\rho_dg \tag{2-23}$$

同样地，干重度也可推导求出，即

$$\gamma_d=\frac{\gamma}{1+w}=\frac{\gamma_s}{1+e} \tag{2-24}$$

实际上，天然土体的孔隙中总会或多或少地存在一定的水分，自然界中不存在绝对的干土，因此干密度（干重度）无法用于描述土体的天然密度（重度），但可反映出土体中土颗粒含量的多少，反映土的松密程度。在填方工程中，可用干密度来评判填土的压实程度，进而控制其施工质量。

5. 土的饱和密度和饱和重度

土的饱和密度ρ_{sat}是指孔隙被水完全充满时土的密度，即

$$\rho_{sat}=\frac{m_s+V_v\rho_w}{V}=\rho_d+n\rho_w \tag{2-25}$$

土的饱和重度γ_{sat}是指土中孔隙完全被水充满时土的重度，即

$$\gamma_{sat}=\frac{W_s+V_v\cdot\gamma_w}{V}=\rho_{sat}g \tag{2-26}$$

6. 土的浮重度

土的浮重度γ'是指在地下水位以下，单位体积土体扣除浮力后的有效重量，表示为

$$\gamma'=\gamma_{sat}-\gamma_w \tag{2-27}$$

推导过程如下：

$$\gamma'=\frac{m_s g+V_v\rho_w g-V\rho_w g}{V}=\frac{W_s+V_v\gamma_w-V\gamma_w}{V}=\gamma_{sat}-\gamma_w$$

注意，这里仅有浮重度而没有浮密度的概念，这是因为水位以下的土体仅会受到浮力的作用而抵消一部分重力，但不会使其质量减少。

以上几种重度在数值上有如下关系：

$$\gamma_s>\gamma_{sat}\geqslant\gamma\geqslant\gamma_d>\gamma'$$

由于在数值上密度乘以重力加速度g便得相应的重度，因此可以认为表示土的三相指标共有9个。对于三相土，只要知道3个独立的指标，就可以确定其他6个指标。干土或饱和土为两相土，只要知道其中2个独立的指标，就可以计算其余指标。在实际计算中，只要记住这9个指标的基本表达式，利用三相图，便不难相互推导。以上这些指标反映的都是一定的比例关系，而非物理量的绝对大小，因此可假定三相图中的某个量为1进行计算或推导。这个量选取得合适与否，将直接影响计算的工作量。

例2-1　某建筑物地基勘查中，测得地基土的天然密度ρ=1.80g/cm^3，土粒比重G_s=2.70，天然含水率w=10.0%，求其孔隙比e、孔隙率n、饱和度S_r、干重度γ_d、饱和重度γ_{sat}和浮重度γ'。

解　绘三相图，见图2-8。取V_s=1cm^{3}的地基土进行分析。

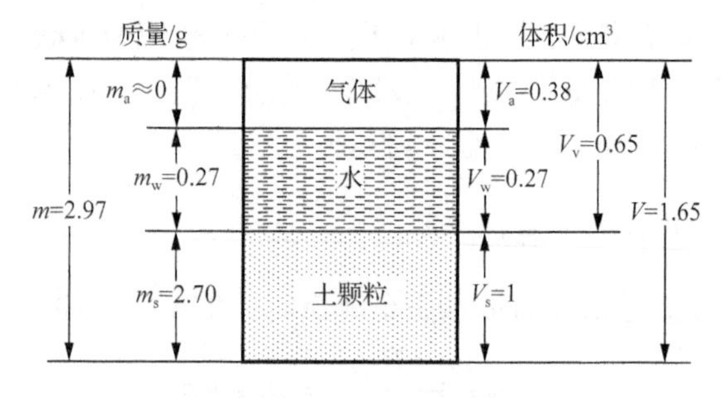

图2-8　例2-1图

根据土粒比重的定义，由式（2-9）得

$$m_{\mathrm{s}}= G_{\mathrm{s}}\,\rho_{\mathrm{w}}^{4^\circ\mathrm{C}}\,V_{\mathrm{s}}= 2.70\ (\mathrm{g})$$

根据含水率的定义，由式（2-11）得

$$m_{\mathrm{w}}= wm_{\mathrm{s}}= 10\%\times 2.70= 0.27\ (\mathrm{g})$$

因此，土体的总质量 $m = m_{\mathrm{s}}+ m_{\mathrm{w}}=2.97(\mathrm{g})$，水的体积 $V_{\mathrm{w}} = \dfrac{m_{\mathrm{w}}}{\rho_{\mathrm{w}}}=0.27\ (\mathrm{cm}^3)$。

根据土的密度的定义，由式（2-7）得

$$V = \frac{m}{\rho} = \frac{2.97}{1.80} =1.65\ (\mathrm{cm}^3)$$

因此，孔隙的体积 $V_{\mathrm{v}}=V-V_{\mathrm{s}}=0.65\ (\mathrm{cm}^3)$，气体的体积 $V_{\mathrm{a}}=V_{\mathrm{v}}-V_{\mathrm{w}}=0.38\ (\mathrm{cm}^3)$。至此，土粒、水、气体的质量和体积均已得出，将计算结果填入三相图中，如图 2-8 所示。

根据孔隙比 e 的定义，由式（2-13）得

$$e = \frac{V_{\mathrm{v}}}{V_{\mathrm{s}}} = \frac{0.65}{1} = 0.65$$

根据孔隙率 n 的定义，由式（2-15）得

$$n = \frac{V_{\mathrm{v}}}{V} = \frac{0.65}{1.65} \approx 0.39$$

根据饱和度 S_{r} 的定义，由式（2-19）得

$$S_{\mathrm{r}} = \frac{V_{\mathrm{w}}}{V_{\mathrm{v}}} = \frac{0.27}{0.65} \approx 0.42$$

根据干重度 γ_{d} 的定义，由式（2-23）得

$$\gamma_{\mathrm{d}} = \frac{m_{\mathrm{s}}g}{V} = \frac{2.70\times 10}{1.65} \approx 16.4\ (\mathrm{kN/m}^3)$$

根据饱和重度 γ_{sat} 的定义，由式（2-25）和式（2-26）得

$$\gamma_{\mathrm{sat}} = \rho_{\mathrm{sat}}g = \frac{2.70+0.65\times 1.0}{1.65}\times 10 \approx 20.3\,(\mathrm{kN/m}^3)$$

根据浮重度 γ' 的计算式（2-27）得

$$\gamma' = \gamma_{\mathrm{sat}} - \gamma_{\mathrm{w}} = 20.3-10 = 10.3\,(\mathrm{kN/m}^3)$$

例 2-2　某工程进行填土施工时，发现土料太干，需喷水将其含水率提高 3%，已知土料孔隙比 e =1.0，土粒比重 G_{s}=2.70，每立方米土应加水多少千克？

解　绘三相图，见图 2-9。取 V_{s}=1.0cm^3 的土进行分析。

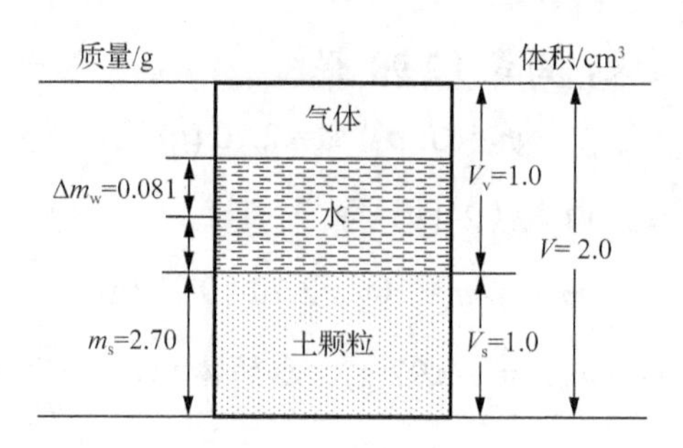

图 2-9　例 2-2 图

根据土粒比重的定义，由式（2-9）得

$$m_s = G_s \rho_w^{4℃} V_s = 2.70\ (\mathrm{g})$$

根据含水率的定义，由式（2-11）得 V_s=1.0cm³ 的土需加水的质量：

$$\Delta m_w = \Delta w m_s = 3\% \times 2.70 = 0.081\ (\mathrm{g})$$

根据孔隙比的定义，由式（2-13）得

$$V_v = eV_s = 1.0\ (\mathrm{cm}^3)$$

因此，土体的总体积 V=1.0+1.0=2.0 (cm³)，将计算结果填入三相图中，如图 2-9 所示。

从三相图可得 1.0cm³ 的土需加水量为

$$\frac{\Delta m_w}{V} = \frac{0.081}{2} = 0.0405\ (\mathrm{g/cm^3})$$

每立方米土应加水的质量为

$$0.0405 \times 10^6 = 40500\ (\mathrm{g}) = 40.5\ (\mathrm{kg})$$

2.4　土的物理状态指标

对粗粒土而言，土的物理状态指的是其密实程度；对细粒土则指的是其软硬程度或稠度状态。粗粒土越密实，其工程性质越好；细粒土的含水率不同，软硬程度就不同，其工程性质便存在很大的差异。说明土的物理状态对其工程性质影响很大。因此，根据粗粒土与细粒土的特性，采用相应的指标来反映各自的物理状态，这些指标统称为土的物理状态指标。它们不但可以描述土的物理状态，而且在一定程度上还可用来反映土的工程性质。

2.4.1　粗粒土的密实程度

土的密实度通常指单位体积中土颗粒的含量，它反映着土可压实性的大小。土颗粒含量多，土就密实；土颗粒含量少，土就疏松。在 2.3 节物理性质指标中，干密度ρ_d和孔隙比e（或孔隙率n）都可用来反映土的密实程度。对于同一种土，干密度ρ_d越大，孔隙比e（或孔隙率n）越小，土颗粒含量就越多，土就越密实；反之，土就越疏松。然而，这种比较仅适用于同一种土，无法对比不同土体的密实程度。例如，颗粒级配不同的两种土，其中一种砂土的粒径唯一且均为圆球状，不均匀系数$C_u = 1$，为均匀土。该砂土最密实的排列如图2-10（a）所示，此时的孔隙比为该砂土所能得到的最小孔隙比e_{min}，经计算其值为0.35；最疏松的排列如图2-10（b）所示，此时的孔隙比为该砂土所能得到的最大孔隙比e_{max}，经计算其值为0.91。另一种砂土的砂粒在上述均一粒径的基础上，增加了可充填于大颗粒形成孔隙空间的小粒径颗粒，不均匀系数$C_u > 1$，其最密实的排列如图2-10（c）所示，显然此砂土的最小孔隙比$e_{min} < 0.35$。可见，当孔隙比e均为0.35时，前一种砂土已处于最密实状态，而后一种砂土并未达到最密实状态。类似地，利用干密度ρ_d分析也可得出相同的结论。

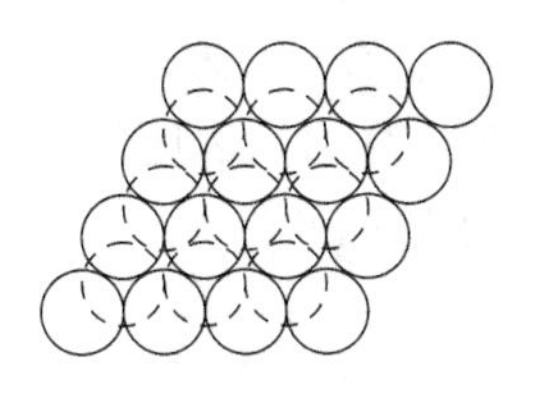

（a）最密实的排列(C_u=1)

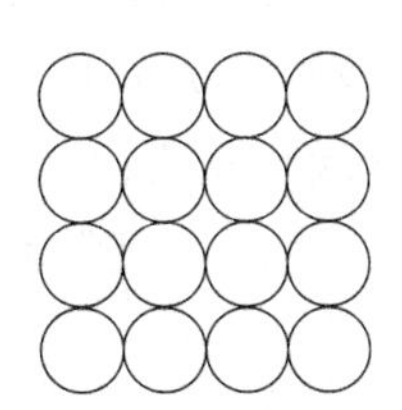

（b）最疏松的排列(C_u=1)

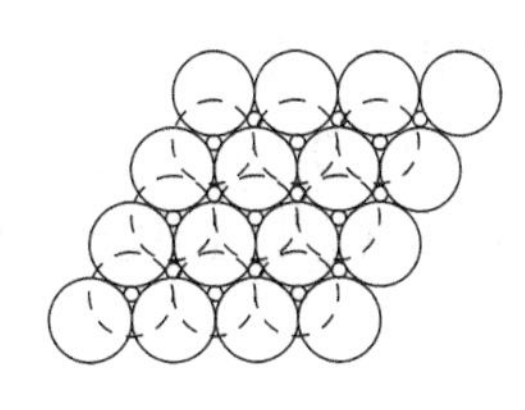

（c）最密实的排列(C_u>1)

图2-10　砂土颗粒的排列

实际上，天然土体都是具有不同粒组的颗粒集合体，其级配情况各不相同。因此，当粗粒土具有某一孔隙比e（干密度ρ_d）时，其松密程度不能完全确定，即不同级配的粗粒土具有相同孔隙比e时，其密实程度可以是不同的，仅用孔隙比e（或孔隙率n）和干密度ρ_d来反映土的密实程度具有一定的局限性。这是因为孔隙比或孔隙率只表达了土中孔隙体积的大小，干密度只反映了土中颗粒的多少，而影响土松密程度的还有颗粒形状和级配等重要因素。在相同的孔隙比条件下，由尖棱颗粒组成的粗粒土比由浑圆颗粒组成的粗粒土更难压实。每一种具体的土，其松密程度只能通过与其最疏松和最密实状态的孔隙比相比较来衡量。因此，工程上为了更好地表明粗粒土所处的密实状态，常采用相对密度D_r来反映，其表达式为

$$D_r = \frac{e_{max} - e}{e_{max} - e_{min}} \tag{2-28}$$

式中，e为现场粗粒土的孔隙比；e_{max}为最大孔隙比，即粗粒土在最疏松状态时的孔隙比，测定的方法是将松散的风干土样通过长颈漏斗轻轻地倒入量筒，避免

重力冲击，求得土的最小干密度 $\rho_{d_{min}}$ 后，经换算得出 e_{max}；e_{min} 为最小孔隙比，即粗粒土在最密实状态时的孔隙比，测定的方法是将松散的风干土样装于金属容器内，采用振动锤击法使其密度增加到不再提高时，求得土的最大干密度 $\rho_{d_{max}}$ 后，经换算得出 e_{min}。

具体测定最大孔隙比 e_{max} 与最小孔隙比 e_{min} 的试验方法与步骤，可参考《土工试验方法标准》（GB/T 50123—2019）。

将孔隙比 e 和干密度 ρ_d 的关系式 $e=\dfrac{\rho_s}{\rho_d}-1$ 代入式（2-28），整理可得用干密度表示的相对密度 D_r 的表达式为

$$D_r=\frac{(\rho_d-\rho_{d_{min}})\rho_{d_{max}}}{(\rho_{d_{max}}-\rho_{d_{min}})\rho_d} \tag{2-29}$$

显然，作为一种物理状态指标，相对密度 D_r 表达了粗粒土的孔隙比 e 与其在最疏松状态下的孔隙比 e_{max} 和在最密实状态下的孔隙比 e_{min} 之间的关系。当 $e=e_{max}$ 时，$D_r=0$，表明粗粒土处于最疏松状态；当 $e=e_{min}$ 时，$D_r=1$，表明粗粒土处于最密实状态。工程上，用相对密度 D_r 判定粗粒土密实度的标准为

$$D_r\leqslant\frac{1}{3}\qquad 疏松$$

$$\frac{1}{3}<D_r\leqslant\frac{2}{3}\qquad 中密$$

$$D_r>\frac{2}{3}\qquad 密实$$

用相对密度 D_r 表示粗粒土的密实度时，可综合反映土粒级配、形状和排列等的影响，但实际在实验室条件下测定粗粒土的 e、e_{max} 和 e_{min} 都非常困难。粗粒土不易获取原状样，其天然孔隙比很难准确测定。静水中很缓慢沉积形成的土，天然条件下的孔隙比可能比实验室得到的 e_{max} 还要大；漫长的地质年代中，受各种地质营力作用形成的土，其孔隙比可能比实验室得到的 e_{min} 还要小。因此，相对密度 D_r 通常用于填方工程中压实粗粒土的质量控制，难以应用于天然粗粒土。

天然粗粒土的密实度，工程上常采用原位试验的锤击数间接判定。例如，天然砂土的密实度应根据标准贯入试验的锤击数 N 划分。试验方法是：用卷扬机将质量为 63.5kg 的穿心锤提升 76cm 的高度，让其自由下落，打击标准规格的贯入器，自钻孔底部预打 15cm，将再打入 30cm 的锤击数记为 N。显然，N 反映了贯入阻力的大小。N 值越大，土体越密实，反之越疏松。根据标准贯入锤击数 N 的大小，砂土的密实度可分为

$N \leqslant 10$　　松散

$10 < N \leqslant 15$　稍密

$15 < N \leqslant 30$　中密

$N > 30$　　密实

不同颗粒级配的粗粒土所采用的试验设备及判断标准略有区别，详见《岩土工程勘察规范》(GB 50021—2001)。

2.4.2　细粒土的软硬程度

1. 细粒土的稠度

稠度是指土的软硬程度或对外力引起变形或破坏的抵抗能力，是细粒土（黏性土）最主要的物理状态指标。黏性土在不同含水率时呈现不同的物理状态，它反映了黏粒表面与水作用的程度，反映了黏粒间联结强度或相对活动的难易程度。因此，黏性土的物理状态直接影响其力学性质。随着含水率的改变，黏性土的物理状态逐渐变化，不同阶段会呈现出不同的状态特征。图 2-11 表示黏性土的稠度状态及体积随含水率的变化情况。

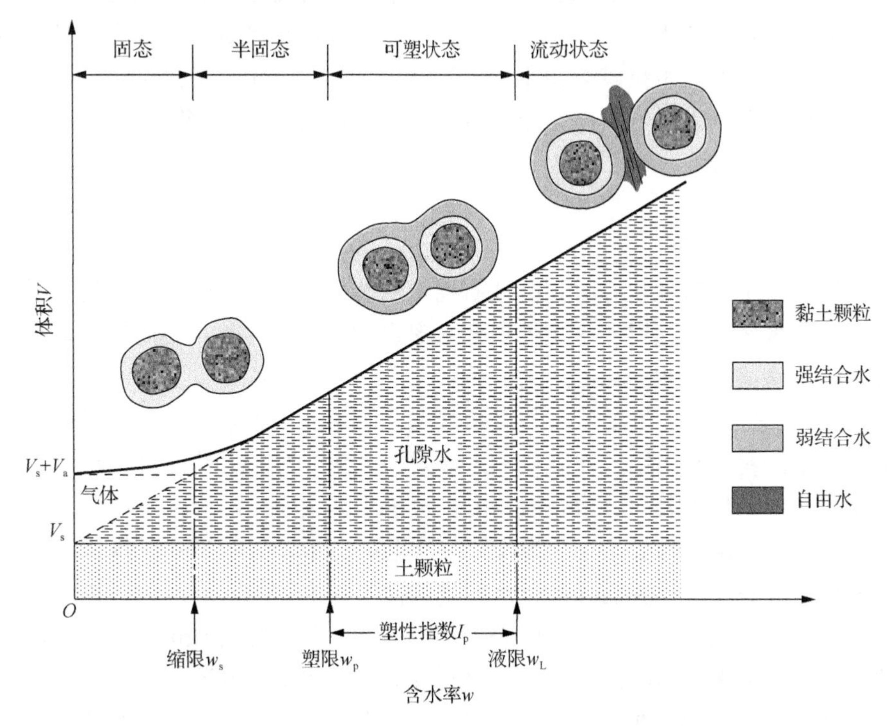

图 2-11　黏性土的稠度状态及体积随含水率的变化情况

含水率变化时，土中水的存在形式也会发生相应变化。含水率很低时，土中水以强结合水的形式被电荷紧紧地吸附于颗粒表面，使土粒间联结牢固，在外力作用下无法相对移动而不分离，此时土体比较坚硬。当强结合水膜薄时，土体呈固态；厚时，呈半固态。

随着含水率的增加，土颗粒周围吸附的结合水膜逐渐增厚，吸附的强结合水达到最大值，并在其周围出现了弱结合水。在外力作用下，弱结合水可发生移动，因此黏性土表现出了可塑性，此时土体处于可塑状态。可塑性是指在某种含水率下，土体受外力作用可以被捏成任意形状而不破裂，外力取消后仍然保持既得形状的性质。弱结合水的存在是土具有可塑性的原因。土处于可塑状态的含水率变化范围，大致相当于土体所能够吸附弱结合水的含水率范围，它主要取决于土体中黏土矿物的含量及类型。

当含水率继续增加，土中除结合水外，孔隙中已存在一定数量的自由水。此时土体含水率较大，土粒间联结很弱，在自重作用下便会发生相对移动，黏性土处于黏滞流动状态。可见，不同含水率土体所处的状态与土中水的形态密切相关。

当流动状态的饱和黏性土含水率不断减小，经历可塑状态直至进入半固体状态时，其体积均随含水率的减小而逐渐减少。水在继续减少的过程中，粒间引力越来越大，体积的减少量越来越小于水的减少量，孔隙中逐渐出现空气，原来的饱和土也就逐渐成为非饱和土，土也越来越硬，见图 2-11。膨胀土的这种变化过程表现得尤为明显。

2. 界限含水率

研究细粒土的稠度状态时，必须研究土从某一状态进入另一状态的界限含水率，作为定量区分的标准。这个界限含水率也称为稠度界限。常用的界限含水率有液限 w_L、塑限 w_p 和缩限 w_s，见图 2-11。

液限 w_L 是细粒土流动状态与可塑状态之间的界限含水率，为土可塑状态含水率的上限。我国常用锥式液限仪测定液限，见图 2-12（a）。将土样调制成糊状，装入金属杯中，刮平表面，放在底座上，置于水平桌面。用圆锥质量为 76g 的锥式液限仪进行测试，锥尖与土样表面刚好接触时松手，自由下落后锥体的 10mm 水平刻度线恰好与土样表面齐平，也就是锥体刺入土体 10mm 深时，此土样的含水率为 10mm 液限，刺入深度为 17mm 所对应的含水率为 17mm 液限。在我国，一般土木行业中常用 10mm 液限，而水利行业中常用 17mm 液限。国外常用碟式液限仪测定液限，见图 2-12（b）。由于试验仪器与方法的不同，测得的结果存在差异。一般认为 17mm 液限基本与碟式液限仪测得的一致。

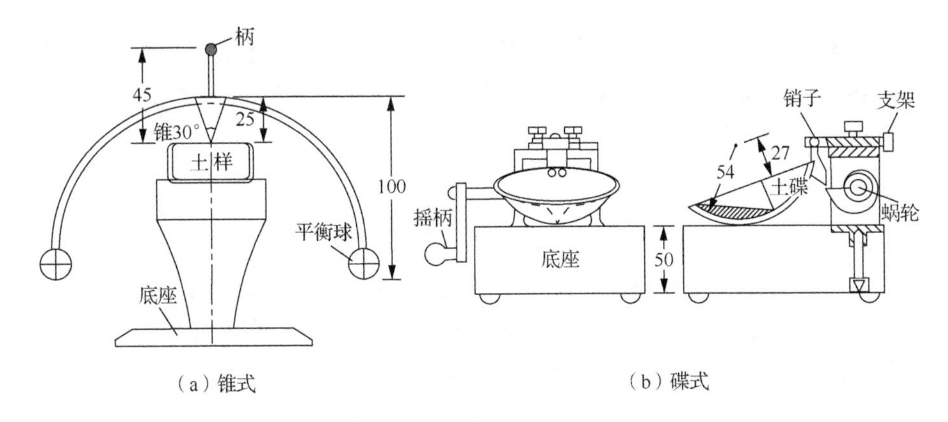

（a）锥式 （b）碟式

图 2-12 液限仪（单位：mm）

塑限 w_p 是细粒土可塑状态与半固体状态之间的界限含水率，为土可塑状态的下限。实验室常用锥式液限仪联合测定液限、塑限，认为圆锥刺入 2mm 深度时所对应的含水率即为塑限。扫描二维码 2-2，下载 EXCEL 文件，将实测数据填入，可得相应土的液限、塑限。传统测定塑限的方法是滚搓法（搓条法）。取含水率略高于塑限的试样 8～10g，用手搓成圆条形土条，放在毛玻璃板上用手掌滚搓。土条搓成直径为 3mm 时，刚好产生裂缝并开始断裂，则此时土条的含水率即为塑限 w_p。搓条法受人为因素影响较大。

二维码 2-2

缩限 w_s 是饱和黏性土的含水率因干燥减少至土体体积不再变化时的界限含水率。缩限一般用收缩皿法测定。

具体的试验方法与步骤可参考《土工试验方法标准》(GB/T 50123—2019)。

3. 塑性指数和液性指数

可塑性是细粒土区别于粗粒土的重要特征之一。细粒土可塑性的大小，是以土处于可塑状态的含水率变化范围来衡量的，这个范围就是液限和塑限的差值，称为塑性指数 I_p，即

$$I_p = w_L - w_p \tag{2-30}$$

习惯上，塑性指数 I_p 一般去掉百分号。例如某黏性土的液限 w_L=40%，塑限 w_p=20%，则塑性指数 I_p=20。细粒土的塑性指数 I_p 越大，表明该土吸附结合水的能力越强，其黏粒含量越高或矿物成分吸附能力越强。因此，塑性指数 I_p 能综合反映土的颗粒大小和矿物成分的影响，成为细粒土分类的重要依据。

土的天然含水率在一定程度上可说明细粒土的软硬程度与干湿状况，但仅有含水率的数值，却不能说明土处于什么物理状态。含水率相同的土样，若它们的

塑限、液限不同，则这些土样所处的状态就可能不一样。因此，细粒土的物理状态，需要一个表征土的天然含水率与界限含水率之间相对关系的指标来加以判定，为此定义液性指数 I_L，即

$$I_L = \frac{w - w_p}{w_L - w_p} \tag{2-31}$$

液性指数又称为相对稠度，是将土的天然含水率 w 与 w_L 及 w_p 相比较，以表明 w 是靠近 w_L 还是靠近 w_p，反映土软硬程度的不同。根据 I_L 的大小，可将细粒土分为五种软硬不同的状态，如表 2-4 所示。

表 2-4　细粒土的物理状态

液性指数 I_L	状态
$I_L \leqslant 0$	坚硬
$0 < I_L \leqslant 0.25$	硬塑
$0.25 < I_L \leqslant 0.75$	可塑
$0.75 < I_L \leqslant 1$	软塑
$I_L > 1$	流塑

值得注意的是，液限、塑限在工程上更常用，但工程上测定的一般是重塑土样的液限、塑限，没有考虑土体天然结构的影响。含水率相同时，一般来说原状土比重塑土强度高，因此，原状土更坚硬，天然状态下原状土 I_L 小于实验室测得的重塑土 I_L。

4. 活性指数

前文已述及，细粒土塑性指数 I_p 的大小可反映出该土吸附结合水的能力。土中黏土矿物越多，土吸附结合水的能力越强。不同黏土矿物吸附结合水的能力不同，土中黏土矿物的比表面积越大，吸附结合水的能力越强。塑性指数相同的细粒土，其吸附结合水的能力可能是由大量吸水能力一般的矿物（如高岭石）引起，也可能是由少量的吸水能力极强的矿物（如蒙脱石）引起。区别这一点对于鉴定某些土的工程性质也是很重要的。当然，实验室可以通过矿物分析试验来进行鉴定，但是，这类试验条件比较复杂，不是一般土工实验室所具备的。斯肯普顿（Skempton）建议用土的活性指数 A 来衡量土中黏土矿物吸附结合水的能力，其表达式为

$$A = \frac{I_p}{p_{0.002}} \tag{2-32}$$

式中，$p_{0.002}$ 为粒径小于 0.002mm 的颗粒质量占总土质量的百分数。

根据活性指数 A 的大小，黏性土可分为

$A<0.75$　　非活性黏土

$0.75\leqslant A\leqslant 1.25$　　正常黏土

$A>1.25$　　活性黏土

非活性黏土中矿物成分以高岭石等吸水能力一般的黏土矿物为主，而活性黏土中矿物成分以蒙脱石等吸水能力很强的黏土矿物为主。

2.5　土的结构及其指标

土的结构是在成土过程中逐渐形成的，是指土粒或团粒（几个或许多个土颗粒联结成的集合体）在空间的排列和它们之间的相互联结。土因其组成、沉积环境和沉积年代不同，形成各式各样复杂的结构。很多试验资料表明，同一种土原状土样和重塑土样的力学性质有很大的区别。也就是说，土的组成和物理状态并不是决定土性质的全部因素，土的结构对其性质也有很大的影响，综合反映了土体的物理性质和状态对其力学性质的决定性作用。

2.5.1　粗粒土的结构

粗粒土颗粒较大，比表面积较小，在粒间作用中，重力起主导作用。在沉积过程中，较粗的矿物颗粒在自重作用下下沉，与先前沉积的颗粒接触，稳定下来，相互依靠，就形成了单粒结构。这种结构的特点是颗粒之间点与点接触。随着形成条件的不同，粗粒土可形成结构疏松的土体［图 2-13（a）］，也可形成结构密实的土体［图 2-13（b）］。

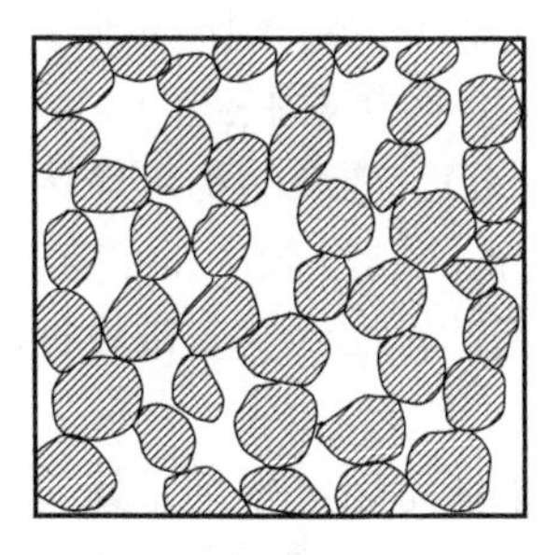

（a）疏松状态

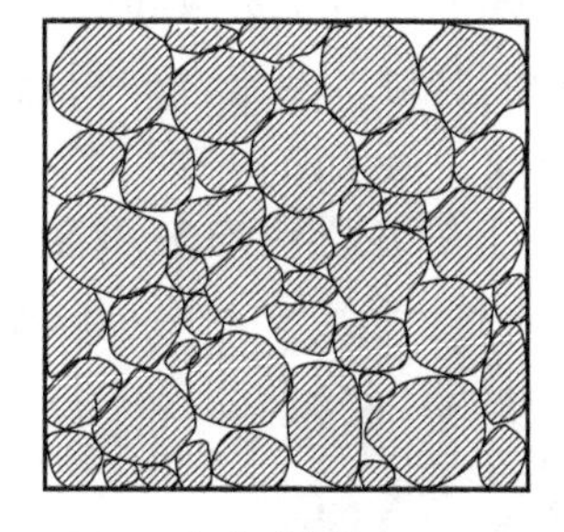

（b）密实状态

图 2-13　粗粒土的单粒结构

在荷载特别是振动荷载的作用下，疏松状态的单粒结构粗粒土中土粒会向更稳定的位置移动，产生较大的位移，使土体变得更加密实，因此结构疏松的粗粒土地基未经处理一般不宜作为建筑物的地基。密实状态的单粒结构粗粒土中土粒

排列紧密，比较稳定，在动、静荷载作用下一般不会发生较大的沉降，因此强度较大，压缩性较小，是较为良好的天然地基。

2.5.2　细粒土的结构

土中的细颗粒，尤其是黏土颗粒，比表面积很大，颗粒很薄，大多呈针状、片状或板状。片和板的面上带负电荷，角和边带正电荷，颗粒沉积时重力不起主要作用。在结构形成中，范德华力、库仑力、胶结作用力和毛细压力等粒间力起主要作用，这些粒间力既有引力也有斥力。细粒土的天然结构就是沉积过程中受这些力的共同作用而形成的。起主要作用的粒间力不同，就会形成不同的天然结构，可见细粒土结构形式复杂多样。根据细粒土形成过程的沉积特点，大致有分散结构和凝聚结构两个典型的结构类型，如图 2-14 所示。

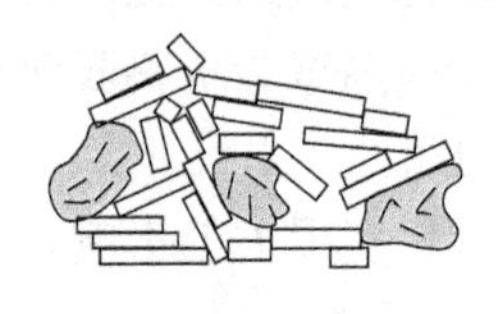

（a）分散结构

（b）凝聚结构

图 2-14　细粒土的结构

分散结构是黏粒在河、湖等淡水中沉积形成的。由于淡水中离子较少，弱结合水层较厚，黏土颗粒间联结很弱，沉积时颗粒多以近似面-面的形式平行堆积，称为分散结构或片堆结构，见图 2-14（a）。在上覆压力作用下，颗粒基本定向排列，结构一般较为紧密，稳定性较高。

凝聚结构一般是黏粒在盐类含量较多的海水及某些河湖中凝聚沉积形成的。这种环境条件下，离子浓度较大，颗粒表面吸附了大量的阳离子，弱结合水层变薄，运动的黏粒互相聚合，颗粒以角-面、边-面接触联结为主，凝聚成絮状物下沉，形成了凝聚结构的土体，见图 2-14（b）。凝聚结构颗粒定向性较差或无定向性，土的性质较均匀，各向异性不明显，具有较大的孔隙，结构较疏松，稳定性较低，因此，在地基基础设计时要注意其高压缩性。

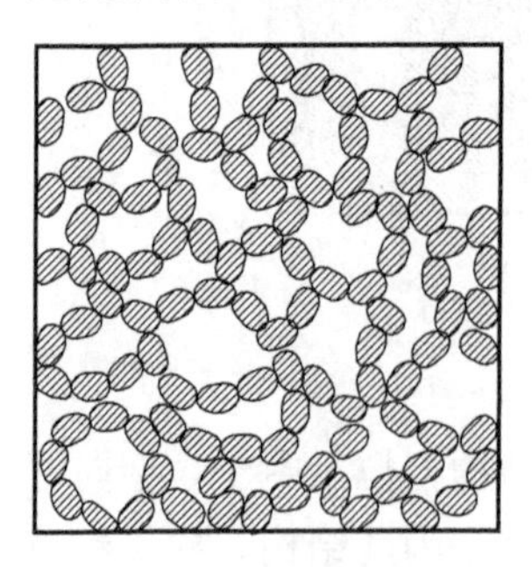

图 2-15　蜂窝状结构

从电子显微镜中还可以观察到呈蜂窝状的凝聚结构（图 2-15）。较细的土粒在自重作用下下沉，由于颗粒很轻，在碰到其他正在下沉和已稳定的土粒时，粒间接触点处的引力大于其重量，土粒就被吸引逐渐形成链环状单元，很多这样的链环连接起来，便形成孔隙较大的蜂窝状结构。此结构常在粉土、黏土等土类中出现，具有结构疏松、强度低和压缩性大的特性。

实际上，天然土体通常不是单一的结构，其结构并不像上述类型那样简单，而是要复杂得多，常呈多种类型的综合结构或过渡类型。当土的结构受到破坏或扰动时，不仅改变了土粒的排列情况，也不同程度地破坏了土粒间的联结，从而影响土的工程性质。因此，研究土的结构类型及其变化，对理解和进一步研究土的工程特性很有意义。

2.5.3　结构性指标

1. 灵敏度

原状土进行无侧限抗压强度试验后，将原状土样破碎，按同样的含水率与密度重塑土样，进行无侧限抗压强度试验。结果发现，一般情况下重塑土样的无侧限抗压强度（或称为单轴抗压强度）明显小于原状土样的无侧限抗压强度，如图 2-16 所示。

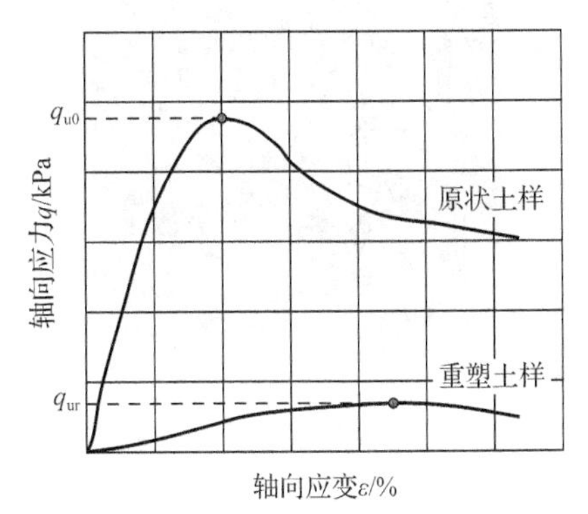

图 2-16　应力-应变关系曲线

上述试验中，原状土与重塑土的粒度、密度、湿度相同，唯一不同的是其结构。原状土在破碎重塑的过程中，天然结构遭到了破坏。重塑土在制备的过程中无法再现原状土的结构。土体重塑后损失的那部分强度来自原状土天然结构提供的强度。为反映天然土体结构性的强弱，将原状土的无侧限抗压强度与重塑土的无侧限抗压强度之比定义为土的灵敏度 S_t，即

$$S_t = q_{u0}/q_{ur} \tag{2-33}$$

式中，q_{u0} 为原状土的无侧限抗压强度，kPa；q_{ur} 为重塑土的无侧限抗压强度，kPa。

显然，结构性越强的土，灵敏度越大。土体按灵敏度分类见表 2-5。我国沿海地区黏性土基本上属于中、高灵敏性土。广东湛江曾发现灵敏度高达 20 左右的黏土，挪威德拉曼黏土和加拿大莱达黏土的灵敏度高达 100 以上，处于原状时可承受较大竖向压力，但在扰动后成为泥浆，见图 2-17。

表 2-5　土体按灵敏度分类

灵敏度 S_t	类型
$S_t=1$	不灵敏
$1<S_t\leq 2$	低灵敏性
$2<S_t\leq 4$	中灵敏性
$4<S_t\leq 8$	高灵敏性
$8<S_t\leq 16$	极灵敏性
$S_t>16$	流性

注：灵敏度测试土样应采用薄壁取土器取样。

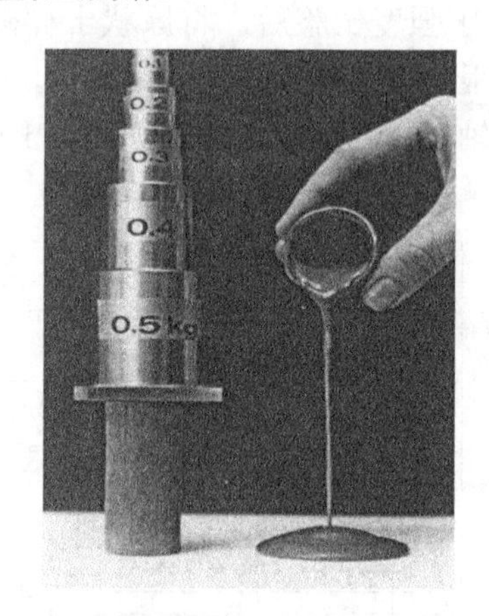

图 2-17　扰动前后的流性黏土

2. 构度指标

由 2.4 节可知，随着含水率的增加，细粒土逐渐由硬变软，其强度不断减小。强度减小来自于浸水引起的结构软化。因此，不仅扰动重塑可表现出结构性的变化，浸水软化也表现出土体结构性的改变。非饱和原状土的综合结构势可通过重塑、浸水饱和得以释放。其中，重塑可释放原状黄土的扰动结构势，浸水饱和可释放原状黄土的浸水结构势。为反映非饱和原状土的初始结构性，对原状土、湿密（含水率与密度）状态相同的重塑土、饱和原状土进行无侧限抗压强度试验，分别得相应的无侧限抗压强度 q_{u0}、q_{ur} 和 q_{us}，定义了构度指标 m_u，其表达式为

$$m_u = m_d m_w = \frac{q_{u0}}{q_{ur}} \cdot \frac{q_{u0}}{q_{us}} \tag{2-34}$$

式中，$m_d = \dfrac{q_{u0}}{q_{ur}}$，为扰动灵敏度，反映了原状土具有排列和联结特征的结构对扰

动重塑的敏感程度，意义与灵敏度 S_t 相同；$m_w = \dfrac{q_{u0}}{q_{us}}$，为浸水灵敏度，反映了土体遇水后强度损失对水的敏感程度；q_{us} 为饱和原状土的无侧限抗压强度，kPa。

可见，构度指标 m_u 包含了传统的灵敏度 S_t，是对土体结构性定量表示的扩展与完善。m_d 和 m_w 越大，m_u 越大，土体的结构性越强，遭受浸水和扰动作用后的强度变化越大，对工程的潜在危害性越大。因此，构度指标是一种反映土体结构性的比例指标，可与土的传统物性（粒度、密度、湿度）指标一起共同描述土的基本物理性质。

3. 触变性

黏性土还有一种结构特性是触变性。在含水率和密度不变的情况下，土的强度因重塑而降低，又因静置而逐渐增加，将这种重塑土的强度随时间有所恢复的性质称为土的触变性，如图 2-18 所示。土的触变性是土结构联结形态发生变化引起的，是土结构随时间变化的宏观表现。一般可分为胶溶和再凝聚两个阶段：①胶溶阶段，受扰动作用，结构破坏，强度降低，这一阶段可用灵敏度来评价；②再凝聚阶段，即强度的恢复阶段，可用触变强度比（触变强度恢复系数）来评价。触变强度比定义为黏性土彻底扰动破坏后经历不同时间恢复的强度与破坏后立即测得的强度之比。

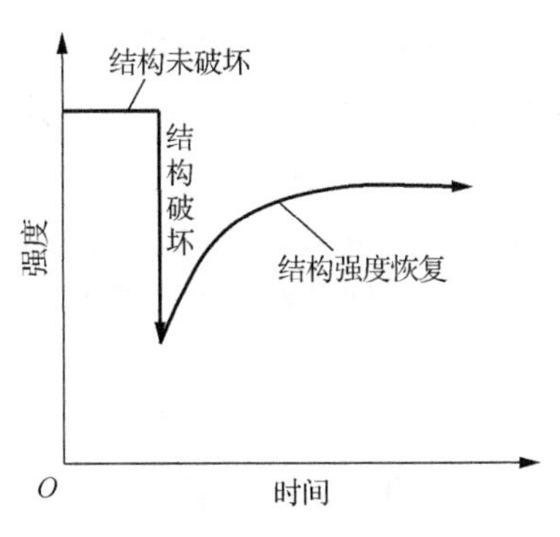

图 2-18　触变引起的强度变化

掌握触变的规律对指导工程实践具有重要的意义。例如，在灵敏度较高的黏性土中打桩时，振动可使桩侧土的结构受到破坏而强度降低，从而减小打桩时的阻力。停止打桩后，黏性土的强度又逐渐恢复，使桩的承载力增加。对不同的土体，这个过程延续的时间是不同的。此外，由触变性强的黏土（蒙脱石含量大）制成的泥浆，在钻井工程中可保护井孔侧壁、浮起钻渣，保证钻井的进度和质量；在沉井基础施工中形成沉井壁的润滑保护层，起到减小井壁摩擦并有利于沉井逐渐下沉及保护井周土体稳定的作用。

2.6　土的工程分类

自然界中土的种类很多，工程性质各异。为便于研究，需要按其主要特征进行分类。目前，我国使用的土名和土的分类并不统一。各个部门使用各自制定的规范，各个规范的规定也不完全一样。国际上的情况同样如此，各个国家的规定也不尽相同，这种情况的存在有主观和客观的原因。一方面，各种土的性质复杂多变，差别很大，但这些差别又是渐变的，要用比较简单的特征指标进行划分是难以做到的。另一方面，有的部门侧重于利用土作为建筑物地基，有的部门侧重于利用土作为修筑土工结构物的材料，还有的部门又侧重于将土作为构筑物的周围介质，各个部门对土的某些工程性质的重视程度和要求不完全相同，制定分类标准时的着眼点不同，因此土的分类也就存在差异。

2.6.1　土的工程分类依据

根据前文的分析，影响土工程性质的三个主要因素是土的三相组成、物理状态及结构。其中，起主要作用的是三相组成。在三相组成中，关键的是土颗粒，而土颗粒粒径的影响最大。因此，工程上常以0.075mm作为一个大的分类界限，将粒径大于0.075mm的颗粒质量占全部土粒质量50%以上的土称为粗粒土，50%以下的土称为细粒土。粗粒土中多数颗粒是由肉眼可见的碎散颗粒堆积而成，颗粒间一般为点接触。粒间除重力外，有时会有毛细力存在，但其他的联结力十分微弱，可以忽略不计，因此粗粒土也都是无黏性土。黏性土中大多数颗粒由肉眼难以辨别的微细颗粒组成。这些微细颗粒，尤其是黏土颗粒之间存在着除重力以外的分子引力及静电引力等作用，使颗粒之间相互联结，产生黏性，因此黏性土属于细粒土。

在实际工程应用中，不管是粗粒土还是细粒土，性质都千差万别。粗粒土的透水性、压缩性和强度等工程性质，很大程度上取决于土的颗粒级配，因此，粗粒土应按其颗粒级配特征再细分。细粒土的工程性质不仅取决于颗粒级配，而且与土粒的矿物成分密切相关。可以认为，比表面积和矿物成分在很大程度上决定了细粒土的性质。直接量测土的比表面积和鉴定矿物成分均较困难，但可以通过细粒土吸附结合水的能力间接反映。因此，目前一般多将反映吸附结合水能力的指标，如液限 w_L、塑限 w_p 或塑性指数 I_p 作为细粒土的分类指标。另外，细粒土中存在有机质时，也要根据有机质含量的多少进行细分。

2.6.2　《土的工程分类标准》分类法

《土的工程分类标准》(GB/T 50145—2007) 规定了土的基本分类。这种分类体系将土先按其不同粒组的相对含量划分为巨粒类土、粗粒类土与细粒类土三大类，再根据各自的颗粒组成及特征、土的塑性指标（液限、塑限、塑性指数）及土中有机质的含量进行细分。土的粒组划分见表 2-1。在实际进行分类时，实行先符合者优先的原则。

1. 巨粒类土

巨粒类土按粒组进行划分，其分类见表 2-6。若巨粒组含量不大于 15%时，可扣除巨粒，按粗粒类土或细粒类土的相应规定分类；当巨粒对土的总体性状有影响时，可将巨粒计入砾粒组进行分类。

表 2-6　巨粒类土的分类

土类	粒组含量		土类代号	土类名称
巨粒土	巨粒含量＞75%	漂石含量大于卵石含量	B	漂石（块石）
		漂石含量不大于卵石含量	Cb	卵石（碎石）
混合巨粒土	50%＜巨粒含量≤75%	漂石含量大于卵石含量	BSl	混合土漂石（块石）
		漂石含量不大于卵石含量	CbSl	混合土卵石（碎石）
巨粒混合土	15%＜巨粒含量≤50%	漂石含量大于卵石含量	SlB	漂石（块石）混合土
		漂石含量不大于卵石含量	SlCb	卵石（碎石）混合土

注：巨粒混合土可根据所含粗粒或细粒的含量进行细分。

2. 粗粒类土

粗粒组含量大于 50%的土称为粗粒类土。粗粒类土应按粒组、级配、细粒土含量划分。砾粒组含量大于砂粒组含量的土称砾类土，见表 2-7；砾粒组含量不大于砂粒组含量的土称砂类土，见表 2-8。

表 2-7　砾类土的分类

土类	粒组含量		土类代号	土类名称
砾粒土	细粒含量＜5%	级配：C_u≥5 且 1≤C_c≤3	GW	级配良好砾
		级配：不同时满足上述要求	GP	级配不良砾
含细粒土砾	5%≤细粒含量＜15%		GF	含细粒土砾
细粒土质砾	15%≤细粒含量＜50%	细粒组中粉粒含量不大于 50%	GC	黏土质砾
		细粒组中粉粒含量大于 50%	GM	粉土质砾

表 2-8　砂类土的分类

土类	粒组含量		土类代号	土类名称
砂	细粒含量＜5%	级配：$C_u≥5$ 且 $1≤C_c≤3$	SW	级配良好砂
		级配：不同时满足上述要求	SP	级配不良砂
含细粒土砂	5%≤细粒含量＜15%		SF	含细粒土砂
细粒土质砂	15%≤细粒含量＜50%	细粒组中粉粒含量不大于 50%	SC	黏土质砂
		细粒组中粉粒含量大于 50%	SM	粉土质砂

表 2-8 中的砂还可根据粒组含量进行细分。当 25%≤砾粒含量＜50%时为砾砂；粗砂粒及以上含量＞50%时为粗砂；中砂粒及以上含量＞50%时为中砂；细砂粒及以上含量≥85%时为细砂；细砂粒及以上含量≥50%时为粉砂。定名时，应根据颗粒级配由大到小以最先符合者确定。

3. 细粒类土

细粒组含量不小于 50%的土为细粒类土。细粒类土应按塑性图、所含粗粒类别及有机质含量划分。粗粒组含量不大于 25%的土称为细粒土。细粒土根据图 2-19 进行分类，具体类型见表 2-9。

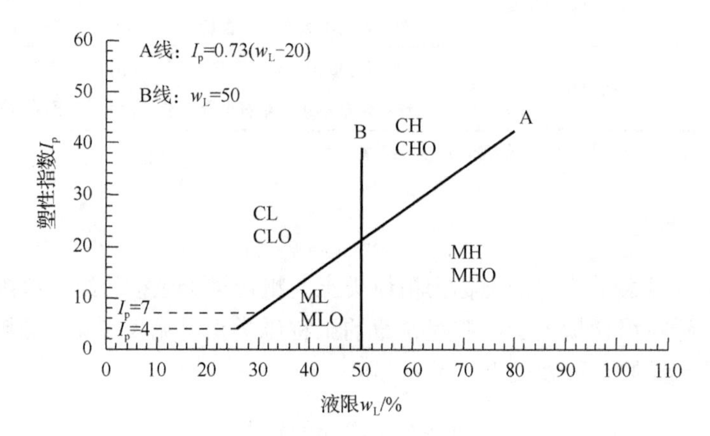

图 2-19　塑性图

w_L为碟式液限仪测定的值或锥式液限仪测定的 17mm 液限；图中虚线之间区域为黏土-粉土过渡区

表 2-9　细粒土的分类

土的塑性指标在图 2-19 中的位置		土类代号	土类名称
A 线及 A 线以上且 $I_p≥7$	$w_L≥50\%$	CH	高液限黏土
	$w_L<50\%$	CL	低液限黏土

续表

土的塑性指标在图 2-19 中的位置		土类代号	土类名称
A 线以下或 I_p<4	$w_L \geqslant 50\%$	MH	高液限粉土
	$w_L < 50\%$	ML	低液限粉土

注：黏土-粉土过渡区（CL-ML）的土可按相邻土层的类别根据使用目的按偏于安全的原则细分。

粗粒组含量大于 25%且不大于 50%的土称含粗粒的细粒土。含粗粒的细粒土根据所含细粒土的塑性指标在塑性图中的位置及所含粗粒的含量和类别划分。若粗粒中砾粒含量大于砂粒含量，称含砾细粒土，在细粒土代号后加代号 G；若粗粒中砾粒含量不大于砂粒含量，称含砂细粒土，在细粒土代号后加代号 S。

有机质成分对土的物理力学性质有不同程度的影响。理论上，只要土内含有机质，就应称为有机质土。若有机质含量很低（不大于 5%），其性质与无机土没有太大区别，可视为无机土。只有有机质含量在一定程度（小于 10%且不小于 5%）时才称其为有机质土。有机质土在各相应土类代号之后加代号 O。如果有机质含量很高（不小于 10%），其性质与一般细粒土差别很大，则称为有机土。

2.6.3　《建筑地基基础设计规范》分类法

《建筑地基基础设计规范》（GB 50007—2011）的分类体系将土分为碎石土、砂土、粉土、黏性土和人工填土五大类。人工填土的不同类型主要是成因上的区别。碎石土和砂土属于粗粒土，粉土和黏性土属于细粒土。粗粒土按颗粒级配分类，细粒土则按塑性指数 I_p 分类。

1. 碎石土

碎石土为粒径大于 2mm 的颗粒含量超过全重 50%的土。碎石土可分为漂石、块石、卵石、碎石、圆砾和角砾，见表 2-10。

表 2-10　碎石土的分类

土的名称	颗粒形状	粒组含量
漂石	圆形及亚圆形为主	粒径大于 200mm 的颗粒含量超过全重 50%
块石	棱角形为主	
卵石	圆形及亚圆形为主	粒径大于 20mm 的颗粒含量超过全重 50%
碎石	棱角形为主	
圆砾	圆形及亚圆形为主	粒径大于 2mm 的颗粒含量超过全重 50%
角砾	棱角形为主	

注：分类时应根据粒组含量由大到小以最先符合者确定。

2. 砂土

砂土为粒径大于 2mm 的颗粒含量不超过全重 50%且粒径大于 0.075mm 的颗粒含量超过全重 50%的土。砂土可分为砾砂、粗砂、中砂、细砂和粉砂，见表 2-11。

表 2-11　砂土的分类

土的名称	粒组含量
砾砂	粒径大于 2mm 的颗粒含量占全重 25%～50%
粗砂	粒径大于 0.5mm 的颗粒含量超过全重 50%
中砂	粒径大于 0.25mm 的颗粒含量超过全重 50%
细砂	粒径大于 0.075mm 的颗粒含量超过全重 85%
粉砂	粒径大于 0.075mm 的颗粒含量超过全重 50%

注：分类时应根据粒组含量由大到小以最先符合者确定。

3. 粉土

粉土介于砂土与黏性土之间，是塑性指数 $I_p \leqslant 10$ 且粒径大于 0.075mm 的颗粒含量不超过全重 50%的土。粉土既不具有砂土抗剪强度较高、透水性大、易排水固结的优点，也不具有黏性土黏聚力较大、防水性能好、不易被水冲蚀流失的优点。粉土工程性质较差，如受振动易液化、湿陷性大、冻胀性大和易被冲蚀等，因此在工程中产生很多问题。

4. 黏性土

黏性土为塑性指数 $I_p > 10$ 的土。当 $I_p > 17$ 时，称为黏土；当 $10 < I_p \leqslant 17$ 时，称为粉质黏土。其中，塑性指数 I_p 是由 10mm 液限计算而得的。

5. 人工填土

人工填土根据其组成和成因，可分为素填土、压实填土、杂填土和冲填土。素填土是由碎石土、砂土、粉土及黏性土等组成的填土。经过压实或夯实的素填土为压实填土。杂填土为含有建筑垃圾、工业废料及生活垃圾等杂物的填土。冲填土是由水力冲填泥砂形成的填土。

例 2-3　某料场的土，其颗粒分析试验结果见表 2-12。液限和塑限联合测定结果：17mm 液限 w_L=34%，10mm 液限 w_L=29%，塑限 w_p=18%。试按《土的工程分类标准》(GB/T 50145—2007)和《建筑地基基础设计规范》(GB 50007—2011)分类法分别确定该土的名称。

表 2-12　颗粒分析试验结果

粒径/mm	2	1	0.5	0.25	0.075	0.05	0.02	0.01	0.005	0.002
小于该粒径土的质量/g	196	188	172	150	102	84	48	29.8	20	10.4
小于该粒径土的质量占总土质量的百分数/%	98	94	86	75	51	42	24	14.9	10	5.2

解　(1)按《土的工程分类标准》(GB/T 50145—2007)分类法定名:

由表 2-12 可知，细粒组($d<0.075$mm)含量为 51%，该土为细粒类土；粗粒组含量为 49%，大于 25%且不大于 50%，因此该土属于含粗粒的细粒土。

该土的 17mm 液限 w_L=34%，塑限 w_p=18%，因此，塑性指数 I_p=16。根据 17mm 液限和塑性指数查塑性图(图 2-19)，位于 CL 区，因此该土定名为低液限黏土，标为“CL”。

由表 2-12 得，砾粒含量为 2%，砂粒含量为 47%，因此该土定名为含砂低液限黏土，标为“CLS”。

(2)按《建筑地基基础设计规范》(GB 50007—2011)分类法定名:

该土的 10mm 液限 w_L=29%，塑限 w_p=18%，塑性指数 I_p=11，因此该土为粉质黏土。

2.7　土的压实性

土的压实性是指土在一定压实能量作用下密度增长的特性。土工建筑物如地基、路基、土堤和土坝等，都是用土作为建筑材料填筑而成的。填土时，经常需要通过夯打、振动或碾压等方法压实土体，以提高土体强度、减小压缩性和渗透性，从而保证地基和土工建筑物的稳定。压实就是指土体在压实能量作用下，土颗粒克服粒间阻力产生位移，使土中的孔隙减小、密度增加的过程。

工程中，压实细粒土一般采用夯击机具或压强较大的碾压机具，同时必须控制土的含水率，含水率过高或过低都不易得到较好的压实效果；压实粗粒土时，一般采用带振动功能的压实机具，同时注意充分洒水使土体饱和。两种不同的做法说明细粒土和粗粒土的压实性并不相同。

2.7.1　细粒土的压实性

1. 击实曲线

细粒土的压实性应在实验室或现场开展击实试验进行研究，所用击实仪如

二维码 2-3

图 2-20 所示。试验时将试验土样分成 6～7 份，配制成含水率不同的土样，装入塑料袋密封一夜。然后将每份相应质量的土样装入击实仪内，用完全相同的方法击实。击实后，测定压实土的含水率和干密度。以含水率为横坐标，干密度为纵坐标，绘制含水率-干密度曲线，称为击实曲线，如图 2-21 所示。扫描二维码 2-3，将实测数据填入，可得土的击实曲线。具体的试验方法与步骤可参考《土工试验方法标准》(GB/T 50123—2019)。

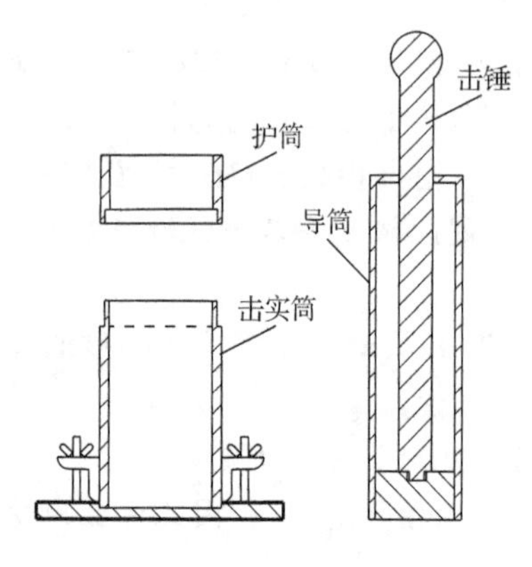

图 2-20　击实仪示意图

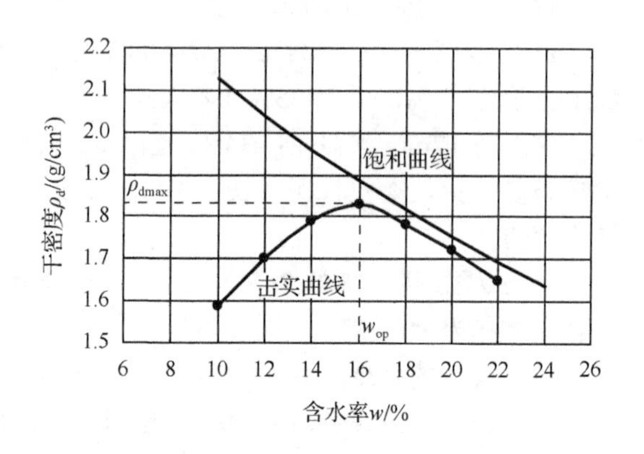

图 2-21　细粒土的击实曲线

从图 2-21 可以看出，细粒土的击实曲线是一条具有峰值点的曲线。峰值点对应的横坐标值称为最优含水率 w_{op}，峰值点对应的纵坐标值称为最大干密度 $\rho_{d_{max}}$。同一种土，干密度越大，孔隙比越小，因此，干密度最大时土样达到的孔隙比为最小值 e_{min}。在某一含水率下，若不考虑水的排出，将土压到最密，理论上就是将土中所有的气体都从孔隙中赶走，使土达到饱和。将不同含水率对应的土体达到饱和状态时的干密度($\rho_d = \dfrac{G_s}{1+wG_s}$)点绘于图 2-21 中，得到理论上所能达到的最大击实曲线，即饱和度 S_r=1.0 的击实曲线，称为饱和曲线。由饱和曲线可以看出，当含水率很大时，干密度很小，因为这时土体中很大的一部分体积都是水；含水率越小，干密度越大；当 w=0 时，饱和曲线上的干密度就等于土颗粒的比重 G_s。

实际上，细粒土的击实曲线在峰值点右侧逐渐接近于饱和曲线，且大体上与它平行。在峰值点左侧，两条曲线差别较大，且含水率越小，差值越大。土的最优含水率 w_{op} 的大小随土的性质而异，试验表明 w_{op} 约在土的塑限 w_p 附近。

2. 影响因素

1）压实能量的影响

压实能量 E 是指压实单位体积土所消耗的能量，即

$$E = \frac{W_j dNn}{V} \tag{2-35}$$

式中，W_j 为击锤重量，kN；d 为落距，m；N 为每层土的击实次数；n 为铺土层数；V 为击实筒的容积，m^3。

常用的击实试验为标准击实试验，也有轻型击实试验和重型击实试验。不同的击实试验，压实能量不同，主要表现为每层土的击实次数不同。同一种土，用不同的能量击实，得到的击实曲线不同，如图2-22所示。图中曲线表明，压实能量越大，得到的最优含水率越小，相应的最大干密度越大。因此，对于同一种土，最优含水率和最大干密度并非定值，而是与压实能量相对应，随压实能量的变化而变化。另外，压实能量对小于等于最优含水率土体的压实性影响较大，在含水率超过最优含水率以后，压实能量的影响便随含水率的增加而逐渐减小。随着含水率的增大，击实曲线最后均靠近于饱和曲线，但都不会到达饱和曲线。这是由于压实过程中土体中总存在一部分气体被封闭在孔隙中无法排出。在同一含水率下，随着压实能量 E 的增加，土体的干密度逐渐增大，但压实能量达到一定程度后，对干密度的影响逐渐减小，最后趋近于土体达到饱和状态时的干密度 $\rho_d = \frac{G_s}{1 + wG_s}$，如图 2-23 所示。

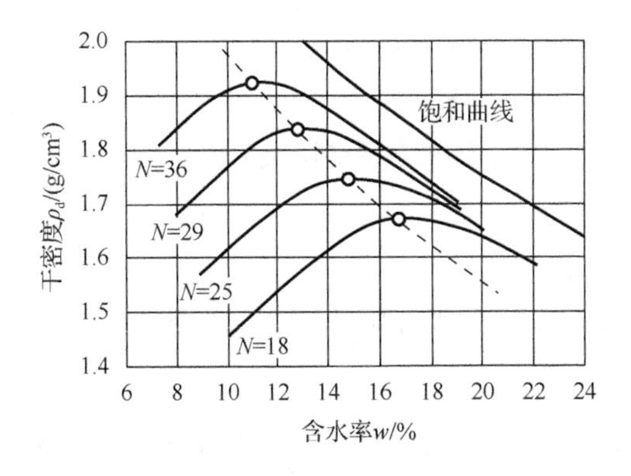

图 2-22　不同压实能量下的击实曲线

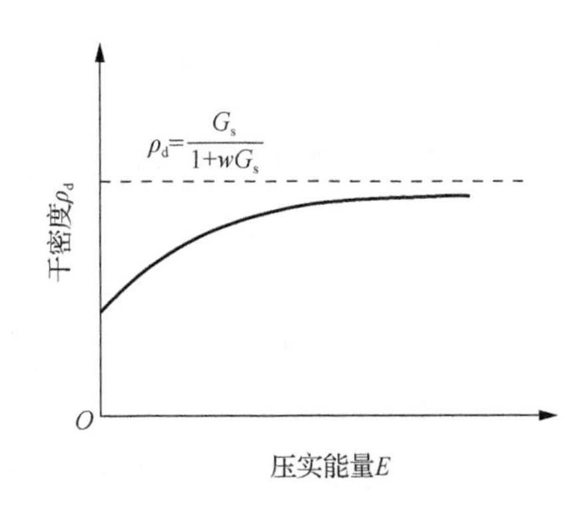

图 2-23　干密度与压实能量的关系(w=const)

2）土体级配的影响

研究表明，对于级配状况不同的土，如三种级配良好程度逐渐增加的土①、②、③，在相同的压实能量下，通常级配良好的土击实后所得的最大干密度较

大，相应的最优含水率较小，如图2-24所示。这是由于土体级配越良好，粗颗粒形成的孔隙越容易被细颗粒充填而达到较小孔隙比的状态。

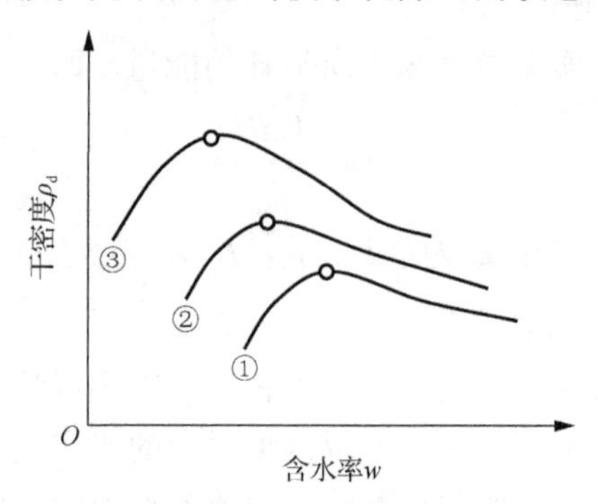

图 2-24 不同级配土的击实曲线(E 为常数)

3. 工程应用

1）填土的含水率

由于黏性填土存在着最优含水率，因此在填土施工时应将土料的含水率控制在最优含水率左右，以期用较小的能量获得最大的密度。当含水率控制在最优含水率的干侧时，击实土的结构常具有凝聚结构的特征。这种土比较均匀，强度较高，较脆硬，不易压密，但浸水时容易产生湿化沉降变形。当含水率控制在最优含水率的湿侧时，土具有分散结构的特征。这种土的可塑性大，适应变形的能力强，但强度较低，且具有各向异性。因此，含水率比最优含水率偏高或偏低的填土性质各有优缺点，在设计土料时要根据对填土提出的要求和压实所用的机具，选定合适的含水率。一般选用的含水率要求为$w_{op}\pm(2\%\sim3\%)$。

2）压实标准的控制

要求填土达到的压实标准，工程上常采用压实度 D 控制，定义为

$$D=\frac{\rho_d}{\rho_{d_{max}}} \tag{2-36}$$

式中，ρ_d 为填土干密度，g/cm^3；$\rho_{d_{max}}$ 为填土由室内标准击实试验所得的最大干密度，g/cm^3。

《碾压式土石坝设计规范》（SL 274—2020）中对黏性土的压实度规定：用标准击实的方法，1 级坝、2 级坝和 3 级以下高坝的压实度不应低于 98%，3 级中坝、低坝及 3 级以下中坝压实度不应低于 96%。地震设计烈度为Ⅷ度、Ⅸ度的坝，应在上述规定基础上相应提高。有特殊用途和性质特殊土料的压实度另行确定。

《建筑地基处理技术规范》（JGJ 79—2012）中，压实度也称为压实系数λ_c，压

实填土的质量控制见表 2-13。公路、铁路路基的压实标准也各不相同。因此，工程中应按照实际的工程类型和情况，合理地选择其压实标准。

表 2-13　压实填土的质量控制

结构类型	填土部位	压实系数λ_c	控制含水率/%
砌体承重结构和框架结构	在地基主要受力层范围以内	≥0.97	$w_{op}\pm2$
	在地基主要受力层范围以下	≥0.95	
排架结构	在地基主要受力层范围以内	≥0.96	
	在地基主要受力层范围以下	≥0.94	

注：地坪垫层以下及基础底面标高以上的压实填土，压实系数不应小于 0.94。

2.7.2　粗粒土的压实性

砂和砂砾等粗粒土的压实性也与含水率有关，但不存在最优含水率，一般是在完全干燥或者充分洒水饱和的情况下易压实到较大干密度。潮湿状态时，由于毛细压力增加了粒间阻力，压实干密度显著降低。粗砂在含水率为 4%～5%，中砂在含水率为 7%左右时，压实干密度最小，如图 2-25 所示。因此，在压实粗粒土时要充分洒水使土料饱和。

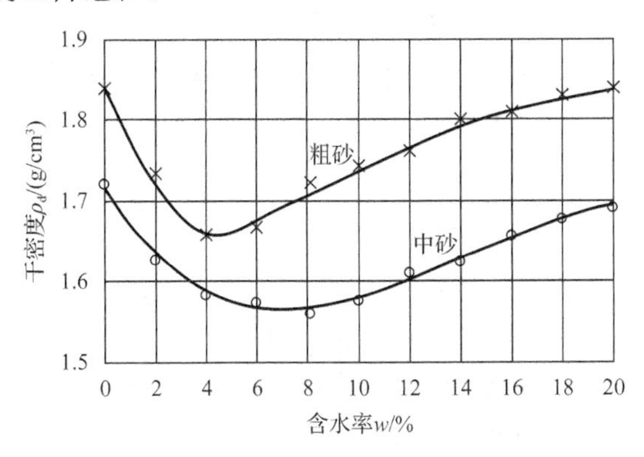

图 2-25　粗粒土的击实曲线

一般用相对密度 D_r 作为粗粒土的压实控制指标。大量试验研究表明，对于饱和的粗粒土，在静力或动力的作用下，相对密度大于 0.70 或 0.75 时，土的强度明显增加，变形显著减小。因此，《碾压式土石坝设计规范》(SL 274—2020) 规定，砂砾石的相对密度不应低于 0.75，砂的相对密度不应低于 0.70，反滤料宜为 0.70 以上。在地震区，《水工建筑物抗震设计标准》(GB 51247—2018) 规定，对于无黏性土的压实，浸润线以上材料的相对密度不应低于 0.75，浸润线以下材料的相对密度不应低于 0.80。另外，其他行业对粗粒土相应填筑的控制标准也有各自的规定和要求。

例 2-4　某土料场土的天然含水率 w=20%，密度ρ=1.50g/cm^3，土粒比重G_s=2.70。土的击实标准为ρ_d=1.75g/cm^3，填筑时为避免过度碾压而发生剪切破坏，压实后土体的饱和度S_r不得超过0.85，问：

（1）此土料场的土料是否适合填筑？如果不适合，建议采取什么措施？处理到何种程度？

（2）压实每形成1m^{3}填筑体，需至少从土料场采取多少体积的土体？

解　（1）取压实后V_s=1cm^{3}的土进行分析。根据土粒比重的定义，由式（2-9）得

$$m_s = G_s \rho_w^{4℃} V_s = 2.70\,(\mathrm{g})$$

根据含水率的定义，由式（2-11）得

$$m_w = w m_s = 20\% \times 2.70 = 0.54\,(\mathrm{g})$$

则

$$V_w = m_w / 1.0 = 0.54\,(\mathrm{cm}^3)$$

根据干密度的定义，由式（2-21）得

$$V = \frac{m_s}{\rho_d} = \frac{2.70}{1.75} \approx 1.54\,(\mathrm{cm}^3)$$

孔隙的体积$V_v = V - V_s = 0.54\,(\mathrm{cm}^3)$，将计算结果填入三相图中，如图2-26所示。

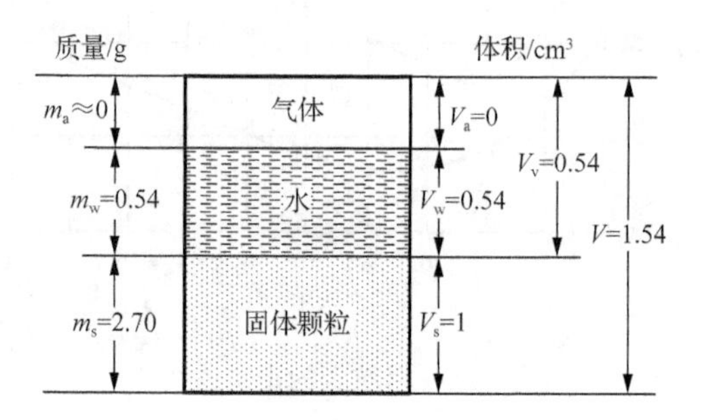

图2-26　例2-4图

根据饱和度的定义，由式（2-19）得压实后土的饱和度：

$$S_r = \frac{V_w}{V_v} = 1.0$$

由计算结果可知，按天然含水率，土料填筑压实后饱和度大于0.85，此天然含水率土体不适合直接填筑，应进行翻晒处理。

压实后土体的饱和度 S_r 不得超过 0.85，故其孔隙中水的体积最多为

$$V_w' = 0.85V_v = 0.46\ (\mathrm{cm}^3)$$

对应孔隙水的质量：

$$m_w' = \rho_w V_w' = 0.46\ (\mathrm{g})$$

因此，此时土料的含水率：

$$w' = 0.46 / 2.70 \approx 17\%$$

由以上计算可知，该土料需翻晒至含水率为 17%后，才能进行填筑。

（2）计算土料场土的干密度：

$$\rho_d = \frac{\rho}{1+w} = \frac{1.50}{1+20\%} = 1.25\ (\mathrm{g/cm^3})$$

设需至少从土料场采取 x m^3 的土，由于填筑前后固体颗粒质量不变，则

$$1.75 \times 1 = 1.25x$$

得 $x = 1.4\ (\mathrm{m}^3)$。

根据计算，每形成 1m^3 填筑体，需至少从土料场采取 1.4 m^3 的土体。

习　题

2-1　表 2-14 为某土颗粒分析试验的结果，请绘制此土的颗粒级配曲线，分析此土的级配是否良好。

表 2-14　某土颗粒分析试验结果

粒组/mm	10～20	5～10	2～5	1～2	0.5～1	0.25～0.5	0.075～0.25
粒组质量分数/%	1	3	5	7	20	28	20

粒组/mm	0.05～0.075	0.02～0.05	0.01～0.02	0.005～0.01	0.002～0.005	<0.002
粒组质量分数/%	5	3	3	2	2	1

2-2　有一块体积为 60cm^3 的原状土样，质量为 105g，烘干后质量为 85g，已知土粒比重 G_s=2.67。试求土的重度γ、含水率 w、干重度γ_d、饱和重度γ_{sat}、浮重度γ'、孔隙比 e 和饱和度 S_r。

2-3　某质量为 40g 的饱和土样体积为 21.5cm^3。将其烘烤过一段时间后，质量减少为 33g，体积缩至 15.7cm^3，饱和度 S_r=0.75。试分别求土样在烘烤前后的含水率 w、孔隙比 e 和干重度γ_d。

2-4　饱和土孔隙比为 0.70，土粒比重为 2.72。用三相图法计算干重度γ_d、饱

和重度γ_{sat}和浮重度γ'，分别设 V_s=1cm^3，V=1cm^3 与 m=1g，比较哪种方法更简便。

2-5　某砂层位于地下水位以下，经测定，其饱和重度γ_{sat}=20kN/m^3，G_s=2.65，则该砂层的天然孔隙比为多少？若经试验测得的该砂层的最大孔隙比和最小孔隙比分别为 0.78 和 0.56，求其相对密度 D_r 是多少？其密实程度如何？

2-6　河岸边坡某黏性土的液限 w_L=44%，塑限 w_p=28%。取一块土样 41g，烘干后为 29.4g，试问该土处于何种物理状态并确定土的名称。

2-7　某工程回填基坑所用的填料土体，经测定其密度ρ=1.50g/cm^3，土粒比重 G_s=2.70，天然含水率 w=14.6%，标准击实试验所得的最优含水率 w_{op}=18%，最大干密度 $\rho_{d_{max}}$ = 1.80g/cm^3。试问：

（1）若基坑需回填 10000m^3，压实度为 0.98 时，需至少从土料场开采多少土？

（2）此料场的土料是否适合直接进行填筑？如果不适合，建议采取什么措施？请具体说明。

2-8　某细粒土进行标准击实试验，所得的结果如表 2-15 所示，请绘制该土的击实曲线，确定其最大干密度 $\rho_{d_{max}}$ 和最优含水率 w_{op}。该土的土粒比重 G_s=2.70，求此击实曲线峰值点对应的饱和度与孔隙比各是多少？若试验时将每层的锤击数减少，所得的 $\rho_{d_{max}}$ 和 w_{op} 会如何变化？锤击数增加又会如何？为什么？

表 2-15　某细粒土标准击实试验结果

含水率/%	13.0	15.2	17.5	19.5	22.0
干密度/(g/cm^3)	1.65	1.75	1.80	1.77	1.69

第 3 章　土的渗透性

土是固体颗粒的集合体，是一种碎散的多孔介质，其孔隙在空间互相连通。孔隙中包含流体，这些流体（本章中的流体是指孔隙中的水）在势能差的作用下在孔隙中流动。这种水在土体孔隙中的流动现象称为渗流，土具有被水等流体透过的性质称为土的渗透性。在土木、水利相关的各个领域内，很多工程问题都与土的渗透性密切相关。总的来说，对土渗透问题的研究主要包括下述四个方面。

（1）渗流量问题。渗流量问题包括土石坝和渠道渗漏水量、基坑开挖时涌水量、水井供水量及地下工程降水井的抽水量等水量计算。渗流量的计算将直接关系到工程的安全与经济效益。

（2）渗透力和水压力问题。水在土的孔隙中流动时对土颗粒施加的作用力（拖曳力）称为渗透力；同时，土颗粒对水产生反作用力。渗流场中的饱和土体和结构物会受到水压力的作用。在土工建筑物和地下结构物的设计与施工中，合理确定这两种作用力的数值是十分必要的。

（3）渗透变形问题。渗透力过大可引起土颗粒或土骨架的移动，从而造成土工建筑物及地基渗透变形，如地面隆起、细颗粒被水带出等。渗透变形问题直接关系到土工建筑物和地下结构物的安全，它是堤坝、隧洞、基坑和地基发生破坏的重要原因之一。

（4）渗流控制问题。当渗流量和渗透变形不满足设计要求时，要采用工程措施加以控制，称为渗流控制。

渗流过程中，土颗粒会受到渗透力作用，继而引起土体的渗透破坏问题，严重影响各类构筑物及其地基的稳定与安全。研究土体的渗透规律及渗透力作用机制，掌握并利用渗透知识，为土木、水利工程设计与渗透灾害防治提供有力的理论支撑。本章主要分为以下几个部分：饱和土渗透性及渗透规律、渗透力与渗透变形、平面渗流计算及应用等。

3.1　土体的渗透规律

3.1.1　伯努利方程与水力坡降

从水力学知识得知，伯努利（Bernoulli）方程是水流动的能量守恒方程。伯

努利方程不考虑液体在流动过程中克服摩擦做功的能量损失，其表达式为

$$h = z + \frac{u}{\gamma_w} + \frac{v^2}{2g} \tag{3-1}$$

式中，z为位置水头，m，表示单位重量液体从某一基准面算起具有的位置势能；u/γ_w为压力水头，m，表示单位重量液体具有的压力势能；$v^2/2g$为流速水头，m，表示单位重量液体具有的动能；h为总水头，m，表示单位重量液体具有的机械能。

位置势能与压力势能之和表示为测压管水头。位置势能、压力势能及动能之和为总水头。在水渗流过程中，土颗粒对水的阻力较大，渗流流速很小，因此流速水头可以忽略不计，这样渗流中任一点的总水头数值上等于测压管水头，即

$$h = z + \frac{u}{\gamma_w} \tag{3-2}$$

图3-1表示渗透水流在土体中A、B两点的水头与水力坡降。A、B两点处的总水头分别表示为

$$h_A = z_A + \frac{u_A}{\gamma_w} \tag{3-3}$$

$$h_B = z_B + \frac{u_B}{\gamma_w} \tag{3-4}$$

式中，z_A、z_B分别为A点和B点的位置水头；u_A、u_B分别为A点和B点的水压力；u_A/γ_w、u_B/γ_w分别为A点和B点的压力水头；h_A、h_B分别为A点和B点的总水头。可以看出，u_B是可以大于u_A的，因此，水是从高水头区向低水头区渗流，而不是从高压区向低压区渗流。

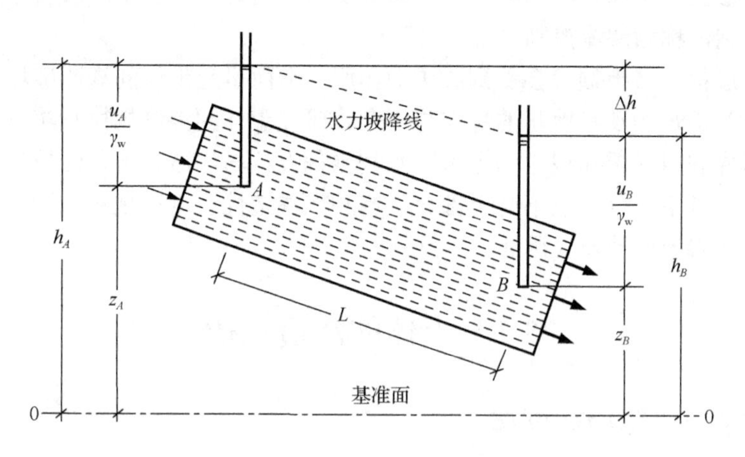

图3-1　水头与水力坡降

实际液体存在黏滞性，在流动过程中需要消耗一部分机械能，用以克服液体内摩擦力而做功，因此液体的总水头沿渗流方向逐渐减少，即产生水头损失。图 3-1 中，从 A 点到 B 点渗流过程中的水头损失 Δh 为

$$\Delta h = h_A - h_B \tag{3-5}$$

图 3-1 所示渗流为稳定渗流，连接 A、B 两点的总水头可得总水头线（也称为水力坡降线）。水在渗流过程中存在能量损失，总水头线沿渗流方向逐渐降低，其坡度称为水力坡降，即

$$i = \frac{\Delta h}{L} \tag{3-6}$$

式中，L 为 A、B 两点的渗透路径，简称渗径；i 为水力坡降，物理意义是单位渗透路径上的水头损失，无量纲。

3.1.2　达西定律

1. 达西定律的表达式

土体中孔隙的形状和大小是极其不规则的，因此水在土体孔隙中流动是一种非常复杂的水流现象。一般土体中的孔隙很小，水在土体中流动时的黏滞阻力很大，流速缓慢，流动状态大多属于层流状态。层流状态是指流速较小时液体质点互不掺混的有条不紊的直线流动状态。1856 年，法国工程师达西（Darcy）用如图 3-2 所示的试验装置对均匀砂进行了大量渗透试验，得到了层流条件下土中水渗流速度与水头损失之间的规律，称为达西定律。

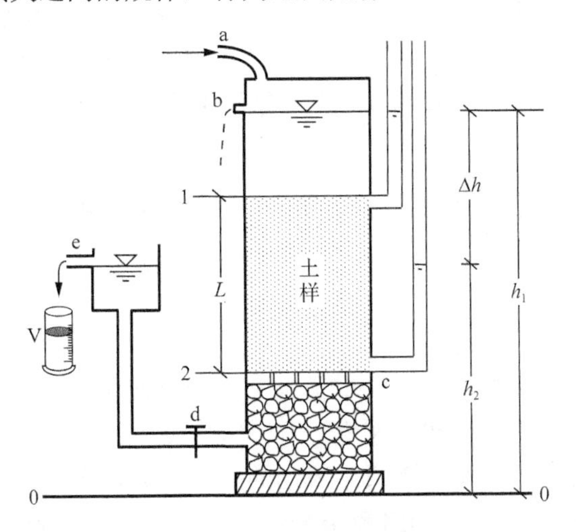

图 3-2　达西渗透试验装置

达西渗透试验装置主要包括以下几个部分：上部开口的竖向放置的圆筒、筒

内的砂土试样（横断面面积为 A，长度为 L）、筒内的多孔滤板 c、筒内的碎石层、筒外侧壁的两根测压管，如图 3-2 所示。水流依次经过进水管 a、溢水管 b（保持筒内水位恒定）、砂土试样、碎石层、控制阀门 d、容器 V。在试样顶部与底部的筒外侧壁分别安装测压管。模拟砂土试样中的稳定流是将试样两端的水面都保持恒定，砂土渗量不随时间变化。

如图 3-2 所示，以 0-0 面为基准面，确定断面 1 与断面 2 处的测压管水头分别为 h_1、h_2；Δh 为 h_1、h_2 之间的差值，即砂土试样在渗径为 L 条件下的水头损失。

达西进行了不同尺寸、不同类型、不同渗径的土样渗透试验，结果发现，单位时间的渗流量 Q 与土样横断面面积 A 和水力坡降 i 成正比，且与土体的透水性有关，即

$$Q = kiA \tag{3-7}$$

或

$$v = ki = k\frac{\Delta h}{L} \tag{3-8}$$

式中，v 为渗流速度，mm/s 或 m/d；k 为土体的渗透系数，其数值等于水力坡降 i=1 时的渗流速度，单位与流速相同。

式（3-7）或式（3-8）就是达西定律的表达式，表明在层流状态的渗流中，渗流速度 v 与土体的渗透系数有关，与水力坡降 i 成正比。

值得注意的是，此处的渗流速度 v 并不是土体孔隙中水的实际流速，因为式（3-7）中采用的是土样的横断面面积 A，其中包括了土粒所占据的那部分面积。显然，土粒本身是不能透水的，水只能通过孔隙通道渗流，因此实际的过水面积 A' 应小于 A。若土体的孔隙率为 n，则两者之间的关系为

$$A' = nA \tag{3-9}$$

设土体孔隙中水的实际渗流速度为 v'，则依据水流连续性原理得

$$Q = vA = v'A' \tag{3-10}$$

$$v' = \frac{v}{n} \tag{3-11}$$

由于 n 小于 1，可知 v' 应大于 v。因此 v 是一个概化到整个土体断面面积的假想渗流速度，一般称为达西渗流速度。

水在土体孔隙中流动与在管道中流动的路径差异较大。由于土体中孔隙分布非常不均匀，水在土体中流动路径十分弯曲，相对管道中路径较长。因此，预测与计算土体中具体位置的真实流动速度十分困难，达西定律中流速为假想渗流速度。

2. 达西定律的适用范围

达西定律描述的是层流状态下渗流速度与水力坡降关系的规律，两者呈线性关系，其关系曲线为过原点的直线，斜率为渗透系数 k。在土木、水利工程中，绝大多数土（砂土或者一般的黏性土）中渗流均属于层流状态，因此达西定律一般均可适用。以下两种情况超出达西定律范围，不能用式（3-8）表达。

1）紊流状态的渗流

渗流处于紊流状态时，不适用达西定律。例如，发生在纯砾石土体中的渗流，水力坡降较大时，渗流的流态已不再是层流而是紊流，达西定律不再适用，渗流速度 v 与水力坡降 i 之间的关系不再保持线性，而变为非线性的曲线关系，如图 3-3（a）所示。由线性转变为非线性关系时的渗流速度称为临界流速 v_{cr}，一般认为 v_{cr} 为 0.3～0.5cm/s。当 $v > v_{cr}$ 时，达西定律可修改为

$$v = ki^m \qquad （试验参数\ m < 1） \tag{3-12}$$

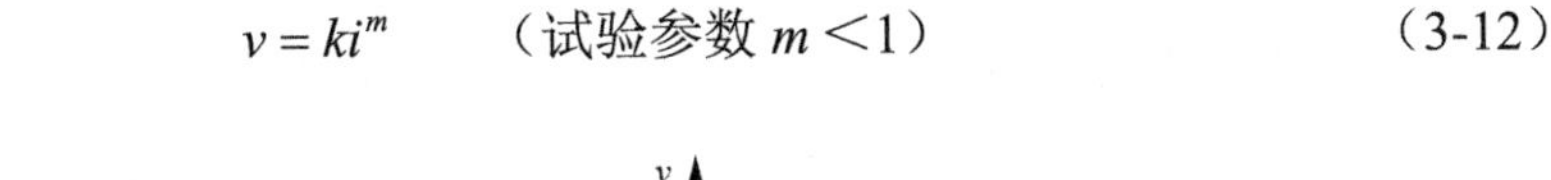

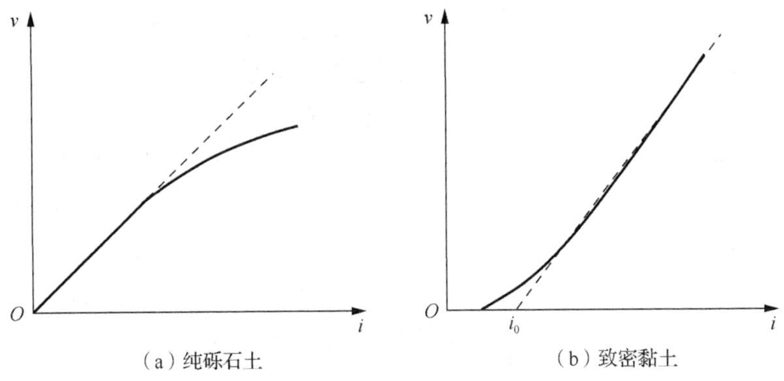

（a）纯砾石土　　（b）致密黏土

图 3-3　渗流速度和水力坡降的非线性关系

2）致密黏土中的渗流

水在致密黏土中流动的规律不完全符合达西定律描述的规律。汉斯布(Hansbo)进行了四种不同类型的原状黏土渗透试验，得到 v 与 i 的关系曲线如图 3-3（b）所示。实线表示试验曲线，呈超线性规律增长，且不通过原点。使用时，可将曲线简化为虚线所示的直线关系。虚线与横轴的截距 i_0 称为起始水力坡降。此时，达西定律可修改为

$$v = k(i - i_0) \tag{3-13}$$

从式（3-13）可以看出，当水力坡降 $i < i_0$ 时，没有渗流发生。因此，致密黏土渗流需要达到起始水力坡降，水才会在黏土中自由流动。起始水力坡降在黏土中发挥的机制尚不清楚，通常情况下，在黏性土中的渗流计算仍然采用达西定律。

有研究表明，起始水力坡降是为了克服颗粒周围水膜的阻力，在一定的水力坡降作用下，挤开孔隙通道，孔隙中的重力水才能自由流动。

3.2　渗透系数的测定方法与影响因素

渗透系数 k 是反映不同类型土透水性强弱的定量指标，是饱和土渗流计算中非常重要的参数。渗透系数的合理性决定了渗流计算结果的准确性。渗透系数的测定方法主要分为室内试验和现场试验两大类，渗透系数测定的室内试验又分为常水头和变水头两种。现场试验测定的渗透系数代表原位实际地层的渗透性，其试验结果相比较室内试验要准确可靠，但试验需要消耗大量的人力与财力。

3.2.1　渗透系数的室内测定方法

1. 常水头渗透试验

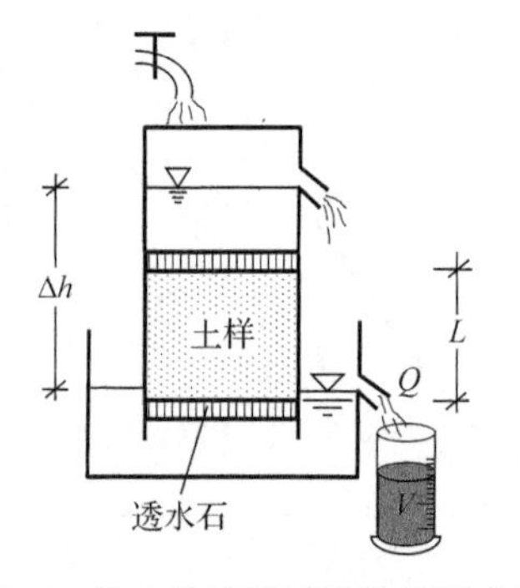

图 3-4　常水头渗透试验装置示意图

常水头渗透试验是指在恒定的水头差条件下测定土渗透系数的试验。

试验装置如图 3-4 所示，试验装置构成与达西渗透试验装置类似，土样的横截面积为 A，长度为 L。试验的水头差为Δh，渗流量为 Q。将饱和土样装入圆筒中，打开水流控制阀，使水自上而下透过土样，经过时间 t 后排出，流入量测容器中水体积为 V。

$$V = Qt = vAt \tag{3-14}$$

根据达西定律 $v=ki$，结合式（3-6），则式（3-14）可写为

$$V = k\frac{\Delta h}{L}At \tag{3-15}$$

得

$$k = \frac{VL}{At\Delta h} \tag{3-16}$$

二维码 3-1

扫描二维码 3-1，将常水头渗透试验实测数据填入，可得土的渗透系数 k。通常采用常水头渗透试验测定透水性较大的砂性土渗透系数。黏性土的透水性较弱，试验时间较长，渗透水量很少，测定的渗透系数准确性较低。因此，需要采用变水头渗透试验。

2. 变水头渗透试验

变水头渗透试验是指水头差随时间变化条件下测定土渗透系数的试验。

试验装置如图 3-5 所示，土样的横截面积为 A，长度为 L。先将玻璃管装水至一定高度，$t = t_1$ 为起始时刻，对应的土样两端水面起始水头差为 Δh_1，然后打开水流控制阀开关，经过 Δt 时间，$t = t_2$ 时对应的土样两端水面水头差为 Δh_2。结合达西定律，得到土样渗透系数 k 的表达式。

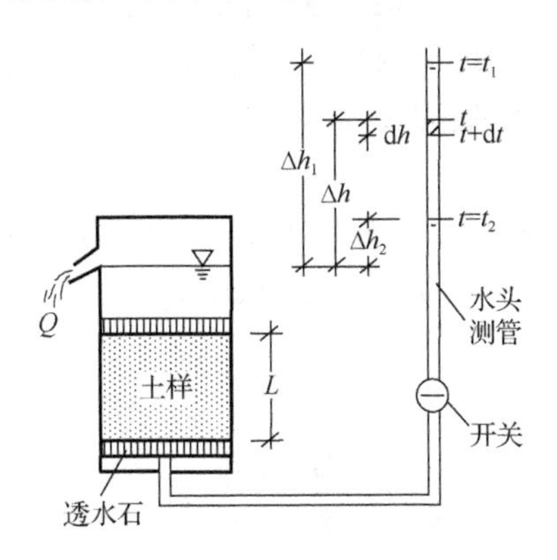

图 3-5　变水头渗透试验装置示意图

任意时刻 t 对应的土样两端的水头差为 Δh，经过 $\mathrm{d}t$ 时段后，玻璃管中水位下降 $\mathrm{d}h$，则 $\mathrm{d}t$ 时段内流入土样的水量微增量 $\mathrm{d}V_\mathrm{e}$ 为

$$\mathrm{d}V_\mathrm{e} = -a\mathrm{d}h \tag{3-17}$$

式中，a 为玻璃管内横截面积；负号表示流入水量随 Δh 的减少而增加。

根据达西定律，$\mathrm{d}t$ 时段内流出土样的渗流量 $\mathrm{d}V_\mathrm{o}$ 为

$$\mathrm{d}V_\mathrm{o} = kiA\mathrm{d}t = k\frac{\Delta h}{L}A\mathrm{d}t \tag{3-18}$$

式中，A 为土样的横截面积。

根据水流连续性原理，应有 $\mathrm{d}V_\mathrm{e}$=$\mathrm{d}V_\mathrm{o}$，即 $\mathrm{d}t = -\dfrac{aL}{kA}\cdot\dfrac{\mathrm{d}h}{\Delta h}$，等式两边各自积分，从而得到土样的渗透系数为

$$k = \frac{aL}{A\Delta t}\ln\frac{\Delta h_1}{\Delta h_2} \tag{3-19}$$

若改为常用对数表示，则式（3-19）可写为

$$k = 2.3\frac{aL}{A\Delta t}\lg\frac{\Delta h_1}{\Delta h_2} \tag{3-20}$$

二维码 3-2

通过选定几组不同的 Δh_1、Δh_2，分别测出所需的时间 Δt，利用式（3-19）或式（3-20）计算土体的渗透系数 k，然后取平均值，作为该土样的渗透系数。扫描二维码 3-2，将变水头渗透试验实测数据填入，可得土的渗透系数 k。变水头渗透试验适用于测定透水性较小的黏性土渗透系数。

室内测定土体渗透系数 k 的优点是试验设备简单，费用较低。影响土渗透性的因素很多，如土的原生结构、地层分布特征、取土扰动程度等。因此，室内试验测定的渗透系数未能真实地反映现场原位地层的实际渗透性。原位测定渗透系数，能够很好地反映地基土层的实际渗透系数。

例 3-1 用常水头渗透试验测定某粉土样的渗透系数，土样横截面积为 30cm^2，长度为 4cm，经 10min，流出水量 36cm^3，已知土样两端的总水头差为 16cm，求此粉土样的渗透系数。

解 水力坡降为

$$i = \frac{\Delta h}{L} = \frac{16}{4} = 4$$

流出水量 $V = kiAt$，因此渗透系数为

$$k = \frac{V}{iAt} = \frac{36}{4 \times 30 \times 10 \times 60} = 5.0 \times 10^{-4}\,(\text{cm/s})$$

3.2.2 渗透系数的原位测定方法

地基土渗透系数测定的现场试验分为井孔抽水试验与井孔注水试验，通常用于测定含水层的渗透系数。本小节主要介绍井孔抽水试验测定地基土的渗透系数。

图 3-6 为地基现场井孔抽水试验示意图。在地层施作一口试验井，井的深度需要贯穿测定渗透系数 k 的均匀砂土层，在距井中心不同距离处设置两个观测孔，同时从井中以恒定流量连续抽水。在抽水过程中，井周围的地下水位逐渐下降，地基地下水位形成以井孔为轴心的降落漏斗。等待试验井和观察孔中水位稳定，绘制试验井周围测压管水面的分布图。测压管水面有水头差，产生水力坡降，导致地下水向井内流动。假设水流是水平向流动，则向水井渗流的过水断面是以抽水井为中心的一系列同心圆柱面。试验地下水位稳定后，可测得相关数据，单位时间的抽水量为 Q，两个观测孔距抽水井轴线距离分别为 r_1、r_2，其孔中的水位高度分别为 h_1，h_2。依据达西定律，可求出土层的平均渗透系数 k。

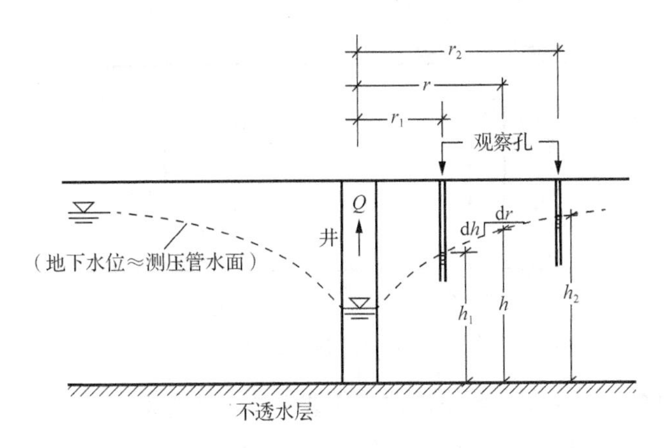

图 3-6　井孔抽水试验示意图

现围绕井中心轴线取一过水圆柱断面，该断面距井中心轴线的距离为 r，水面高度为 h，则该圆柱断面的过水断面面积 $A=2\pi rh$。假设该圆柱过水断面上各处水力坡降为常数，且等于地下水位线在该处的坡度，则水力坡降 $i=\mathrm{d}h/\mathrm{d}r$。根据渗流的连续性条件，单位时间的抽水量为 Q 等于通过该过水圆柱断面的渗流量。因此，由达西定律可得

$$Q=kiA=k\frac{\mathrm{d}h}{\mathrm{d}r}\cdot 2\pi rh$$

即

$$Q\frac{\mathrm{d}r}{r}=2\pi kh\mathrm{d}h \tag{3-21}$$

对式（3-21）两边进行积分，并代入边界条件，可得

$$k=\frac{Q\ln(r_2/r_1)}{\pi(h_2^2-h_1^2)} \tag{3-22}$$

若改用常用对数表示，则式（3-22）可写为

$$k=2.3\cdot\frac{Q\lg(r_2/r_1)}{\pi(h_2^2-h_1^2)} \tag{3-23}$$

基于原位测定方法，可得到地基土的平均渗透系数。现场试验测定的渗透系数可靠性高，但试验费用高、试验时间长。

例 3-2　现有一地基需要测定其渗透系数，沿地基土体孔隙水流动方向设置两口井，井间的距离为 L=10m，如图 3-7 所示。已知地基土孔隙比 e=0.68，观测两井的水位差 Δh=18cm，同时在上游井中投入食盐，在下游井进行检验，经过 24h 后，在下游井中检测出食盐成分，试求该地基的渗透系数 k。

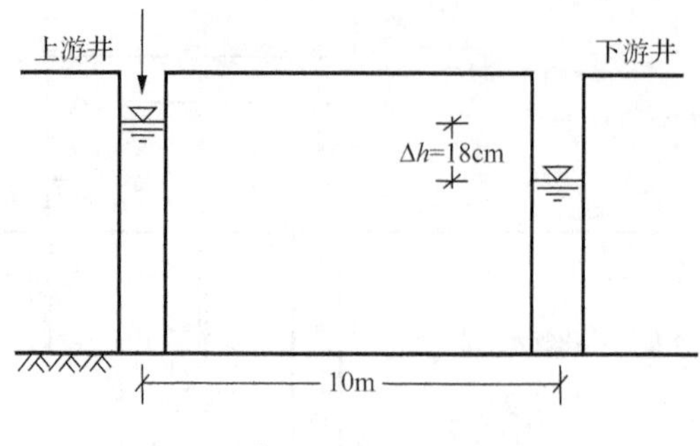

图 3-7　例 3-2 图

解　可以假定两井间地基土孔隙中食盐水渗流速度为 v，在两井间地基运动时间为 t，地基土孔隙率为 n，则食盐水渗流速度为

$$v=\frac{L}{t}=\frac{ki}{n}=k\frac{\Delta h}{nL}$$

渗透系数计算公式为

$$k=\frac{nL^2}{\Delta ht}$$

因 $n=\frac{e}{1+e}=\frac{0.68}{1+0.68}\approx 0.405$，将已知条件代入渗透系数计算公式，可得

$$k=\frac{0.405\times 1000^2}{18\times 24\times 3600}\approx 0.26(\text{cm/s})$$

3.2.3　渗透系数的影响因素

渗透系数 k 综合反映了水在土体孔隙中流动的难易程度，受到土体性质和孔隙水性质等相关因素的影响，主要体现在几方面。

1）颗粒的大小与级配

土的渗透性与土中孔隙连通形成的通道相关。土的孔隙小，连通的通道越细，土的渗透性越小。土中孔隙通道的过水能力与土颗粒的大小及级配密切相关。通常来说，无黏性土的通道比黏性土的大，渗透系数也大；级配良好的土，粗颗粒间的孔隙填充很多细颗粒，通道较小，渗透系数也较小。

2）颗粒的矿物成分

黏性土中黏土矿物含量较高，黏土颗粒表面结合水膜的厚度影响黏性土的过水能力。结合水膜可以使土的孔隙通道减小、渗透性降低。研究表明，孔隙比相同的情况下，黏土矿物的渗透性大小依次是高岭石>伊利石>蒙脱石。

3）土的孔隙比

土的孔隙比是土渗透系数的重要影响因素。土的密实度增大，孔隙比减小，过水断面减小，土的渗透性也随之减小。研究结果表明，渗透系数与孔隙比之间为非线性关系，且与土的性质有关。

4）土中封闭气体含量

土中存在着封闭气泡，不与大气连通，阻塞渗流通道，渗透性变小。因此，土的饱和度对渗透系数的大小有着重要影响，渗透试验中应使土样尽量达到完全饱和，消除封闭气泡对土渗透性的影响。

5）水的动力黏滞性

水的性质对渗透系数 k 的影响主要是由黏滞性不同引起的。当温度升高时，水的黏滞性降低，k 值变大；反之 k 值变小。因此，我国《土工试验方法标准》（GB/T 50123—2019）规定，测定渗透系数 k 时以 20℃作为标准温度，非 20℃时要进行温度校正。

3.2.4　层状地基的等效渗透系数

通常情况下，实际地基土层是由不同渗透系数的多层土组成的，土层渗透性具有非均质性。在计算渗流量时，常常把几个土层等效为一种单一土层，厚度等于各土层之和，渗透系数为等效渗透系数。值得注意的是，非均质土层的等效渗透系数与水流的方向相关，主要分为水平渗流与竖直渗流两种情况。

1. 水平渗流情况

如图 3-8 所示，已知地基内各层土的渗透系数分别为 k_1、k_2、…、k_n，土层厚度相应为 H_1、H_2、…、H_n，总土层厚度为 H。渗透水流自剖面 1-1 沿层面方向水平流至剖面 2-2，距离为 L，水头损失为 Δh，求土层的水平等效渗透系数 k_x。

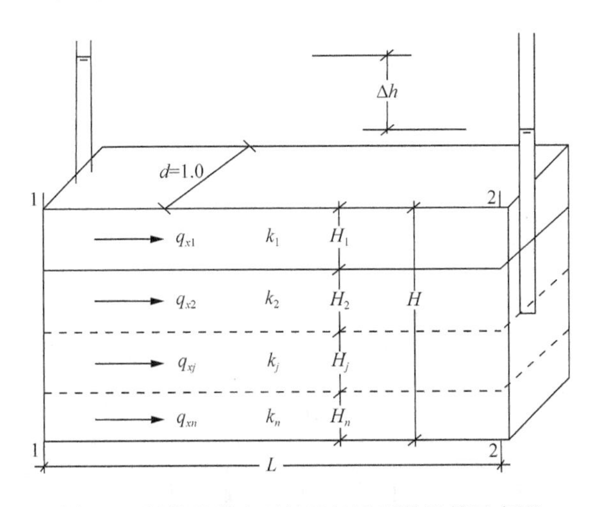

图 3-8　层状地基水平等效渗透系数计算示意图

平行于层面的水平渗流主要有以下两个特点：

（1）各层土中的水力坡降 i 与等效土层的平均水力坡降相同；

（2）在垂直渗流方向取单位宽度 d=1.0 进行分析，则通过等效土层的总渗流量 q_x 等于通过各层土渗流量 q_{xj} 之和，即

$$q_x = q_{x1} + q_{x2} + \cdots + q_{xn} = \sum_{j=1}^{n} q_{xj} \tag{3-24}$$

根据达西定律，可得

$$q_x = k_x i H \tag{3-25}$$

$$\sum_{j=1}^{n} q_{xj} = \sum_{j=1}^{n} k_j i H_j = i \sum_{j=1}^{n} k_j H_j \tag{3-26}$$

由式（3-25）、式（3-26）可得水平向等效渗透系数 k_x 为

$$k_x = \frac{1}{H} \sum_{j=1}^{n} k_j H_j \tag{3-27}$$

可见，k_x 为各层土渗透系数按土层厚度的加权平均值。

2. 竖直渗流情况

如图 3-9 所示，地基内各层土的渗透系数分别为 k_1、k_2、…、k_n，土层厚度相应为 H_1、H_2、…、H_n，总土层厚度为 H。已知承压水自下而上垂直流经 H 厚度土层的总水头损失为 Δh，流经每一层土的水头损失分别为 Δh_1、Δh_2、…、Δh_n，求竖直方向的等效渗透系数 k_z。

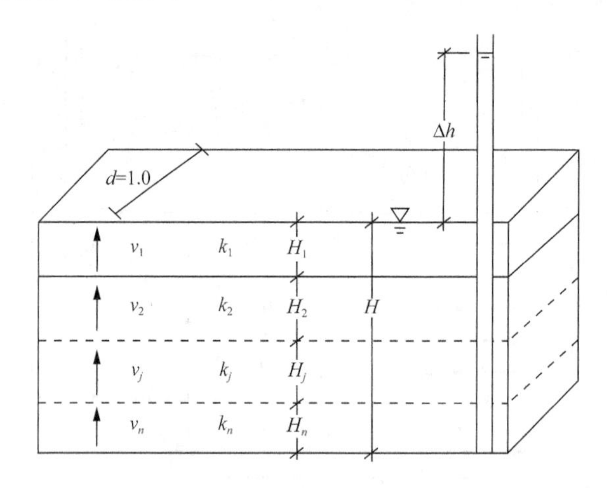

图 3-9　层状地基竖直等效渗透系数计算示意图

垂直于各层面的渗流主要有以下几个特点：

（1）依据水力学的渗流连续性方程可知，流经各土层的水量相等，过水断面相等，因此流经各土层的流速与流经等效土层的流速相同，即

$$v_1 = v_2 = v_j = \cdots = v_n = v \tag{3-28}$$

（2）流经等效土层的总水头损失 Δh 等于各层土的水头损失之和，即

$$\Delta h = \Delta h_1 + \Delta h_2 + \cdots + \Delta h_n = \sum_{j=1}^{n} \Delta h_j \tag{3-29}$$

根据达西定律，得 $v_j = k_j \dfrac{\Delta h_j}{H_j}$，有

$$\Delta h_j = \frac{v_j H_j}{k_j} \tag{3-30}$$

$$\Delta h = \frac{vH}{k_z} \tag{3-31}$$

将式（3-30）、式（3-31）代入式（3-29），可得竖直向等效渗透系数 k_z 为

$$k_z = \frac{H}{\sum\limits_{j=1}^{n} \dfrac{H_j}{k_j}} \tag{3-32}$$

例 3-3　某渗透试验装置如图 3-10 所示。砂土 1 的渗透系数 $k_1=2\times10^{-1}$cm/s，砂土 2 的渗透系数 $k_2=1\times10^{-1}$cm/s。在砂土 1 与砂土 2 分界面处安装一测压管，求测压管中水面高度 Δh_1。

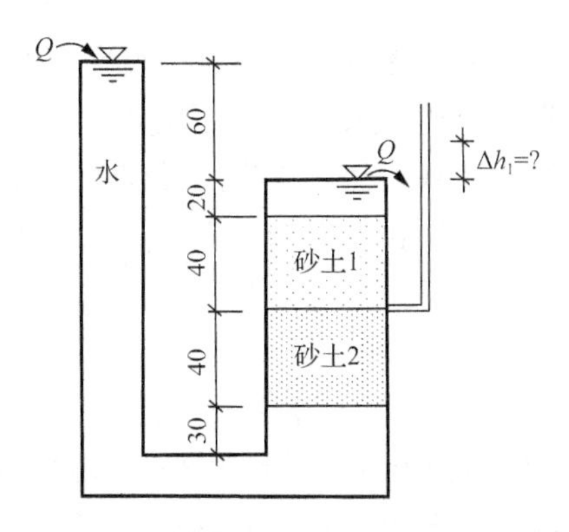

图 3-10　例 3-3 图（单位：cm）

解　从图 3-10 可以看出，渗流自左边水管流经砂土 2 和砂土 1 后的总水头损

失 Δh=60cm。假如砂土 1 与砂土 2 各自的水头损失分别为 Δh_1、Δh_2，则

$$\Delta h_1+\Delta h_2=\Delta h=60(\text{cm})$$

根据渗流连续性原理，流经两种砂土的渗流速度 v 应相等，即 $v_1=v_2=v$，可得

$$k_1\frac{\Delta h_1}{L_1}=k_2\frac{\Delta h_2}{L_2}$$

将已知条件代入可得 $2\Delta h_1=\Delta h_2$，将其代入 $\Delta h_1+\Delta h_2=60(\text{cm})$，可得

$$\Delta h_1=20\ (\text{cm}),\quad \Delta h_2=40\ (\text{cm})$$

由此可知，在砂土 1 和砂土 2 的界面处，测压管中水位将高出砂土 1 上部水面以上 20cm。

例 3-4 有一粉土地基，粉土层厚度 H_2 为 1.8m，其下部有一厚度 H_1 为 15cm 的砂土层，已知粉土的渗透系数 $k_2=2.5\times10^{-5}$cm/s，砂土的渗透系数 $k_1=6.5\times10^{-2}$cm/s。设两层土的渗透性都是各向同性的，求这一复合地基的水平向等效渗透系数 k_x 与竖直向等效渗透系数 k_z。

解 水平向等效渗透系数：

$$k_x=\frac{H_1k_1+H_2k_2}{H_1+H_2}=\frac{15\times6.5\times10^{-2}+180\times2.5\times10^{-5}}{15+180}=5.0\times10^{-3}(\text{cm/s})$$

竖直向等效渗透系数：

$$k_z=\frac{H_1+H_2}{H_1/k_1+H_2/k_2}=\frac{15+180}{15/650+180/0.25}\times10^{-4}=2.7\times10^{-5}(\text{cm/s})$$

3.3 渗透力与渗透变形

在众多土木、水利工程中，渗透力是影响工程安全的重要因素之一。在水头差作用下，水在土体孔隙中流动，水流对土颗粒产生拖曳力，产生渗透力。在渗透力作用下，土工建筑物及地基土体可产生渗透变形与破坏。渗透变形存在流土和管涌两种基本形式，其破坏形式表现为鼓胀、浮动、断裂、泉眼、沙浮、土体翻动等。

3.3.1 渗透力

渗透力是渗流场中单位体积土骨架受到的渗透水流的推动力或拖曳力。图 3-11 为渗透破坏试验装置示意图，土样长度为 L、横截面积为 A，上部水深为 h_{w}。土样上下两端各安装一测压管，测压管水头相对 0-0 基准面分别为 h_2 与 h_1。当 $h_1=h_2$ 时，土体中的孔隙水处于静止状态，无渗流发生。

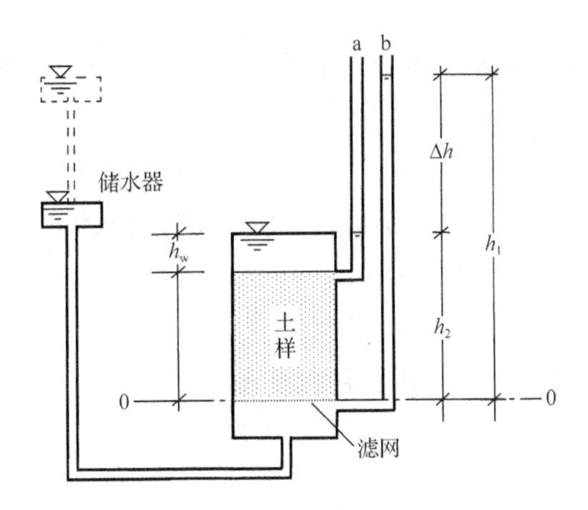

图 3-11　渗透破坏试验装置示意图

若将左侧的储水器向上提升，使 $h_1 > h_2$，此时土样上下两端产生了水头差 Δh，土样中产生向上的渗流。水头差 Δh 反映渗流通过土样时损失的能量。存在能量损失，说明通过土样孔隙时，渗透水流受到了土颗粒的阻力；同时，水流必然会对土颗粒产生反作用力，推动、摩擦土颗粒。为计算方便，将单位体积土体内土颗粒所受到的渗流作用力称为渗透力，用 j 表示。

对图 3-11 中土样进行受力分析，取土样的土骨架和孔隙水整体作为隔离体，进行受力分析，如图 3-12 所示，土样所受的作用力如下：

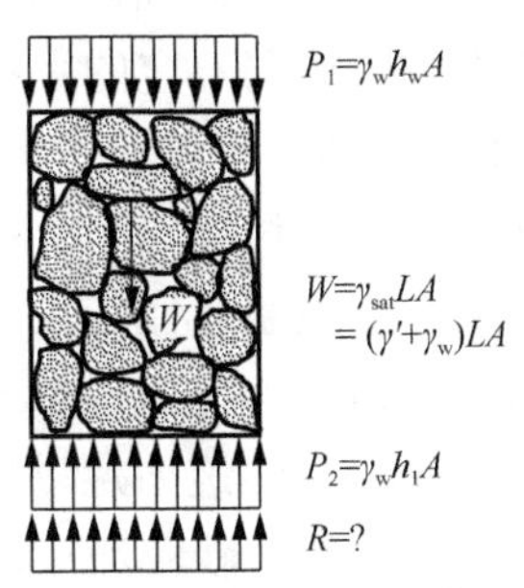

图 3-12　土-水整体受力分析图

（1）土-水总重量 $W=\gamma_{sat}LA=(\gamma'+\gamma_w)LA$；

（2）土样顶面受到的水压力 $P_1=\gamma_w h_w A$，底面受到的水压力 $P_2=\gamma_w h_1 A$；

（3）土样下部滤网的支承反力 R。

分析土样的竖向受力平衡，可得

$$P_1 + W = P_2 + R \tag{3-33}$$

因此，有

$$\gamma_w h_w A + (\gamma' + \gamma_w)LA = \gamma_w h_1 A + R \tag{3-34}$$

从图 3-12 可知，$(h_w+L)+\Delta h=h_1$，代入式（3-34），整理可得

$$R=\gamma' LA-\gamma_w \Delta hA \tag{3-35}$$

由式（3-35）可知，当 $\Delta h=0$，静水条件无渗流时，土样下部滤网的支承反力为$\gamma' LA$；当 $\Delta h>0$，存在向上渗流时，滤网支承反力减少了 $\gamma_w \Delta hA$。实际上，减少的这部分就是由渗透水流承担的，施加在土骨架上的总渗透力，记作 J，即

$$J=\gamma_w \Delta hA \tag{3-36}$$

j 是单位体积土体内土颗粒所受到的渗流作用力，有

$$j=\frac{J}{V}=\frac{\gamma_w \Delta hA}{LA}=\gamma_w i \tag{3-37}$$

式（3-37）表明，渗透力是一种体积力，量纲与 γ_w 相同，在渗流场中土体骨架受到的渗透力的大小和水力坡降成正比，且作用方向同水流的方向一致。

3.3.2 渗透变形

1. 流土

1）流土现象

流土是指在向上的渗透水流作用下，表层土局部范围内的土体或颗粒群同时发生移动的现象。土体发生流土时，一定范围内的土体会突然被抬起或冲走，历时较短。任何类型的土只要水力坡降达到一定的大小，都可能发生流土。

工程经验表明，流土常发生在堤坝下游渗流逸出处或者基坑开挖渗流出口处，如图 3-13 所示。大坝地基由两种类型土组成，表层为黏性土层，渗透系数比较小；在表层的黏性土层下面为砂土层，渗透系数比较大。当渗流自上游经坝基流入下游时，水头损失主要产生在渗流入口与逸出口的黏土地层，砂土地层的水头损失较小，因此逸出口水力坡降 i 较大。当渗透力足以支撑黏性土层有效重量时，下游坝脚处表面土体就会发生隆起、开裂、砂粒涌出，以致整块土体被渗透水流抬

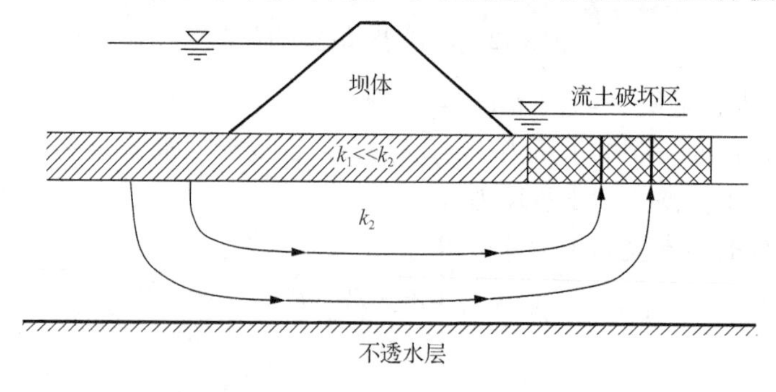

图 3-13　堤坝下游渗流逸出处的流土破坏

起的现象，这就是典型的流土破坏。若地基为比较均匀的砂土层，当上下游水位差较大、渗透路径不够长时，下游渗流逸出处也可能会出现渗透力足以支撑土粒有效重量的情况，这时该处表层将普遍出现小泉眼、冒气泡，继而砂土颗粒群向上悬浮，发生浮动、跳跃，也称为砂沸。砂沸也是流土的一种形式。

2）临界水力坡降

由式（3-35）可知，静水压力条件下无渗流，即 $\Delta h=0$ 时，土样下部滤网的支承反力 $R=\gamma' LA$；当存在向上渗流，即 $\Delta h>0$ 时，支承反力 $R=\gamma' LA-\gamma_w \Delta hA$，比无渗流情况减少 $\gamma_w \Delta hA$。若将图 3-11 中左端的储水器不断上提，则 Δh 逐渐增大，从而作用在土体中的渗透力也逐渐增大。当 Δh 增大到某一数值后，向上的渗透力克服了土颗粒向下的重力，土体就发生悬浮或隆起，产生流土。此时，支承反力 $R=0$，即

$$R=\gamma' LA-\gamma_w \Delta hA=0 \tag{3-38}$$

则

$$i_{cr}=\frac{\Delta h}{L}=\frac{\gamma'}{\gamma_w} \tag{3-39}$$

式中，i_{cr} 为临界水力坡降，是土体开始发生流土时的水力坡降。

土的浮重度 $\gamma'=\dfrac{(G_s-1)\gamma_w}{1+e}$，临界水力坡降 i_{cr} 也可写为

$$i_{cr}=\frac{G_s-1}{1+e} \tag{3-40}$$

式中，G_s 为土粒比重；e 为土的孔隙比。因此，流土的临界水力坡降取决于土的物理性质。

3）流土的判别

在地基渗流逸出处，当黏性土和无黏性土满足水力坡降大于临界水力坡降时，地基土均会发生流土。判别是否发生流土时，首先计算渗流逸出处的水力坡降 i，然后通过土的基本物性指标，依据式（3-39）或式（3-40）得到该处土体的临界水力坡降 i_{cr}，最后根据下列条件进行判别：

（1）当 $i<i_{cr}$ 时，土体处于稳定状态；

（2）当 $i=i_{cr}$ 时，土体处于即将发生流土的临界状态；

（3）当 $i>i_{cr}$ 时，土体发生流土破坏。

例 3-5　某土的土粒比重为 2.70，孔隙比为 0.7，该土发生流土的临界水力坡降是多少？

解　已知土粒比重 G_s=2.70，孔隙比 e=0.7，则

$$i_{cr}=\frac{G_s-1}{1+e}=\frac{2.70-1}{1+0.7}=1.0$$

因此，该土发生流土破坏的临界水力坡降是 1.0。

2. 管涌

1）管涌现象

管涌是指在渗流作用下，土体中的细颗粒在粗颗粒间的孔隙通道中随水流移动并被带出的现象。管涌破坏一般随时间逐步发展，是一种渐进性的变形破坏。在渗透水流作用下，较细的颗粒在粗颗粒形成的孔隙通道中随水流逐渐移动流失，土体中的孔隙不断扩大，渗流速度不断增加，较粗颗粒也会相继被水流带走。随着时间推移和冲刷过程的发展，在土体中形成贯穿的渗流通道，造成上覆土体塌陷等破坏。管涌通常发生在一定级配的无黏性土中，发生的部位可以在渗流逸出处，也可以在土体内部，通过坝基的管涌如图 3-14 所示。

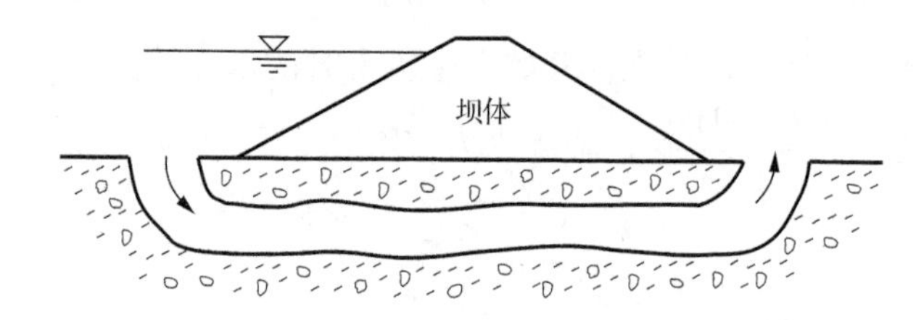

图 3-14　通过坝基的管涌示意图

2）管涌的判别

通常情况下，黏性土地层只发生流土，而不会发生管涌。无黏性土会发生管涌或流土，但无黏性土发生管涌需具备以下条件。

（1）几何条件。从管涌定义可以看出，土体的粗颗粒形成大孔隙骨架，其孔隙直径需要满足细颗粒能够自由移动，这是产生管涌的必要条件。当不均匀系数 $C_u<10$ 时，土体颗粒粒径分布较为均匀，粗颗粒与细颗粒的粒径相差不大，细颗粒无法在粗颗粒形成的孔隙中移动，也就不会发生管涌。大量试验证明，对于 $C_u>10$ 的不均匀砂砾石土，既可能发生管涌也可能发生流土，主要取决于土的级配情况和细粒含量。

（2）水力条件。渗透力能够带动细颗粒在孔隙间滚动或移动，这是发生管涌的水力条件，可用发生管涌的临界水力坡降 i_{cr} 来表示，我国《水利水电工程地质勘察规范》（GB 50487—2008）中给出的计算公式如下：

$$i_{cr}=\frac{42d_3}{\sqrt{\frac{k}{n^3}}} \tag{3-41}$$

式中，k 为土的渗透系数，cm/s；d_3 为小于该粒径的颗粒质量占总土质量 3%的颗粒粒径，mm。

对于重要工程或不易判别渗透变形类型的土，应通过渗透变形试验确定土的渗透变形特征。由于渗透变形可造成地基破坏、建筑物倒塌等灾难性事故，工程上是不允许发生的，因此设计时应保证有一定的安全储备，采用一定的安全系数，将逸出处水力坡降限制在允许水力坡降[i]以下，即

$$i\leqslant[i]=\frac{i_{cr}}{F_s} \tag{3-42}$$

式中，F_s 为安全系数。

我国《水利水电工程地质勘察规范》（GB 50487—2008）、《碾压式土石坝设计规范》（SL 274—2020）中规定，F_s 取 1.5～2.0；对于特别重要的工程可取 F_s=2.5。《建筑地基基础设计规范》（GB 50007—2011）、《建筑基坑支护技术规程》（JGJ 120—2012）中规定，基坑底突涌稳定安全系数 $F_s\geqslant1.1$。

3. 渗透变形的防治思路

对于流土和管涌等渗透变形（破坏）的防治，其最基本的思路是设法降低水力坡降以减小渗透力，如增长渗径，设置上游铺盖、板桩墙、截水墙等；或者设法增大土临界水力坡降，例如，采用级配良好的黏性土料以增大土抵抗冲刷的能力，使渗透水流的水力坡降小于土材料的临界水力坡降，达到允许水力坡降的要求。

此外，对于流土还可采用反压盖重，对于管涌也可设置反滤层，都是工程中增强渗透稳定性行之有效的措施。反压盖重既要有一定重量，又要能充分排水；反滤层既要使相邻层间没有土颗粒的掺混移动，又要在总体上有足够的排水能力。为了在工程中尽量避免发生流土，必须注意防止在土体中形成松土带，并保证粗细土料、纵横施工缝、土与相邻结构物或岩石之间有良好的连接。

3.4　平面渗流计算

前文讲解了一维渗流问题，达西定律直接可以解决这一类型渗流问题。实际工程基本上属于二维或三维渗流问题，渗流的轨迹或流线为弯曲的，不能直接采用达西定律。为了求解这些渗流场中各处的测压管水头、水力坡降和渗流速度等，

需要建立多维渗流的控制方程，并在相应的边界条件下进行求解。下面讨论二维平面稳定渗流问题。

3.4.1 平面渗流的微分方程

1. 广义达西定律

在二维平面稳定渗流问题中，渗流场中各点的测压管水头 h 为其位置坐标（x, z）的函数，因此，可以定义渗流场中一点的水力坡降 i 在两个坐标方向的分量 i_x 和 i_z 分别为

$$i_x = -\frac{\partial h}{\partial x} \tag{3-43a}$$

$$i_z = -\frac{\partial h}{\partial z} \tag{3-43b}$$

式中，负号表示水力坡降的正值对应测压管水头降低的方向。

达西定律仅适用于一维单向渗流的情况。对于二维平面渗流，可将式（3-8）推广为如下矩阵形式：

$$\begin{bmatrix} v_x \\ v_z \end{bmatrix} = \begin{bmatrix} k_x & k_{xz} \\ k_{zx} & k_z \end{bmatrix} \begin{bmatrix} i_x \\ i_z \end{bmatrix} \tag{3-44a}$$

或简写为

$$\boldsymbol{v} = \boldsymbol{ki} \tag{3-44b}$$

式中，$\boldsymbol{k}$ 为渗透系数矩阵，且 $k_{xz}=k_{zx}$。土体内一点的渗透性是土体的固有性质，不受坐标系选取的影响。因此，渗透系数矩阵 $\boldsymbol{k}$ 满足坐标系变换的规则，$k_{xz}=k_{zx}=0$ 的方向称为渗透主轴方向。

式（3-44b）为广义达西定律表达式。在工程实践中，有如下两种简化的情况。

（1）当坐标轴和渗透主轴的方向一致时，有 $k_{xz}=k_{zx}=0$，此时，

$$v_x = k_x i_x, \quad v_z = k_z i_z \tag{3-45}$$

（2）对各向同性土体，恒有 $k_{xz}=k_{zx}=0$，且 $k_x=k_z=k$，因此，

$$v_x = k i_x, \quad v_z = k i_z \tag{3-46}$$

从广义达西定律的表达式可以看出，对于各向异性土体，渗流速度和水力坡降的方向并不相同，两者之间存在夹角。只有对各向同性土体，即满足式（3-46）时，渗流速度和水力坡降的方向才会一致。

2. 平面渗流的控制方程

如图 3-15 所示，从稳定渗流场中取一土体微元，其面积为 $dxdz$，厚度为 $dy=1$，在 x 和 z 方向的渗流速度分别为 v_x、v_z。单位时间内流入和流出这个微元体的水量分别为 dq_e 和 dq_o，则有

$$dq_e = v_x dz \cdot 1 + v_z dx \cdot 1$$

$$dq_o = (v_x + \frac{\partial v_x}{\partial x} dx) dz \cdot 1 + (v_z + \frac{\partial v_z}{\partial z} dz) dx \cdot 1$$

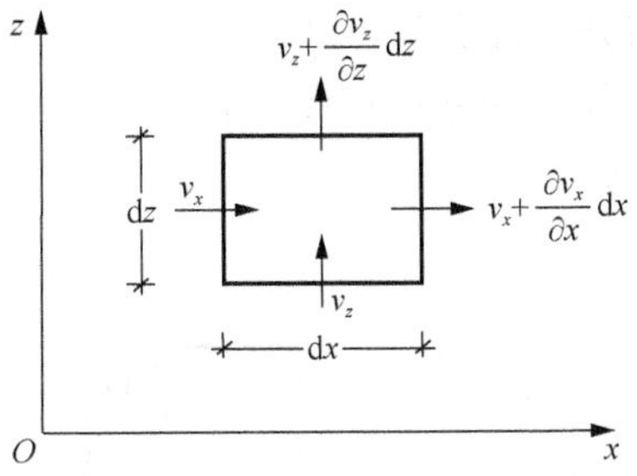

图 3-15　二维渗流的连续性条件

假定微元体内无水源且水体不可压缩，则根据水流的连续性原理，单位时间内流入和流出微元体的水量应相等，即 $dq_e=dq_o$，可得

$$\frac{\partial v_x}{\partial x} + \frac{\partial v_z}{\partial z} = 0 \tag{3-47}$$

式（3-47）即为二维平面渗流的连续性方程。

根据广义达西定律，对于坐标轴和渗透主轴方向一致的各向异性土，将式（3-43）、式（3-45）代入式（3-47），可得

$$k_x \frac{\partial^2 h}{\partial x^2} + k_z \frac{\partial^2 h}{\partial z^2} = 0 \tag{3-48}$$

对于各向同性土体，由式（3-46）可得

$$\frac{\partial^2 h}{\partial x^2} + \frac{\partial^2 h}{\partial z^2} = 0 \tag{3-49}$$

式（3-49）即为著名的拉普拉斯（Laplace）方程。该方程描述了各向同性土体渗流场内部测压管水头 h 的分布规律，是平面稳定渗流的控制方程式。通过求解一定边界条件下的拉普拉斯方程，即可求得该条件下渗流场中水头的分布。此外，式（3-49）与水力学中描述平面势流问题的拉普拉斯方程完全一样。可见满足达西定律的渗流问题是一个势流问题。

3. 渗流问题的边界条件

渗流场的相关渗流参数满足渗流控制方程。给出渗流场边界已知条件，可求解渗流控制方程。因此，边界条件是非常重要的。在实际工程的渗流问题中，常见的边界条件类型如下。

1）已知水头的边界条件

在相应边界上给定水头分布，也称为水头边界条件。渗流问题中，常见的情况是某段边界为同一个自由水面相连，此时在该段边界上总水头为恒定值，数值等于相应自由水面对应的测压管水头。若取 0-0 为基准面，在图 3-16（a）中，*AB* 和 *CD* 边界上的水头分别为 h_1 和 h_2；在图 3-16（b）中，*AB* 和 *GF* 边界上的水头为 h_3，*LKJ* 边界上的水头为 h_4。

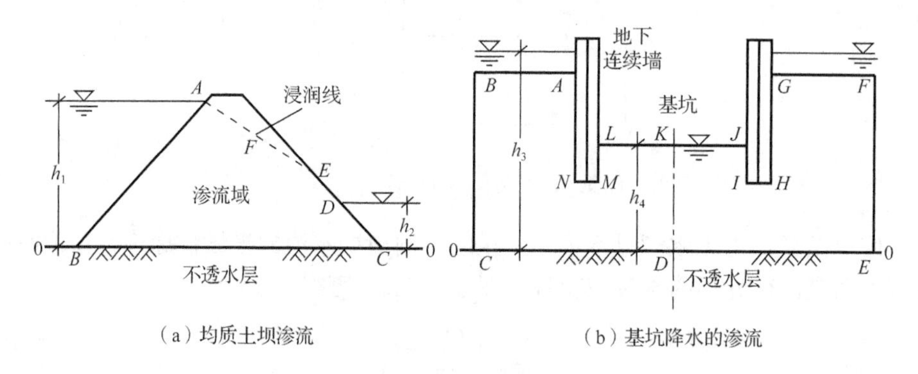

（a）均质土坝渗流　　（b）基坑降水的渗流

图 3-16　典型渗流问题中的边界条件

2）已知法向流速的边界条件

在相应边界上给定法向流速的分布，也称为流速边界条件。最常见的流速边界是法向流速为零的不透水边界，即 $v_n=0$。例如，图 3-16（a）中的 *BC* 边界、图 3-16（b）中的 *CE* 边界为不透水边界；当地下连续墙不透水时，沿墙的表面，即 *ANML* 边界和 *GHIJ* 边界也为不透水边界。

对于如图 3-16（b）所示的基坑降水问题，整体渗流场沿 *KD* 轴对称，因此在 *KD* 的法向没有流量的交换，相当于法向流速为零的不透水边界，此时仅需求解渗流场的一半。此外，图 3-16（b）中的 *BC* 和 *EF* 是人为的截断断面，计算时也近似按不透水边界处理。注意，此时 *BC* 和 *EF* 的选取不能离地下连续墙太近，以保证求解的精度。

3）自由水面边界

在渗流问题中自由水面边界也称为浸润线，如图 3-16（a）中的 *AFE*。在浸润线上应该同时满足两个条件：①测压管水头等于位置水头，即 $h=z$，这是由于在浸润线以上土体孔隙中的气体和大气连通，浸润线上压力水头为零；②法向流速为零，即渗流方向沿浸润线的切线方向，此条件和不透水边界完全相同，也就是 $v_n=0$。

4）渗出面边界

如图 3-16（a）中的 *ED*，特点是和大气连通，压力水头为零，同时有水流从该段边界渗出。因此，在渗出面上也应该同时满足如下两个条件：①$h=z$，即测压管水头等于位置水头；②$v_n \leq 0$，也就是渗流方向和渗出面相交，且渗流速度指向渗流域的外部。

4. 渗流问题的求解方法

1）数学解析法

数学解析法是依据上述的边界条件，求式（3-48）或式（3-49）的解。数学解析法适用于一些渗流域相对规则和边界条件简单的渗流问题。此外，对一些实际的工程问题，有时可根据渗流的主要特点对其进行适当的简化，以求取相应的近似解析解，也可满足实际工程的需要。

2）数值解法

随着计算机硬件和计算算法的快速发展，涌现出各种数值方法，如有限差分法、有限元法和无单元法等，在各类复杂的渗流问题模拟中得到了越来越多的应用。数值解法可以解决各种复杂的边界条件，以及各类二维或三维渗流问题，采用该方法已经成为求解渗流问题的潮流。

3）试验法

试验法是采用一定比例的模型来模拟真实的渗流场，用试验手段测定渗流场中的渗流要素。例如，应用广泛的电比拟法，即利用渗流场与电场的比拟关系（两者均满足拉普拉斯方程），通过量测电场中相应物理量的分布来确定渗流场中渗流要素的一种试验方法。此外还有电网络法和砂槽模型法等。

4）图解法

根据水力学中平面势流的理论可知，拉普拉斯方程存在共轭调和函数，两者互为正交函数族。在势流问题中，这两个互为正交的函数族分别称为势函数 $\phi(x, z)$和流函数 $\psi(x, z)$，其等值线分别为等势线和流线。绘制由等势线和流线构成的流网是求解渗流场的一种图解方法。该法具有简便、迅速的优点，并能应用于渗流场边界轮廓较复杂的情况。只要满足绘制流网的基本要求，求解精度就可以得到保证，因此该法在工程上得到广泛应用。下面主要介绍流网的特性、绘制方法和应用。

3.4.2　流网的特性

为了方便研究，在渗流场中引进一个标量函数 ϕ：

$$\phi = -kh = -k(\frac{u}{\gamma_w} + z) \tag{3-50}$$

式中，k 为土的渗透系数；h 为测压管水头。

根据广义达西定律可得

$$v_x = \frac{\partial \phi}{\partial x} \tag{3-51a}$$

$$v_z = \frac{\partial \phi}{\partial z} \tag{3-51b}$$

即

$$\boldsymbol{v} = \mathrm{grad}\phi \tag{3-52}$$

可见，流速矢量 $\boldsymbol{v}$ 是标量函数 ϕ 的梯度。一般来说，当流速正比于一个标量函数的梯度时，这种流动称为有势流动，这个标量函数 ϕ 被称为势函数或流速势。因此，满足达西定律的渗流问题是一个势流问题。

由渗流势函数 ϕ 的定义可知，势函数和测压管水头成正比关系，等势线也是等水头线，两条等势线的势值差也与相应的水头差成正比，两者之间完全可以互换。因此，在流网的绘制过程中，一般直接使用等水头线。

将式（3-51）代入式（3-47），可得

$$\frac{\partial^2 \phi}{\partial x^2} + \frac{\partial^2 \phi}{\partial z^2} = 0 \tag{3-53}$$

可见，势函数满足拉普拉斯方程。

流线是流场中的曲线，在这条曲线上各点的流速矢量都与该曲线相切，如图 3-17 所示。对于不随时间变化的稳定渗流场，流线也是水质点的运动轨迹线。根据流线定义，可以写出流线所满足的微分方程为

$$\frac{\mathrm{d}z}{\mathrm{d}x} = \frac{v_z}{v_x} \tag{3-54a}$$

或者表示为

$$v_x \mathrm{d}z - v_z \mathrm{d}x = 0 \tag{3-54b}$$

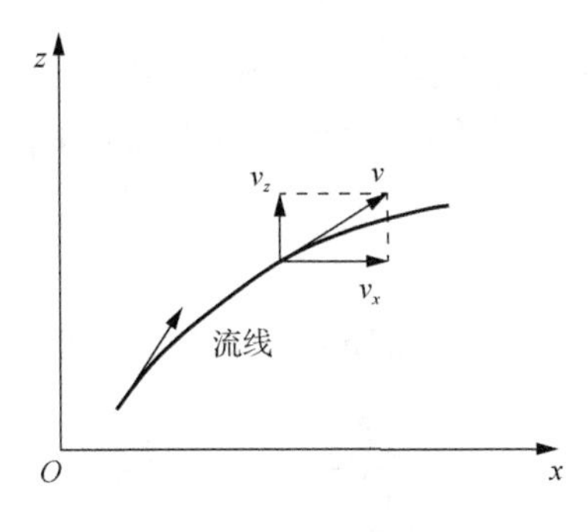

图 3-17　流线

根据高等数学的理论，式（3-54b）等号左边可写成某个函数全微分形式的充要条件是：

$$\frac{\partial v_x}{\partial x}=\frac{\partial(-v_z)}{\partial z}，\quad 即\ \frac{\partial v_x}{\partial x}+\frac{\partial v_z}{\partial z}=0$$

可以发现，上述充要条件就是渗流的连续性方程，在渗流场中恒成立。因此，必然存在函数 ψ 为式（3-54b）等号左边项的全微分，即

$$\mathrm{d}\psi=\frac{\partial\psi}{\partial x}\mathrm{d}x+\frac{\partial\psi}{\partial z}\mathrm{d}z=v_x\mathrm{d}z-v_z\mathrm{d}x \tag{3-55}$$

函数 ψ 称为流函数。由式（3-55）可知：

$$\frac{\partial\psi}{\partial x}=-v_z，\quad \frac{\partial\psi}{\partial z}=v_x \tag{3-56}$$

流函数 ψ 具有如下重要特性。

（1）不同的流线互不相交，在同一条流线上，流函数的值为一固定常数。流线间互不相交是由流线的物理意义所决定的。由式（3-54）和式（3-55）可以发现，在同一条流线上有 $\mathrm{d}\psi=0$，因此流函数的值为固定常数，同时说明流线就是流函数的等值线。

（2）两条流线上流函数的差值等于穿过该两条流线间的渗流量。如图 3-18 所示，流线 1 与流线 2 上流函数的差值 $\mathrm{d}\psi$ 等于此两条流线间的渗流量 $\mathrm{d}q$，即 $\mathrm{d}\psi=\mathrm{d}q$。

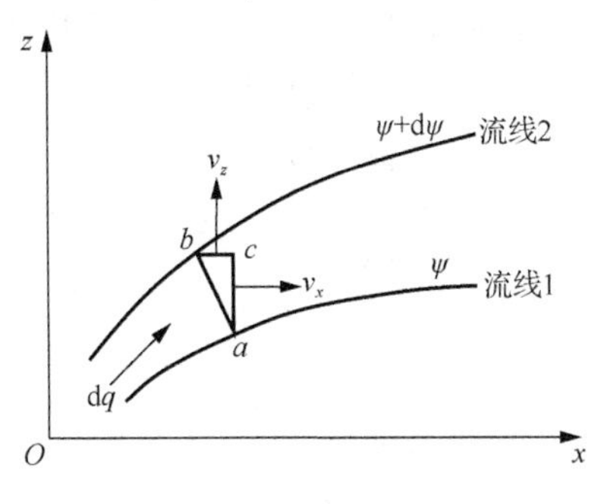

图 3-18　流函数的特性

证明如下：在两条流线上分别取一点 a 和 b，其坐标分别为(x, z)、$(x-\mathrm{d}x, z+\mathrm{d}z)$。显然，$ab$ 为两流线间的过水断面，则流过 ab 的流量 $\mathrm{d}q$ 为

$$\mathrm{d}q = v_x \cdot ac + v_z \cdot cb = v_x \cdot \mathrm{d}z - v_z \cdot \mathrm{d}x = \frac{\partial \psi}{\partial z}\mathrm{d}z + \frac{\partial \psi}{\partial x}\mathrm{d}x = \mathrm{d}\psi$$

式（3-51a）对 z 求导，式（3-51b）对 x 求导，分别可得

$$\frac{\partial v_x}{\partial z} = \frac{\partial \phi}{\partial x \partial z}, \quad \frac{\partial v_z}{\partial x} = \frac{\partial \phi}{\partial z \partial x}$$

由于求导的结果与求导的次序无关，得

$$\frac{\partial v_x}{\partial z} = \frac{\partial v_z}{\partial x} \tag{3-57}$$

将式（3-56）代入式（3-57），可得

$$\frac{\partial^2 \psi}{\partial x^2} + \frac{\partial^2 \psi}{\partial z^2} = 0 \tag{3-58}$$

可见，同势函数一样，流函数也满足拉普拉斯方程。

在渗流场中，势函数和流函数均满足拉普拉斯方程。依据高等数学的知识，势函数和流函数两者互为共轭的调和函数，知道其中一个函数时就可以推求出另外一个。也就是说，势函数和流函数均可独立地描述一个渗流场。

流网是在渗流场中由一组等势线和流线组成的网格，其特性如下。

（1）假定土体为各向同性材料，等势线和流线相互垂直，即流网为正交的网格。依据等势线的特性，渗流场中一点的渗流速度方向为等势线的坡降方向，这表明渗流速度必与等势线垂直。同时，依据流线的定义，渗流场中一点的渗流速度方向又是流线的切线方向。因此，等势线与流线必定相互垂直正交。

（2）在绘制流网时，如果取相邻等势线间的 $\Delta\phi$ 和相邻流线间的 $\Delta\psi$ 为不变的常数，则流网中每一个网格的边长比也保持为常数。特别是当 $\Delta\phi=\Delta\psi$ 时，流网中每一个网格的边长比为 1，此时流网中的每一网格均为曲边正方形。

在流网中取出一个网格，如图 3-19 所示，相邻等势线的差值为 $\Delta\phi$，间距为 l；相邻流线的差值为 $\Delta\psi$，间距为 s。设网格处的渗流速度为 v，则有

$$\Delta\psi = \Delta q = v \cdot s$$

$$\Delta\phi = -k\Delta h = -k\frac{\Delta h}{l} l = v \cdot l$$

可得

$$\frac{\Delta\phi}{\Delta\psi} = \frac{v \cdot l}{v \cdot s} = \frac{l}{s}$$

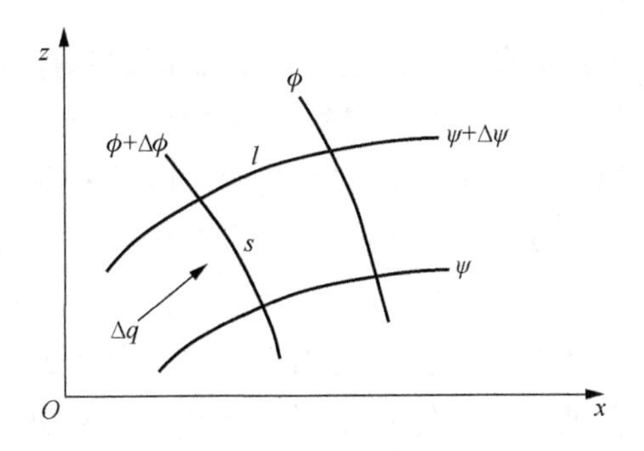

图 3-19　流网的特性

因此，当 $\Delta\phi$ 和 $\Delta\psi$ 均保持不变时，流网网格的长宽比 l/s 也保持为一常数；当 $\Delta\phi=\Delta\psi$ 时，对流网中的每一网格均有 $l=s$，这样，流网中的每一网格均为曲边正方形。

3.4.3　流网的绘制与应用

1. 流网的绘制

依据流网的特征，绘制流网时必须满足以下条件。

（1）流线与等势线必须正交。

（2）流线与等势线构成的各个网格的长宽比应为常数，即 l/s 为常数。通常情况下取 $l=s$，此时网格呈曲边正方形，这是绘制流网时最方便和最常见的一种图形。

（3）必须满足流场的边界条件，以保证解的唯一性。

现以混凝土坝下透水地基的流网为例（图 3-20），说明绘制流网的步骤。

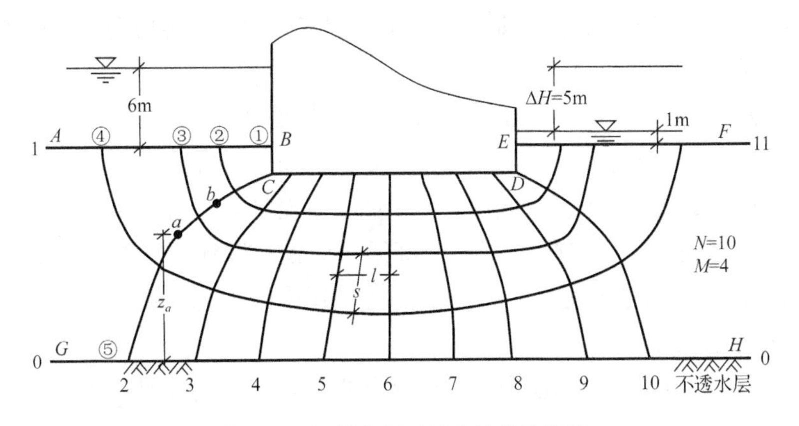

图 3-20　混凝土坝下透水地基的流网

（1）根据渗流场的边界条件，确定边界流线和边界等势线。该例中的渗流是有压渗流，因此，坝基轮廓线 *BCDE* 是第一条流线，不透水层面 *GH* 也是一条边界流线，上下游透水地基表面 *AB* 和 *EF* 则是两条边界等势线。

（2）根据绘制流网的另外两个条件初步绘制流网。按边界趋势大致画出几条流线，如②、③、④，彼此不能相交，且每条流线都要和上下游透水地基表面（等势线）正交。再自中央向两边画等势线，图 3-20 中先绘中线 6，再绘 5 和 7，如此向两侧推进。每条等势线要与流线正交，并弯曲成曲边正方形。

（3）一般初绘的流网总是不能完全符合要求，必须反复修改，直至大部分网格满足曲边正方形为止。由于边界形状不规则，在边界突变处很难画成正方形，而可能是三角形或五边形，这是流网图中流线和等势线的数目有限造成的。只要网格的平均长度和宽度大致相等，就不会影响整个流网的精度。一个精度较高的流网，往往都要经过多次反复修改，才能最后完成。

2. 流网的应用

流网绘出后，即可求得渗流场中各点的测压管水头、水力坡降、渗流速度和渗流量。现仍以如图 3-20 所示的流网为例，以 0-0 面为基准面。

1）测压管水头、位置水头和压力水头

根据流网特征可知，任意两相邻等势线间的势能差相等，即水头损失相等，从而可算出相邻两条等势线之间的水头损失 Δh：

$$\Delta h = \frac{\Delta H}{N} = \frac{\Delta H}{n-1} \tag{3-59}$$

式中，ΔH 为上、下游水位差，即水从上游渗到下游的总水头损失；N 为等势线间隔数；n 为等势线条数，$N=n-1$。

图 3-20 中，n=11，N=10，ΔH=5.0m，相邻等势线间的水头损失 Δh = 5/10=0.5m。得到 Δh，就可求出流网中任意点的测压管水头。例如，a 点的测压管水位 $h_a=z_a+h_{ua}$。位置水头 z_a 为 a 点到基准面的高度，可从图上直接量取。由于 a 点位于第 2 条等势线上，所以测压管水头应比上游水位降低一个 Δh，其测压管水头应在上游地表面以上的 6.0−0.5＝5.5m 处。压力水头 h_{ua} 可从图中按比例直接量出。

2）孔隙水压力

渗流场中各点的孔隙水压力 u 可由该点的压力水头 h_{u} 计算，即

$$u = \gamma_{\mathrm{w}} h_{\mathrm{u}} \tag{3-60}$$

应当注意，对于图 3-20 中位于同一条等势线上的 a、b 两点，虽其测压管水头相同，但因 $h_{ua} \neq h_{ub}$，其孔隙水压力并不相同，即 $u_a \neq u_b$。

3）水力坡降

流网中任意网格的平均水力坡降 $i=\Delta h/l$。其中，l 为该网格处流线的平均长度，可自图中量出。由此可知，流网中网格越密处，其水力坡降越大。因此，图 3-20 中下游坝趾水流渗出地面处（E 点）的水力坡降最大。该处的坡降称为逸出坡降，常是地基渗透稳定的控制坡降。

4）渗流速度

已知各点的水力坡降后，渗流速度的大小可根据达西定律求出，即 $v=ki$，方向为流线的切线方向。

5）渗透流量

流网中任意两相邻流线间的单位宽度流量 Δq 是相等的，得

$$\Delta q = v \cdot \Delta A = ki \cdot s \cdot 1.0 = k\frac{\Delta h}{l}s$$

当取 $l=s$ 时，有

$$\Delta q = k \cdot \Delta h \tag{3-61}$$

由于 Δh 是常数，Δq 也是常数。

在流网图上，将两个相邻流线所夹的区域成为一个流槽，则通过坝下渗流区的总单位宽度流量为

$$q = \sum \Delta q = M \cdot \Delta q = Mk\Delta h \tag{3-62}$$

式中，M 为流网中的流槽数，数值上等于流线数减 1，本例中 $M=4$。

当坝基长度为 L 时，通过坝底的总渗流量为

$$Q = q \cdot L \tag{3-63}$$

此外，还可通过流网所确定的各点孔隙水压力值，确定作用于混凝土坝坝底的渗透压力，具体可参考相关水工建筑物教材。

例 3-6　如图 3-21 所示，若透水土层的土粒比重为 2.68，孔隙率为 38%，试求：(1) a 点的孔隙水压力；(2) 渗流逸出 AB 处是否会发生流土；(3) 网格 $EFGH$ 上的渗透力。

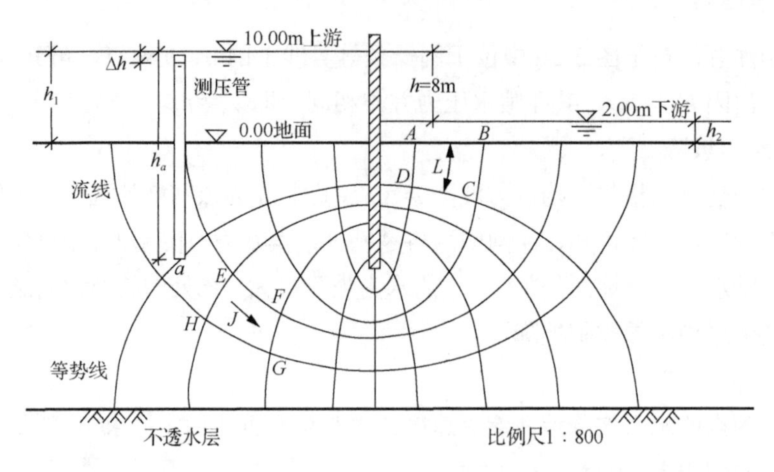

图 3-21　例 3-6 图

解　(1) 由图可知，上下游水位差 h=8m，等势线间隔数为 N=10，则相邻两等势线间的水头损失 $\Delta h=h/10$=0.8m。a 点在第 2 根等势线上，因此，该点的测压管水位应比上游水位低 Δh=0.8m，从图中量得上游静水位至 a 点的高差 h_a=22m，a 点的测压管水位低于上游静水位的高度为 Δh=0.8m，则 a 点压力水头高度为

$$h_{\mathrm{u}a}=h_a-\Delta h=22-0.8=21.2(\mathrm{m})$$

a 点的孔隙水压力为

$$u_a=\gamma_{\mathrm{w}}h_{\mathrm{u}a}=10\times21.2=212(\mathrm{kPa})$$

(2) 图中量得网格 $ABCD$ 的平均渗流路径 L=5.3m，两等势线间的水头损失为 Δh=0.8m，则该网格的平均水力坡降为

$$i=\Delta h/L=0.8/5.3\approx0.15$$

发生流土的临界水力坡降为

$$i_{\mathrm{cr}}=(G_{\mathrm{s}}-1)\times(1-n)=(2.68-1)\times(1-0.38)\approx1.04>i$$

因此，渗流逸出 AB 处不会发生流土现象。

(3) 从图中可直接量得网格 $EFGH$ 的平均渗流路径长度为 4.3m，网格的水头损失 Δh=0.8m，因此，作用在该网格上的渗透力为

$$j=\gamma_{\mathrm{w}}\frac{\Delta h}{L}=10\times\frac{0.8}{4.3}\approx1.86(\mathrm{kN/m^3})$$

习　　题

3-1　用一套常水头渗透试验装置测定某粉土土样的渗透系数，土样面积为 32.2cm^2、高度为 4cm，经 958s，流出水量为 30cm^3，土样两端的总水头差为 15cm，求土样的渗透系数 k。

3-2　一个变水头渗透仪的土样横截面积为 2000mm^2，细玻璃管内横截面积为 200mm^2。在土样放入仪器以前，仪器进行过标定。由于滤网的阻力，细玻璃管中的水头经过 5s 从 1000mm 下降到 150mm。当 50mm 高的粉土试样放在滤网上时，水头下降同样高度所需要的时间为 150s。求土样的渗透系数 k。

3-3　如图 3-22 所示，有 A、B、C 三种土体，装在断面为 10cm×10cm 的方形管中，其渗透系数分别为 $k_A=1\times10^{-2}\text{cm/s}$，$k_B=3\times10^{-3}\text{cm/s}$，$k_C=5\times10^{-4}\text{cm/s}$。

（1）求渗流经过 A 土后的水头降落值 Δh；

（2）若要保持上下水头差 $h=35\text{cm}$，需要每秒加多少水？

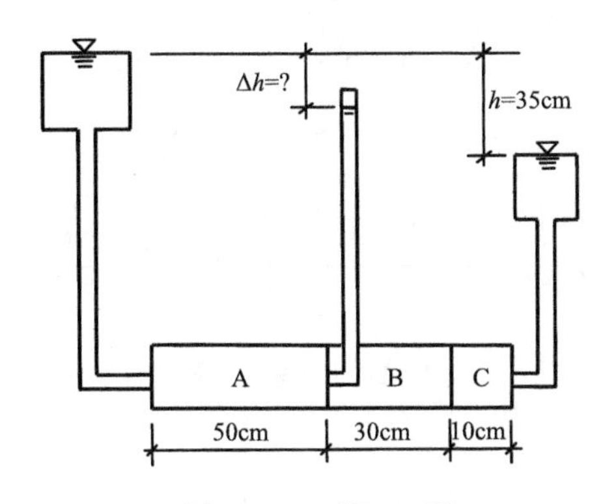

图 3-22　习题 3-3 图

3-4　某基坑（图 3-23）底面尺寸为 20m×10m，粉质黏土层 $k=1.5\times10^{-6}\text{cm/s}$，如果忽略基坑周边水的渗流，假定基坑底部土体发生一维渗流，则：

（1）如果基坑内的水深保持 2m，求土层中 A、B、C 三点的测压管水头和渗透力；

（2）当保持基坑中水深为 1m 时，试求所需要的排水量 Q。

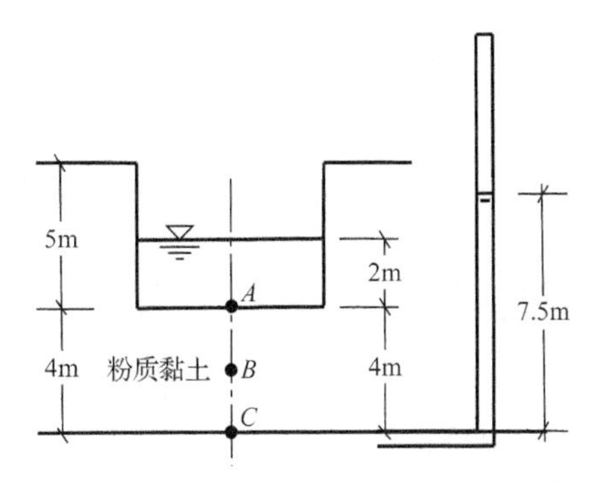

图 3-23　习题 3-4 图

3-5　某板桩墙地基流网如图 3-24 所示。墙前水深为 4m，墙后水深为 0。已知地基土的 γ=20kN/m^3，渗透系数 k=3×10^{-4}cm/s，流网网格 *ABCD* 的平均长度 *L* 为 4m。试计算：

（1）板桩墙后流网网格 *ABCD* 的平均渗透力；

（2）*AD* 处是否发生流土？

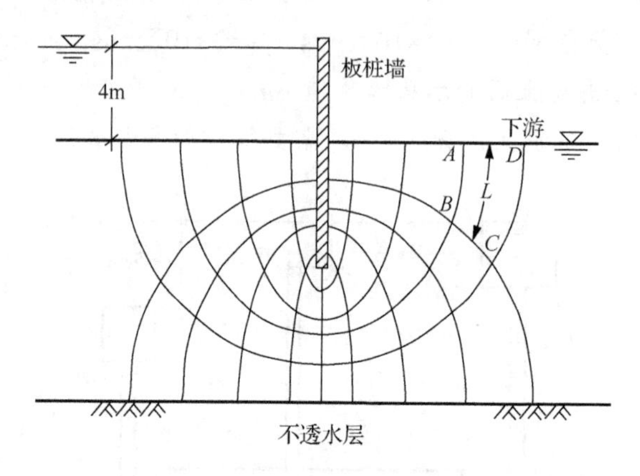

图 3-24　习题 3-5 图

第4章　土 中 应 力

大多数建筑物是建造在土层上的，支承建筑物的土层称为地基，与地基相接触的建筑物底部则称为基础。地基受荷后，将产生应力和应变，从而给建筑物带来两个工程问题，即地基稳定问题和变形问题。如果地基内部产生的应力在土体强度允许的范围内，那么地基是稳定的；反之土体将发生破坏，并可能引起整个地基产生滑动，失去稳定，导致建筑物倾倒（如加拿大特朗斯康谷仓）。如果地基土的变形量超过了允许值，即使地基尚未破坏，也会造成建筑物毁坏或失去使用价值。因此，为保证建筑物的安全和正常使用，在分析地基稳定性与变形量之前，必须首先研究建筑物修建前后地基内部的应力变化及分布规律。

土是散粒体，一般不能承受拉应力，在工程中承受拉应力的情况也很少，因此土力学对土中应力正负符号的规定与材料力学正好相反，如图 4-1 所示，法向应力（σ_x、σ_z）以压为正，剪应力（τ_{zx}、τ_{xz}）以逆时针方向为正。

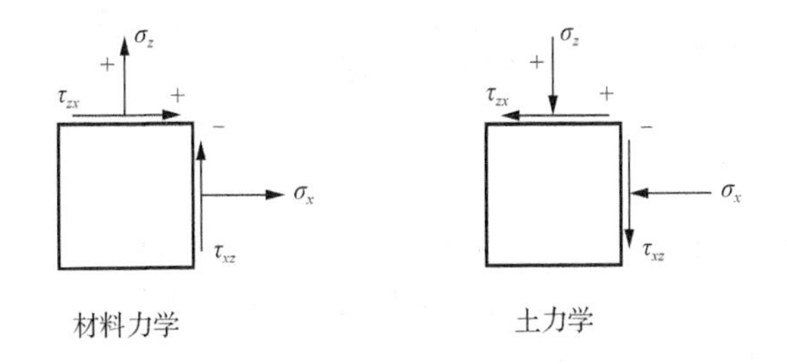

图 4-1　应力符号的规定

地基中的应力，按照其成因可以分为自重应力和附加应力。自重应力是修建建筑物之前地基土体中存在的初始应力。一般而言，在自重作用下，土体在漫长的地质历史时期已压缩稳定。因此，土的自重应力不再引起土的压缩变形，但新沉积土或近期人工冲填土则属例外。附加应力是由外荷载（静的或动的）作用在地基中引起的新增加的应力。所谓的“附加”是指在原来自重应力基础上增加的应力，它是地基失去稳定和产生变形的主要原因。附加应力的大小除了与计算点的位置有关外，还取决于基底压力的大小和分布状况。本章将主要介绍地基土体自重应力和附加应力的计算方法，以及反映土中应力特点的有效应力原理等内容。

4.1　自重应力的计算

4.1.1　地基的自重应力

研究地基自重应力的目的是确定地基土体的初始应力状态。在没有修建建筑物之前，地基中由土体本身有效重量产生的应力称为自重应力。有效重量就是地下水位以上用天然重度、地下水位以下用浮重度计算的重量。在计算地基的自重应力之前，需认识侧限应力状态。

侧限应力状态是侧向应变为零的一种应力状态。如图 4-2 所示，把地基假定为半无限空间弹性体，即把地基看作是一个表面水平、深度与广度都无限大的空间弹性体，则地基中的自重应力状态就属于侧限应力状态。由于把地基视为半无限空间弹性体，同一深度 z 处的任一土单元（如 A 点与 B 点）受力条件均相同，因此土体相互限制，不可能发生侧向变形，即$\varepsilon_x=\varepsilon_y=0$，而只能发生竖直向的变形。又由于竖直面都是对称面，在竖直面和水平面上都不会有剪应力存在，即$\tau_{xy}=\tau_{yz}=\tau_{zx}=0$，因此$\sigma_x=\sigma_y$，并与$\sigma_z$ 成正比，地基中的竖向自重应力和水平自重应力的计算就变得非常简单。

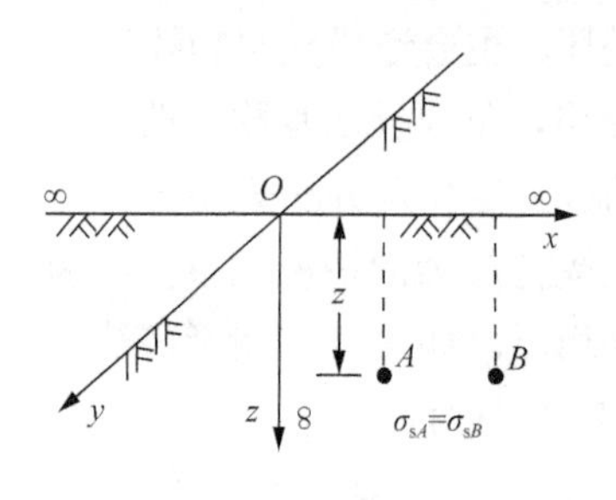

图 4-2　侧限应力状态

1. 竖向自重应力

在地基任意深度 z 处沿水平方向取任意截面，设面积为 A，则其上方土体的有效自重 W 均作用在此截面上，如图 4-3（a）所示。若地基土体为均质土，天然重度为γ，则深度 z 处的竖向自重应力为

$$\sigma_{sz}=\frac{W}{A}=\frac{\gamma zA}{A}=\gamma z \tag{4-1}$$

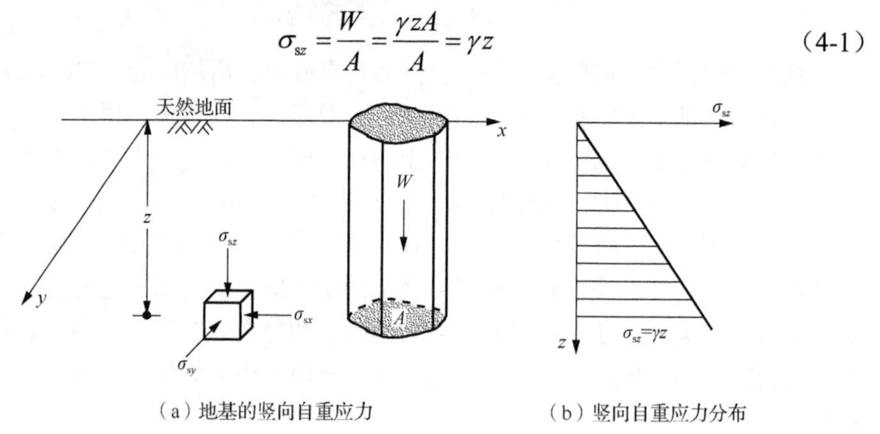

（a）地基的竖向自重应力　　（b）竖向自重应力分布

图 4-3　均质地基的竖向自重应力及其分布

可见，地基任意深度 z 处的竖向自重应力等于该处单位水平面积上的土柱重量，均质地基竖向自重应力沿深度呈直线分布，见图 4-3（b），其斜率是地基土层的重度值。实际上，天然地基常成层产出，如图 4-4（a）所示。因此，成层地基任意深度 z 处的竖向自重应力为

$$\sigma_{sz}=\frac{W}{A}=\frac{\sum_{i=1}^{n}\gamma_i H_i A}{A}=\sum_{i=1}^{n}\gamma_i H_i \tag{4-2}$$

式中，σ_{sz} 为计算深度处的竖向自重应力，kPa；n 为计算深度以上地基土层层数；γ_i 为第 i 层土的有效重度，kN/m^3；H_i 为第 i 层土的厚度，m。

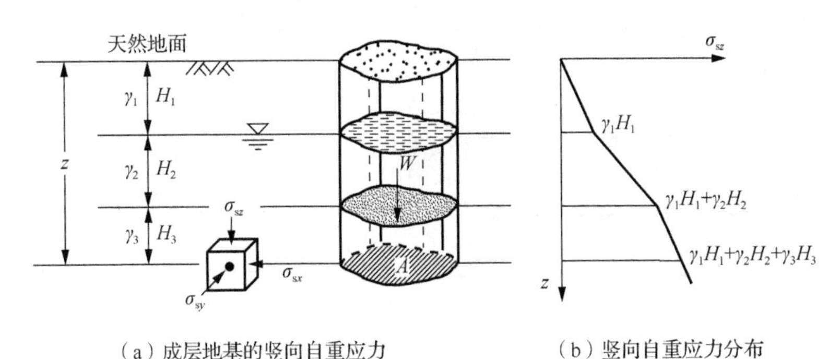

图 4-4　成层地基的竖向自重应力及其分布

可见，成层地基的自重应力在同一土层深度范围内呈直线分布，其斜率是该土层的重度值；由于各土层及地下水位上、下土层的有效重度不同，成层地基自重应力在土层界面处和地下水位处将发生转折，其自重应力的分布呈折线型，见图 4-4（b）。

一般在计算自重应力时，地下水位以上用天然重度γ，地下水位以下用浮重度γ'，但若地下水位以下有不透水层，如基岩、混凝土、硬黏土层等，则计算点位于不透水层时，自重应力应包括静水压力。

2. 水平自重应力

侧限条件下，地基水平自重应力为

$$\sigma_{sx}=\sigma_{sy}=K_0\sigma_{sz} \tag{4-3}$$

式中，σ_{sx} 和 σ_{sy} 均为计算深度处的水平自重应力，kPa；K_0 为侧压力系数，是侧限条件下水平应力与竖向应力之比。若将地基土体当作线弹性体，则根据广义胡克定律可得

$$K_0 = \frac{\nu}{1-\nu} \tag{4-4}$$

式中，ν为泊松比，因土的种类、密度而异，可由试验确定。

实际上土并非是线弹性体，侧压力系数K_0与土的类型、状态和应力历史等因素均有关系。

例4-1 某地基由多层土组成，地质剖面如图4-5（a）所示，试计算竖向自重应力σ_{sz}并绘制沿深度的分布图。

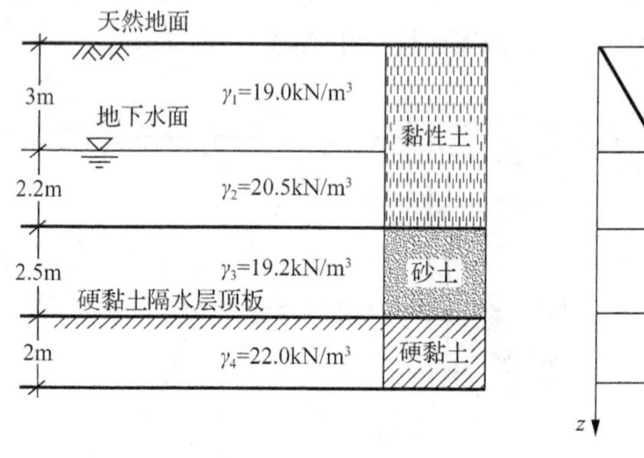

（a）地质剖面图

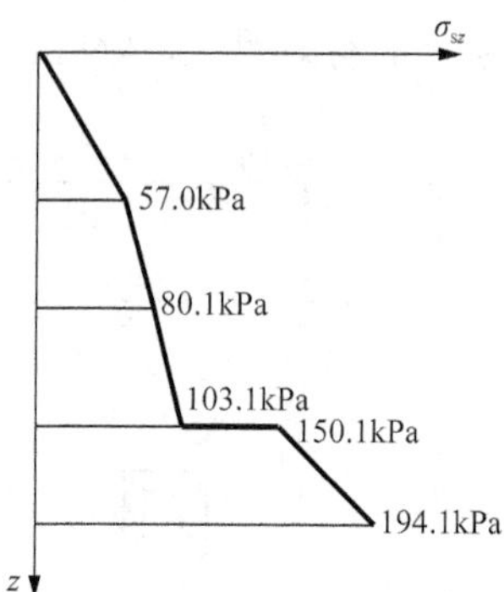

（b）竖向自重应力分布图

图4-5　例4-1图

解　地下水面处：

$$H_1=3\text{m},\ \gamma_1=19.0\text{kN/m}^3$$

$$\sigma_{sz}=\gamma_1 H_1=19.0\times 3=57.0(\text{kPa})$$

黏性土与砂土界面处：

$$H_2=2.2\text{m},\ \gamma_2=20.5\text{kN/m}^3$$

$$\sigma_{sz}=\gamma_1 H_1+\gamma_2' H_2=57+(20.5-10)\times 2.2=80.1(\text{kPa})$$

砂土层与硬黏土隔水层界面处：

$$H_3=2.5\text{m},\ \gamma_3=19.2\text{kN/m}^3$$

故砂土层底$\sigma_{sz}=\gamma_1 H_1+\gamma_2' H_2+\gamma_3' H_3=80.1+(19.2-10)\times 2.5=103.1(\text{kPa})$

硬黏土隔水层顶板处：

$$\begin{aligned}\sigma_{sz}&=\gamma_1 H_1+\gamma_2' H_2+\gamma_3' H_3+\gamma_w(H_2+H_3)\\&=\gamma_1 H_1+\gamma_2 H_2+\gamma_3 H_3\\&=103.1+10\times(2.2+2.5)\\&=150.1(\text{kPa})\end{aligned}$$

硬黏土隔水层底部：

$$H_4=2\text{m},\ \gamma_4=22.0\text{kN/m}^3$$

$$\sigma_{sz}=\gamma_1 H_1+\gamma_2 H_2+\gamma_3 H_3+\gamma_4 H_4=150.1+22\times 2=194.1(\text{kPa})$$

根据计算结果绘制竖向自重应力分布图，如图 4-5（b）所示。

4.1.2　堤坝的自重应力

4.1.1 小节介绍的地基自重应力计算适用于地基面较平坦的情况，起伏较大的情况按上述方法计算将产生较大误差。工程中，为了计算堤坝坝身和坝基的沉降量，需要知道坝身和坝底面上的应力分布。堤坝、路堤等都是由土石材料填筑而成的，断面呈梯形，不是半无限体，其边界条件和坝基的变形条件使得精确求解坝身及坝底应力较为复杂。为简化计算，通常假设堤坝中任一深度土体的竖向自重应力等于该点以上单位面积土柱的重量，仍可用式（4-2）计算，坝体内任意深度平面上竖向自重应力的分布形状与堤坝断面形状相似，如图 4-6 所示。由于误差较大，水平自重应力不能采用式（4-3）进行计算。

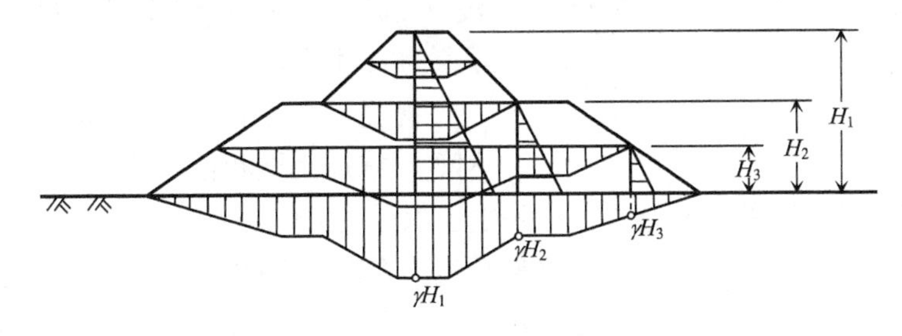

图 4-6　堤坝竖向自重应力分布

对于重要的和高大的土石材料堤坝，需要进行较为精确的坝体应力及变形分析，一般采用有限元法等方法，这类方法可以考虑复杂的边界条件、坝料分区及土的非线性等因素。

4.2　饱和土体的有效应力原理

土是多相介质的混合体，在外力作用下，土体单位截面上的应力将由各相介质分别承担。由于各相介质的力学性质不同，它们本身的变形和应力的传递形式也不同，从而影响整个土体的变形和强度。非饱和土与饱和土这两种不同饱和状态的土，受外力作用时的变形特征不同。1923 年，太沙基（Terzaghi）研究了饱和土承受荷载时土颗粒组成的土骨架与孔隙中的孔隙水如何分担荷载、如何相互转化等问题，提出了著名的饱和土体有效应力原理和单向渗透固结理论，为土力学成为一门独立的学科奠定了坚实的基础。本节介绍饱和土体的有效应力原理。

4.2.1　有效应力原理的基本概念

三个直径与高度完全相同的量筒 A、B、C，在底部采用同样的方式放置等量的饱和松砂，初始状态如图 4-7（a）所示。随后，在 B 量筒的松砂顶面轻轻地放置总质量为 m 的若干钢球，观察发现松砂顶面下降，孔隙中的一部分水被挤出后进入钢球之间的缝隙中，见图 4-7（b），表明砂土发生压缩，即砂土的孔隙比 e 减小。C 量筒松砂顶面不加钢球，而是缓缓地往里注入质量为 m 的水，见图 4-7（c），注完后到达砂面以上 h 高度，观察发现此量筒中松砂顶面位置没有变化，表明砂土未发生压缩，即砂土的孔隙比 e 不变。

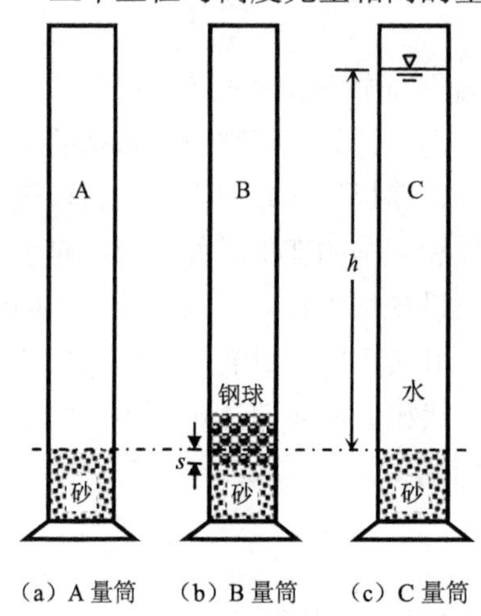

（a）A 量筒　（b）B 量筒　（c）C 量筒

图 4-7　应力试验

可见，虽然注入水的质量与钢球的质量相等，施加给饱和松砂的总应力是相同的，但产生了两种不同的试验结果，这是由于承受此应力的对象不同。B 量筒中钢球施加的应力由松砂颗粒组成的土骨架承担并在颗粒间传递，因此松砂发生了压缩变形；C 量筒中水施加的应力完全由松砂中的孔隙水承担，土颗粒没有发生位移，因此松砂不会表现出压缩变形。

这种由土骨架承担并通过颗粒之间的接触面传递的应力，称为有效应力，用 σ' 表示。饱和土体孔隙中的水是连通的，与通常的静水一样，在外力作用下能够承担和传递压力。这种由孔隙水承担和传递的应力，称为孔隙水压力，用 u 表示。孔隙水压力的特性与静水压力一样，方向始终垂直于作用面，任一点的孔隙水压力在各个方向是相等的，其值等于该点的测压管水柱高度 h 与水的重度 γ_w 的乘积，即

$$u = \gamma_w h \tag{4-5}$$

事实表明，只有有效应力才能使土层发生压缩变形，并使土的强度发生改变。

4.2.2　饱和土的有效应力原理

放大某饱和砂土的任一横截面 a-a，如图 4-8 所示，其截面积为 A，该截面通

过土颗粒的接触点。截面积 A 中，一部分为颗粒之间的接触点所占的面积 A_s，另一部分为孔隙水所占的面积 A_w，即 $A=A_s+A_w$。

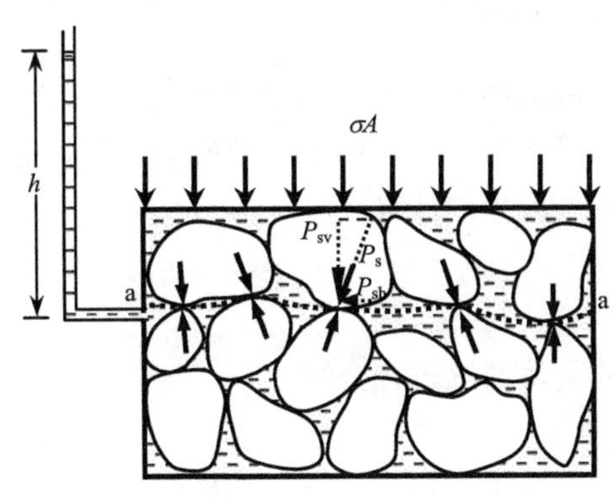

图 4-8　有效应力原理

若在该截面上作用有垂直总应力 σ，则在颗粒接触处将存在粒间作用力 P_s，其方向与截面上下颗粒接触的位置有关。现将 P_s 分解为竖直向 P_{sv} 和水平向 P_{sh} 两个分力。由于水平方向无外荷载，因此水平向分力 P_{sh} 的合力为 0。此时，a-a 截面处的孔隙水压力为 u，考虑 a-a 截面的竖向力平衡可知：

$$\sigma A=\sum P_{sv}+uA_w \tag{4-6}$$

等号左右两边除以面积 A，则

$$\sigma=\frac{\sum P_{sv}}{A}+\frac{uA_w}{A} \tag{4-7}$$

式（4-7）等号右端第一项 $\frac{\sum P_{sv}}{A}$ 即为有效应力，用 σ' 表示。由于颗粒之间的接触点所占面积 A_s 很小，截面积 A 中大部分是孔隙水所占据的面积 A_w，因此 $A_w/A\approx1$，式（4-7）可写为

$$\sigma=\sigma'+u \tag{4-8}$$

式（4-8）即为著名的太沙基饱和土体有效应力原理的表达式。饱和土体有效应力原理的要点如下：

（1）饱和土体内任一平面上受到的总应力 σ 等于有效应力 σ' 与孔隙水压力 u 之和；

（2）土体的变形和强度的变化都只取决于有效应力 σ' 的变化。

通常总应力容易计算，孔隙水压力可以实测或计算，因此，根据有效应力原理，有效应力为

$$\sigma'=\sigma-u \tag{4-9}$$

通过式（4-9），可方便地计算出土体中的有效应力。

4.2.3 饱和土中有效应力的计算

既然土的变形和强度只随有效应力的变化而变化，为了研究建筑物或地基的变形与稳定性，就必须确定地基土体中的有效应力。下面分别介绍静水条件和稳定渗流条件下土体中有效应力的计算。

1. 静水条件

以下分几种不同的具体情况进行介绍。

1）原地下水位的情况

图 4-9（a）的地层剖面中不透水层上部为均质土层，地下水位于地面下深度 H_1 处。地下水位以上土的天然重度为 γ，地下水位以下土的饱和重度为 γ_{sat}。设此含水层中地下水位稳定，无渗流发生，属静水条件。A 点位于地下水位以下含水层中 H_2 深度处。下面计算 A 点竖向的总应力 σ、孔隙水压力 u 和有效应力 σ'。

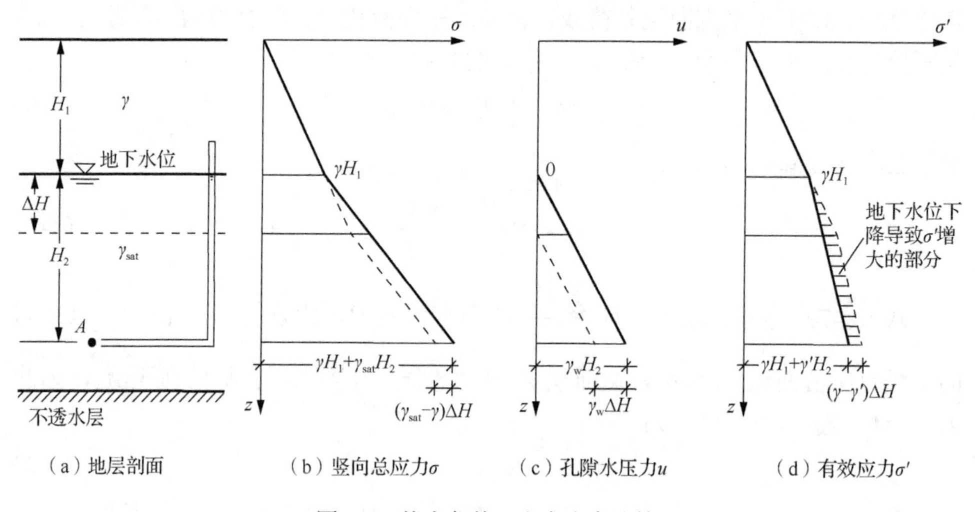

图 4-9　静水条件下土中应力计算

作用在 A 点所在水平面上的总应力 σ 等于该点以上单位土柱的总重量，得

$$\sigma=\gamma H_1+\gamma_{sat}H_2 \tag{4-10}$$

孔隙水压力 u 等于该点的静水压力。含水层中土孔隙相互连通，假设可把测压管插入土中，管端位于 A 点，则管中水位将逐渐上升至地下水位高度处后稳定，得

$$u=\gamma_w H_2 \tag{4-11}$$

根据有效应力原理，A 点处竖向有效应力为

$$\begin{aligned}\sigma' &= \sigma - u \\ &= \gamma H_1 + \gamma_{sat} H_2 - \gamma_w H_2 \\ &= \gamma H_1 + (\gamma_{sat} - \gamma_w) H_2 \\ &= \gamma H_1 + \gamma' H_2\end{aligned} \tag{4-12}$$

类似地，可计算出地层中任意一点处的竖向总应力σ、孔隙水压力 u 和有效应力σ'。计算所得的此地层 A 点以上土层中的竖向总应力σ、孔隙水压力 u 和有效应力σ'分布曲线，分别如图 4-9（b）、（c）、（d）中粗实线所示。由图 4-9（d）可知，有效应力σ'等于 A 点的自重应力，说明自重应力是有效应力。

2）地下水位下降后稳定

若地下水位下降 ΔH 高度，稳定于图 4-9（a）中的虚线位置，设稳定后地下水位以上的重度均为γ，则此时 A 点的竖向总应力为

$$\begin{aligned}\sigma &= \gamma(H_1 + \Delta H) + \gamma_{sat}(H_2 - \Delta H) \\ &= \gamma H_1 + \gamma_{sat} H_2 - (\gamma_{sat} - \gamma)\Delta H\end{aligned} \tag{4-13}$$

孔隙水压力为

$$u = \gamma_w (H_2 - \Delta H) = \gamma_w H_2 - \gamma_w \Delta H \tag{4-14}$$

根据有效应力原理，此时 A 点的有效应力为

$$\begin{aligned}\sigma' &= \sigma - u \\ &= \gamma(H_1 + \Delta H) + \gamma_{sat}(H_2 - \Delta H) - \gamma_w (H_2 - \Delta H) \\ &= \gamma(H_1 + \Delta H) + \gamma'(H_2 - \Delta H) \\ &= \gamma H_1 + \gamma' H_2 + (\gamma - \gamma')\Delta H\end{aligned} \tag{4-15}$$

地下水位下降后，原地下水位以下地层中的竖向总应力σ、孔隙水压力 u 和有效应力σ'的分布曲线分别见图 4-9（b）、（c）、（d）中的虚线。对比地下水位下降前后 A 点的σ、u、σ'可知，地下水位下降后，A 点的σ减小了$(\gamma_{sat}-\gamma)\Delta H$，$u$ 减小了 $\gamma_w\Delta H$，有效应力σ'反而增大了$(\gamma-\gamma')\Delta H$。可见，地下水位下降后，原地下水位以下地层中的有效应力将增加，增大的部分如图 4-9（d）中阴影部分所示。有效应力的增加将导致土体压缩，这就是很多城市大量抽取地下水后地面沉降的原因之一。

3）地下水位以上存在毛细水

若地下水位以上存在毛细水，其地层剖面如图 4-10（a）所示，毛细水的上升高度为 H_c，毛细水带中土体的重度为饱和重度 γ_{sat}。毛细水带内的孔隙水压力为

负值，其分布规律与静水压力类似，见图 2-5（c）。因此，在毛细水带内 H_c 高度处孔隙水压力 $u=-\gamma_w H_c$，地下水位处孔隙水压力 $u=0$，该土层孔隙水压力 u 的分布见图 4-10（b）。根据有效应力原理，毛细水带 H_c 高度处，有效应力为

$$\sigma'=\sigma-u=\sigma-(-\gamma_w H_c)=\sigma+\gamma_w H_c \tag{4-16}$$

因此，毛细水带中的有效应力σ'将大于总应力σ，其分布如图 4-10（c）所示。其中，实线表示有效应力σ'，虚线表示总应力σ。

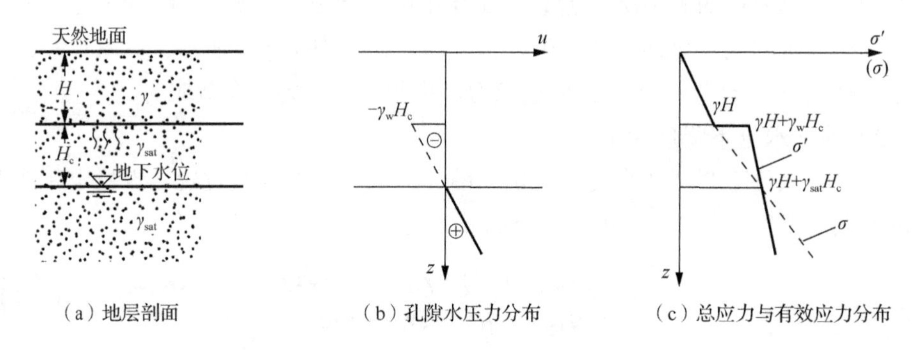

图 4-10　地下水位以上存在毛细水的情况

4）土层上有水体

以海洋土为例，设其为均质土体，A 点是海洋土中的一点，如图 4-11 所示。

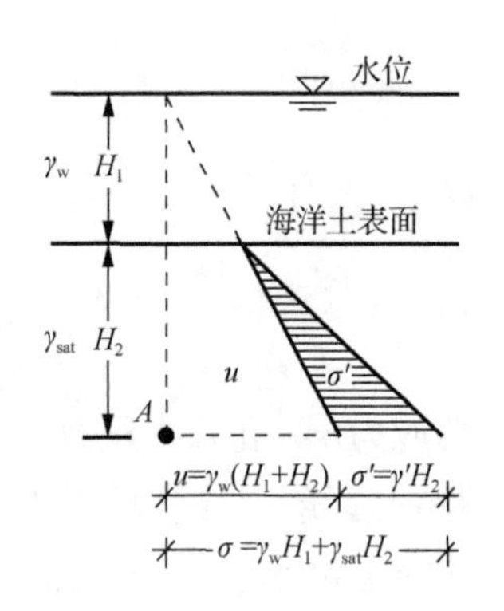

图 4-11　海洋土中的有效应力

海洋土上部水深为 H_1，A 点距离海洋土层表面距离为 H_2，则 A 点的总应力 $\sigma=\gamma_w H_1+\gamma_{sat} H_2$，孔隙水压力 $u=\gamma_w(H_1+H_2)$，根据有效应力原理，A 点有效应力为

$$\sigma'=\sigma-u=\gamma' H_2 \tag{4-17}$$

可见，海洋土的有效应力σ'实际就是其自重应力，仅随 H_2 的增大而线性增大，与 H_1 无关，说明水深水浅对海洋土有效应力的大小没有影响，海洋土表面的有效应力均为零。由于固体土颗粒的压缩模量很大，其本身的压缩可忽略不计，因此，可以认为水深水浅、潮涨潮落均不会使海洋土发生压缩变形。

2. 稳定渗流条件

地层中赋存有各种地下水，如上层滞水、潜水、承压水等，它们之间可以存在相互补给与排泄，地表水体也可与地下水发生补给与排泄。近年来，随着工农

业的迅速发展，很多地区大量开采地下水，使地下水的分布与流动呈现非常复杂的状态。另外，坝体、水闸上下游的水位差，基坑降水后基坑内外的水位差，均会使地下水产生竖向渗流，使有效应力的计算复杂化。

地下水运动是复杂的，有稳定与非稳定之分。在稳定渗流中，孔隙水压力不随时间的变化而变化，接下来计算土中发生向下或向上的稳定渗流（图 4-12）时的有效应力。

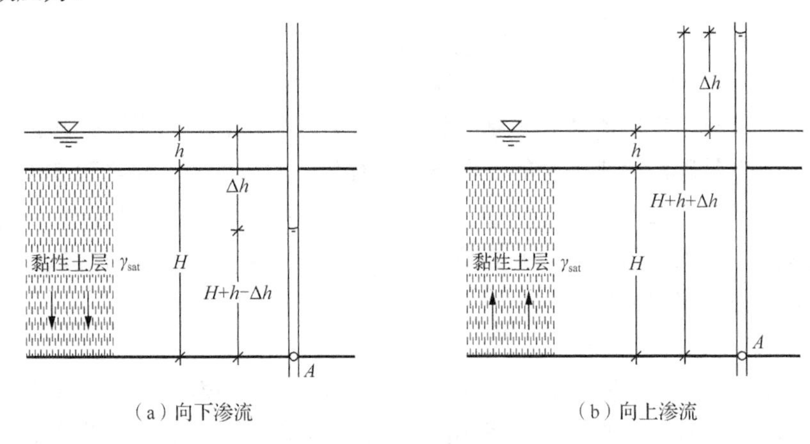

图 4-12　两种稳定渗流条件

1）向下渗流时

图 4-12（a）为土体在水位差作用下发生自上而下渗流的情况，地层情况如图所示，厚度为 H 的黏性土层顶面水位在顶面以上 h 处，底面水位在顶面水位下 Δh 处，在水位差的作用下，该黏性土层中存在自上而下的稳定渗流。A 点是黏性土层底面上任意一点，则此时 A 点的总应力 $\sigma=\gamma_w h+\gamma_{sat}H$，孔隙水压力 $u=\gamma_w(H+h-\Delta h)$。根据有效应力原理，A 点的有效应力为

$$\sigma'=\sigma-u=(\gamma_w h+\gamma_{sat}H)-\gamma_w(H+h-\Delta h)=\gamma'H+\gamma_w\Delta h \tag{4-18}$$

若 $\Delta h=0$，无渗流产生，即静水条件下 A 点的有效应力 $\sigma'=\gamma'H$，与式（4-18）比较可知，第二项 $\gamma_w\Delta h$ 是由向下的渗流引起的。可见，向下渗流将使土层中有效应力增加，相应地层发生渗流压密，产生压缩沉降，这是抽取地下水后地面下沉的一个原因。

2）向上渗流时

图 4-12（b）为土体在水位差作用下发生自下而上渗流的情况。地层条件与向下渗流时相同，但黏性土层底面水位在顶面水位上 Δh 处，底面水位高于顶面水位，在水位差的作用下，该黏性土层中存在自下而上的稳定渗流。A 点仍是黏性土层底面上任意一点，则此时 A 点的总应力 $\sigma=\gamma_w h+\gamma_{sat}H$，孔隙水压力 $u=\gamma_w(H+h+\Delta h)$。根据有效应力原理，A 点的有效应力为

$$\sigma' = \sigma - u = (\gamma_w h + \gamma_{sat} H) - \gamma_w (H + h + \Delta h) = \gamma' H - \gamma_w \Delta h \tag{4-19}$$

同样，与静水条件下 A 点的有效应力 $\sigma' = \gamma' H$ 比较可知，第二项 $-\gamma_w \Delta h < 0$，是由向上的渗流引起的，说明向上渗流将使有效应力减小。水头差 Δh 越大，有效应力的减小值越大。若 Δh 增大至使 $\sigma' = 0$，即

$$\sigma' = \gamma' H - \gamma_w \Delta h = 0 \tag{4-20}$$

也可写为

$$\frac{\Delta h}{H} = \frac{\gamma'}{\gamma_w} \text{ 或 } i_{cr} = \frac{\gamma'}{\gamma_w} \tag{4-21}$$

此时，该点上方的土体处于悬浮状态，即发生流土的临界状态。由此看来，根据有效应力原理，流土发生的临界条件为有效应力等于零。这与第 3 章中利用临界水力坡降 i_{cr} 判断流土的条件是一致的。对于成层地基，常利用 $\sigma' = 0$ 这一条件来判别发生流土的可能性，尤其是基坑底有盖重时，用渗透力计算较麻烦，但利用有效应力原理很方便。

例 4-2 某砂土地基剖面如图 4-13 所示，地下水位埋深为 1m。现在土层中开挖 4m 深的基坑，为防止基坑坍塌，在基坑周围打防水板桩。若使基坑内无水，问：

（1）板桩深入基底下 2m 时，基坑底是否会发生流土？若在基底加盖重，则其对基底至少产生多大应力时，可防止流土发生？

（2）若无盖重，为防止基坑发生流土破坏，板桩至少需打入基底多深？

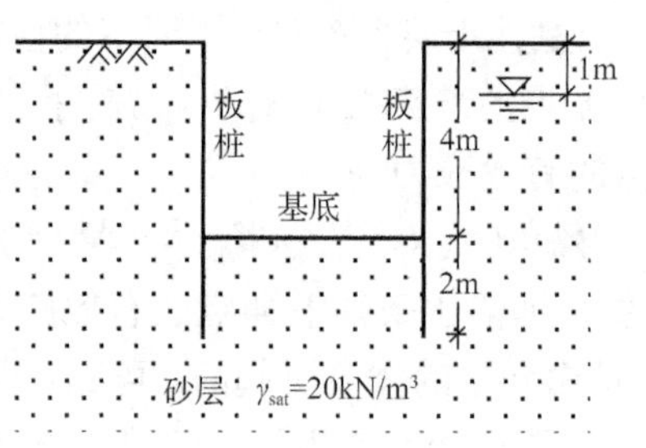

图 4-13　例 4-2 图

解　（1）计算板桩底部位置处砂层的总应力 σ 和孔隙水压力 u，分别为

$$\sigma = 2\gamma_{sat} = 2 \times 20 = 40(\text{kPa})$$

$$u = (2 + 4 - 1)\gamma_w = 5 \times 10 = 50(\text{kPa})$$

则有效应力为

$$\sigma' = \sigma - u = 40 - 50 = -10(\text{kPa})$$

此时，有效应力 $\sigma' < 0$，说明板桩深入基底下 2m，基底将发生流土破坏。

为防止流土破坏，在基底加盖重，设其在基底产生的应力为$\sigma_{重}$，则此时板桩底部位置处砂层的总应力为

$$\sigma = 2\gamma_{sat} + \sigma_{重} = 40 + \sigma_{重}$$

根据有效应力原理，当流土即将发生时，板桩底部位置处砂层的有效应力$\sigma'=0$，即

$$\sigma' = \sigma - u = 40 + \sigma_{重} - 50 = 0$$

可得$\sigma_{重}$=10 (kPa)。

因此，若在基底加盖重，则其对坑底的应力至少为 10kPa 时，才可防止流土发生。

（2）设板桩至少需打入基底的深度为 h，则此时板桩底部位置处砂层的总应力σ和孔隙水压力 u 分别为

$$\sigma = \gamma_{sat} h = 20h$$

$$u = (h + 4 - 1)\gamma_w = 30 + 10h$$

根据有效应力原理，当流土即将发生时，板桩底部位置处砂层的有效应力 $\sigma'=0$，即

$$\sigma' = \sigma - u = 20h - (30 + 10h) = 10h - 30 = 0$$

可得 h=3(m)。

因此，若无盖重，为防止基坑发生流土破坏，板桩至少需打入基底 3m 深。

4.3 基底压力的计算

建筑物修建后，其所受各种荷载及上部结构和基础的全部重量，都是通过建筑物的基础传递到地基中的，如图 4-14 所示，基础底面传递给地基表面的压力称为基底压力。4.4 节将介绍的地基中的附加应力就是由基底压力引起的。确定基底压力的大小和分布，是计算地基中附加应力的前提。然而，精确计算基底压力是很困难的，因为基底压力的大小和分布受很多因素的影响，如基础的刚度、形状、大小和埋深，荷载的大小、分布及地基土体的性质等。

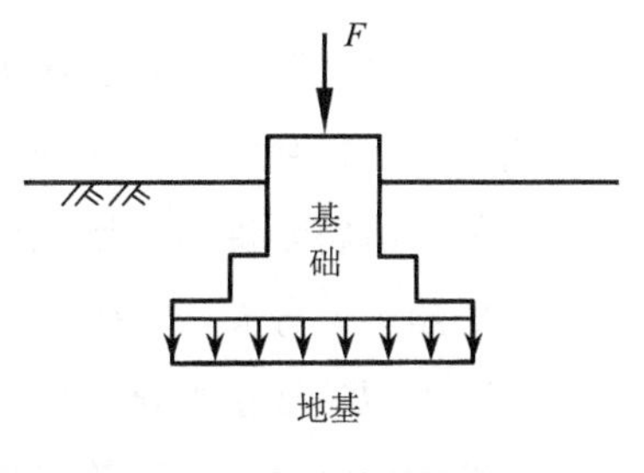

图 4-14 地基与基础

4.3.1　基底压力的分布规律

若基础为柔性基础，其变形能适应地基表面的变形，则基底压力的分布与作用在基底上的荷载分布相似。例如，土坝（堤）的荷载基本呈梯形分布［图 4-15（a）］，基底压力也呈梯形分布，如图 4-15（b）所示。

若基础为刚性基础，如素混凝土基础，为使基础与地基的变形协调，其基底压力随荷载大小及地基土类型的不同而变化，如图 4-16 所示。当荷载较小时，基底压力分布形状接近于拱型（①型）；荷载增大后，基底压力分布可呈马鞍型（②型）；荷载继续加大，基底压力分布可呈抛物线型（③型），甚至倒钟型（④型）。

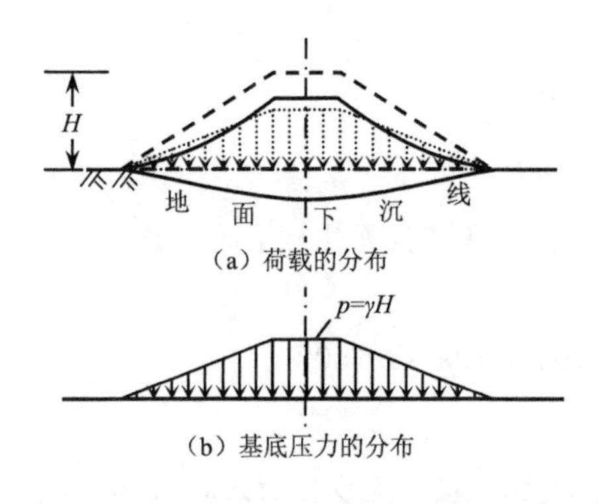

图 4-15　土坝（堤）荷载和基底压力分布　　　图 4-16　刚性基础基底压力的分布

实测资料还表明，当刚性基础位于砂土地基表面时，由于砂土颗粒之间无黏聚力，基底压力分布更易发展成抛物线型（③型）；而位于黏性土地基表面时，基底压力分布易呈马鞍型（②型）。

从以上分析可知，基底压力的分布十分复杂。由于基底压力都是作用在地基表面附近，根据弹性理论中的圣维南原理可知，其具体分布形式对地基中附加应力计算的影响将随深度的增加而减小，达一定深度后，地基中附加应力的分布几乎与基底压力的分布形式无关，只取决于荷载合力的大小和位置。因此，基底压力分布可近似按线性变化考虑，将其用于地基变形计算，引起的误差在一般工程允许的范围内。这样，计算工作量可以大大减少，基底压力通常按简化的方法进行计算。

4.3.2 基底压力的简化计算

1. 中心荷载作用

当基础受竖向中心荷载作用时，按材料力学原理，此时的基底压力是均匀分布的，如图 4-17 所示。

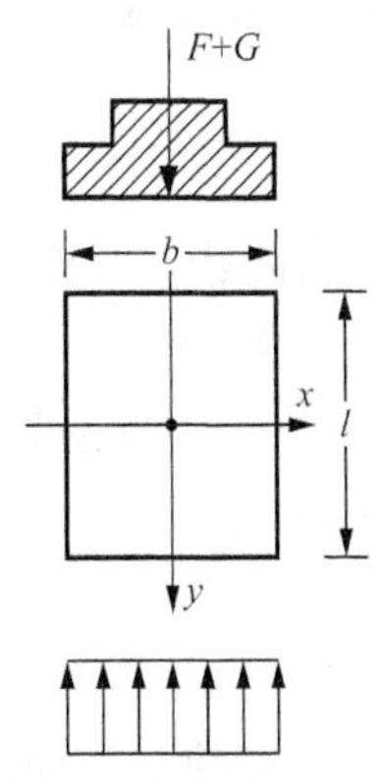

图 4-17 竖向中心荷载作用下的基底压力

1）矩形基础

对于矩形基础，基底压力为

$$p=\frac{F+G}{A} \tag{4-22}$$

式中，p 为基底压力，kPa；F 为对应上部结构荷载的标准组合时，上部结构传至基础顶面的竖向荷载，kN；G 为基础自重和基础上的土重，kN，$G=\gamma_G Ad$，γ_G 一般取 20kN/m^3，d 为室内外基底平均埋深，m；A 为基础底面积，m^2，$A=b\times l$，b、l 分别为矩形基底的宽度与长度。

2）条形基础

对于条形基础（基础长度 l 大于等于 10 倍宽度 b），沿长度方向截取 l=1m 的基础底面进行计算，则其基底压力为

$$p=\frac{F+G}{b} \tag{4-23}$$

式中，F、G 均为 1m 长度范围内基础所受的相应荷载，kN/m。

2. 偏心荷载作用

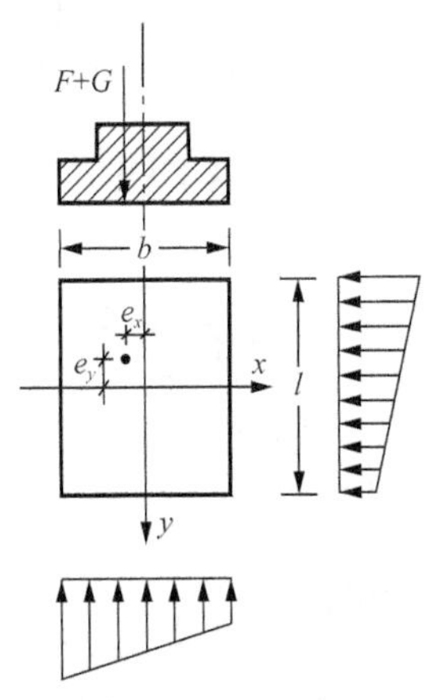

图 4-18 双向偏心荷载作用下的基底压力

1）矩形基础

若矩形基础受双向偏心荷载作用，如图 4-18 所示，此时基底压力呈线性变化。靠近合力作用点基础边缘的基底压力大，远离合力作用点基础边缘的基底压力小。基底任意点的基底压力为

$$p_{(x,y)}=\frac{F+G}{A}\pm\frac{M_x\cdot y}{I_x}\pm\frac{M_y\cdot x}{I_y} \tag{4-24}$$

式中，$p_{(x,y)}$ 为基底坐标为(x，y)点的基底压力，kPa；M_x、M_y 分别为竖向偏心荷载对基底 x 轴和 y 轴的力矩，kN · m；I_x、I_y

分别为基础底面对 x 轴和 y 轴的惯性矩，m^4。图 4-18 中 e_x、e_y 分别为竖向荷载对 y 轴和 x 轴的偏心距，m。

一般情况下，建（构）筑物很少设计为双向偏心的情况。基础受单向偏心荷载作用时，偏心方向上基底两端的压力为

$$\begin{matrix} p_{\max} \\ p_{\min} \end{matrix} = \frac{F+G}{A}\left(1 \pm \frac{6e}{b}\right) \tag{4-25}$$

式中，e 为荷载偏心距，m；b 为基础底面荷载偏心方向的边长，m。

2）条形基础

条形基础受偏心荷载作用时，同样截取 1m 长度的基础底面进行计算，则基底两端的压力为

$$\begin{matrix} p_{\max} \\ p_{\min} \end{matrix} = \frac{F+G}{b}\left(1 \pm \frac{6e}{b}\right) \tag{4-26}$$

式中，$p_{\max}$ 为基础底面边缘的最大压力，kPa；$p_{\min}$ 为基础底面边缘的最小压力，kPa。

单向偏心条件下，偏心距 e 的不同可使基底压力分布出现三种不同的情况，如图 4-19 所示。

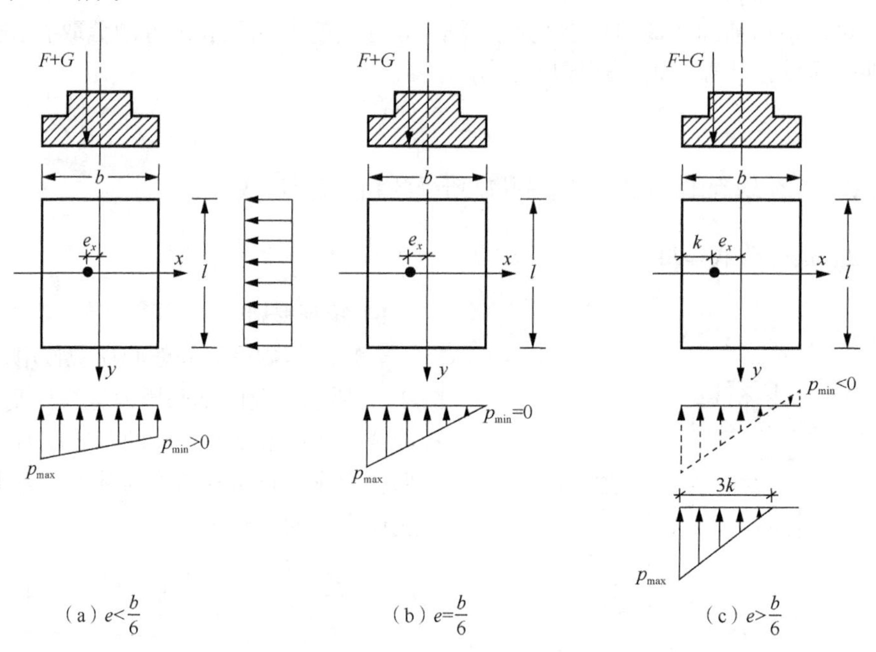

图 4-19　单向偏心荷载作用下的基底压力

（1）当 $e < \dfrac{b}{6}$ 时，$p_{\min}>0$，基底压力呈梯形分布，如图 4-19（a）所示。

（2）当$e=\dfrac{b}{6}$时，$p_{\min}=0$，基底压力呈三角形分布，如图4-19（b）所示。

（3）当$e>\dfrac{b}{6}$时，$p_{\min}<0$，说明远离荷载作用点的基底边缘承受拉应力，如图4-19（c）所示。若基底与地基之间存在拉应力，两者将脱空，此时基底压力将发生自我调整，重新分布。偏心荷载作用点距偏心方向基础最近边缘的长度为k，$k=b/2-e$。偏心荷载的合力应作用在基底压力分布图形的形心上，因此，应力重分布后的三角形边长为$3k$，有

$$F+G=\frac{1}{2}p_{\max}\times 3kl \tag{4-27}$$

由式（4-27）可得

$$p_{\max}=\frac{2(F+G)}{3kl}=\frac{2(F+G)}{3\left(\dfrac{b}{2}-e\right)l} \tag{4-28}$$

因此，此时基底压力虽然仍呈三角形分布，但其发生了应力重分布，如图4-19（c）所示。

4.3.3　基底附加压力

建筑物的基础总是修建在一定深度的基坑中。在修建建筑物之前，基坑底部位置处存在相应的自重应力；修建建筑物之后，基坑底部压力增大。由于修建建筑物而在基底位置处新增加的压力称为基底附加压力，是使地基中产生附加应力的那部分基底压力，其计算公式为

$$p_0=p-\gamma_0 d \tag{4-29}$$

式中，p_0为基底附加压力，kPa；γ_0为基础埋深范围内土体重度的加权平均值，kN/m^3；d为基础埋深，m。

4.4　地基附加应力的计算

对一般天然土层来说，自重应力引起的压缩变形在地质历史时期早已完成，不会再引起地基的沉降。附加应力则是修建建筑物以后在地基内新增加的应力，是使地基发生变形、引起建筑物沉降的主要因素。

4.4.1　附加应力计算的基本假定

在求解地基中的附加应力时，一般假定地基是半无限空间弹性体，且地基土

是连续、均匀、各向同性的，然后根据弹性理论的基本公式进行计算。然而，实际上地基并不是连续、均匀、各向同性的弹性体，往往是成层的、弹塑性的各向异性体。长期的实践证明，一般建筑物荷载在地基中引起的应力增量不是很大，土中的塑性变形区很小。此时若将土的应力-应变关系近似为直线，用弹性理论计算地基附加应力的误差不大，在工程允许的范围内，因此一般工程中仍常采用这种理论。对沉降有特殊要求的重要建筑物，当用弹性理论分析土体中应力的精度不够时，必须采用土的弹塑性理论进行分析。当土层性质变化较大时，还需对非均质或各向异性的影响进行必要的修正。

4.4.2　地基附加应力的计算基础

局部荷载作用下，地基中的应力状态属三维应力状态。三维应力状态是建筑物地基中最普遍的一种应力状态，例如，单独柱下基础地基中各点应力就是典型的三维应力状态。此时，每一点的应力都是 x、y、z 三个坐标的函数，每一点的应力状态都可用 9 个应力分量（独立的有 6 个）来表示。为计算这些实际地基中的附加应力，先来学习集中力作用下地基附加应力的计算。虽然地基受集中力作用的情况实际上并不存在，但它却是实际工程中各种荷载作用下地基附加应力计算的基础。

1. 竖直集中力作用下地基的附加应力

1）附加应力的表达式

如图 4-20 所示，在半无限空间弹性体的地基表面作用有竖直集中力 P，这是一个轴对称的空间问题，对称轴为 P 的作用线。以 P 作用点 O 为原点建立坐标系，地基表面相互垂直的两个方向分别为 x 轴和 y 轴，深度方向为 z 轴。地基中 M 点的坐标为(x, y, z)，M'点为 M 点在地基表面的投影。R 与 r 分别为 M 点与 M'点到竖直集中力 P 作用点 O 的距离，θ 为 MO 与 z 轴之间的夹角。

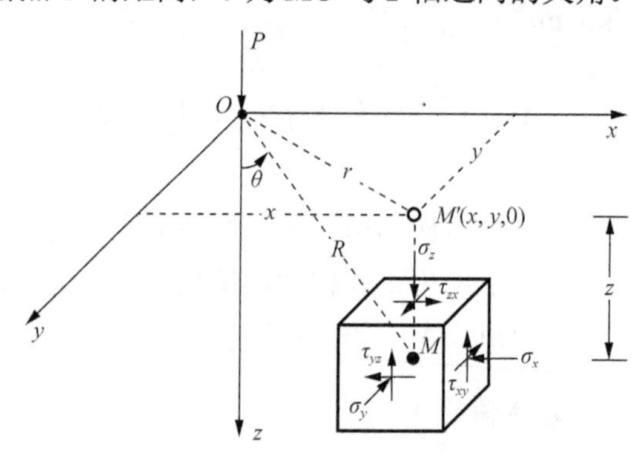

图 4-20　竖直集中力作用下地基的附加应力

1885年，法国数学家布西内斯克（Boussinesq）得出了M点独立的6个应力分量（σ_x、σ_y、σ_z、τ_{xy}、τ_{yz}、τ_{zx}）和3个位移分量（u_x、u_y、u_z）的解析解，具体表达式如下：

$$\sigma_x=\frac{3P}{2\pi}\cdot\left\{\frac{x^2z}{R^5}+\frac{1-2\nu}{3}\left[\frac{1}{R(R+z)}-\frac{(2R+z)x^2}{(R+z)^2R^3}-\frac{z}{R^3}\right]\right\}\tag{4-30a}$$

$$\sigma_y=\frac{3P}{2\pi}\cdot\left\{\frac{y^2z}{R^5}+\frac{1-2\nu}{3}\left[\frac{1}{R(R+z)}-\frac{(2R+z)y^2}{(R+z)^2R^3}-\frac{z}{R^3}\right]\right\}\tag{4-30b}$$

$$\sigma_z=\frac{3P}{2\pi}\cdot\frac{z^3}{R^5}=\frac{3P}{2\pi R^2}\cos^3\theta=\frac{3P}{2\pi z^2}\cdot\frac{1}{\left[1+\left(\frac{r}{z}\right)^2\right]^{5/2}}\tag{4-30c}$$

$$\tau_{xy}=\frac{3P}{2\pi}\left[\frac{xyz}{R^5}-\frac{1-2\nu}{3}\cdot\frac{(2R+z)xy}{(R+z)^2R^3}\right]\tag{4-30d}$$

$$\tau_{yz}=\frac{3P}{2\pi}\cdot\frac{yz^2}{R^5}\tag{4-30e}$$

$$\tau_{zx}=\frac{3P}{2\pi}\cdot\frac{xz^2}{R^5}\tag{4-30f}$$

$$u_x=\frac{P}{4\pi G}\left[\frac{xz}{R^3}-(1-2\nu)\frac{x}{R(R+z)}\right]\tag{4-30g}$$

$$u_y=\frac{P}{4\pi G}\left[\frac{yz}{R^3}-(1-2\nu)\frac{y}{R(R+z)}\right]\tag{4-30h}$$

$$u_z=\frac{P}{4\pi G}\left[\frac{z^2}{R^3}+2(1-\nu)\frac{1}{R}\right]\tag{4-30i}$$

式中，σ_x、σ_y、σ_z分别为x、y、z方向的正应力；τ_{xy}、τ_{yz}、τ_{zx}为剪应力；u_x、u_y、u_z分别为M点在x、y、z方向的位移；$G=\dfrac{E}{2(1+\nu)}$，为剪切模量，E为弹性模量（土力学中为变形模量）；ν为土的泊松比。

2）竖向附加应力σ_z

在以上6个应力分量中，对地基沉降计算意义最大的是式（4-30c）的竖向正应力σ_z，称为竖直集中力P引起的竖向附加应力。令$K=\dfrac{3}{2\pi}\cdot\dfrac{1}{\left[1+\left(\frac{r}{z}\right)^2\right]^{5/2}}$，则竖

向附加应力σ_z的表达式可简写为

$$\sigma_z = K\frac{P}{z^2} \tag{4-31}$$

式中，K为竖直集中力作用下的竖向附加应力分布系数，无量纲，是r/z的函数。

3）竖向附加应力σ_z的分布特征

由于竖直集中力作用下地基中的应力状态是轴对称空间问题，因此可以在通过P作用线的任意竖直面上讨论σ_z的分布特征。

（1）在集中力P作用线上，$r=0$，则$K=\dfrac{3}{2\pi}$，由式（4-31）可知，$\sigma_z=\dfrac{3}{2\pi}\cdot\dfrac{P}{z^2}$。

当$z=0$时，$\sigma_z=\infty$。出现这一结果是因为将集中力作用面积看作零。一方面说明该解不适用于集中力作用点处及其附近，因此，在选择应力计算点时，不应过于接近集中力作用点；另一方面也说明在靠近集中力作用点处σ_z很大。

当$z=\infty$时，$\sigma_z=0$。

可见，沿P作用线上σ_z的分布规律是随深度增加与z^2成反比而递减的，如图4-21所示。

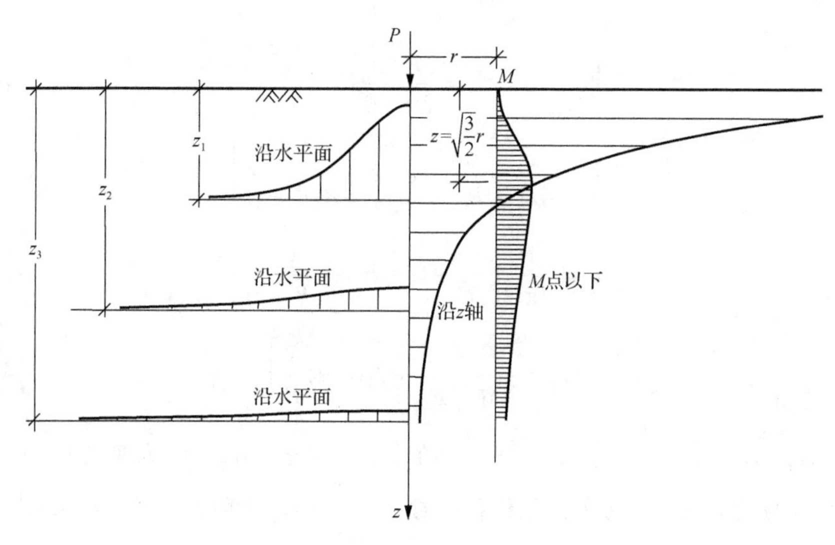

图4-21　竖直集中力作用下地基中竖向附加应力σ_z的分布

（2）在$r>0$的竖直线上，由式（4-30c）可知，当$z=0$时，$R>0$，$\sigma_z=0$；随着z的增加，σ_z从零逐渐增大，至一定深度后又随着z的增加逐渐变小，如图4-21中M点下竖直线处的曲线所示。

对式（4-30c）中z求一阶导数，令$\dfrac{d\sigma_z}{dz}=0$可得，在$r>0$的竖直线上深度

$z=\sqrt{\frac{3}{2}}r$ 处，附加应力的最大值为 $\sigma_z=\frac{P}{\pi r^2\left(\frac{5}{3}\right)^{5/2}}$。

（3）在 $z>0$ 且为常数的水平面上，σ_z 的值在集中力作用线上最大，并随着 r 的增加逐渐减小。随着深度 z 的增加，集中力作用线上的 σ_z 逐渐减小，而水平面上应力的分布趋于均匀，如图 4-21 所示。

（4）附加应力等值线。计算地基中不同坐标位置处的附加应力 σ_z，连接 σ_z 值相同的点，可得到附加应力 σ_z 的等值线，其空间的形状如泡状，因此称为应力泡，如图 4-22 所示。可见，以集中力 P 作用点为中心，附加应力 σ_z 呈泡状向外逐渐扩散、减小；在集中力 P 作用点，σ_z 无穷大，这是任何地基都无法承受的，说明地基上作用有竖直集中力的情况实际上是不存在的。

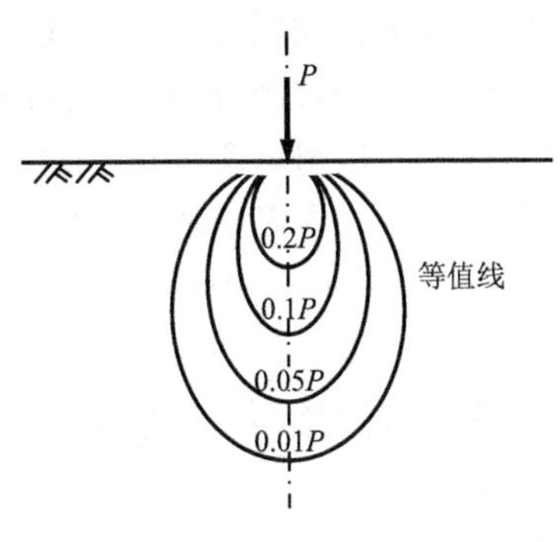

图 4-22　应力泡

2. 水平集中力作用下地基的附加应力

如果作用在地基表面的不是竖直集中力 P，而是水平集中力 P_{h}，如图 4-23 所示，此时在地基中任意点 $M(x, y, z)$ 引起的 6 个独立的应力分量（σ_x、σ_y、σ_z、τ_{xy}、τ_{yz}、τ_{zx}）和 3 个位移分量（u_x、u_y、u_z）已由西罗提（Cerruti）用弹性理论推导得出。这时对地基沉降计算意义最大的仍然是竖向正应力 σ_z，称为水平集中力 P_{h} 引起的竖向附加应力，其表达式为

$$\sigma_z=\frac{3P_{\mathrm{h}}}{2\pi}\cdot\frac{xz^2}{R^5}=\frac{3P_{\mathrm{h}}}{2\pi R^2}\cos\alpha\sin\theta\cos^2\theta \tag{4-32}$$

式中，各符号含义见图 4-23。

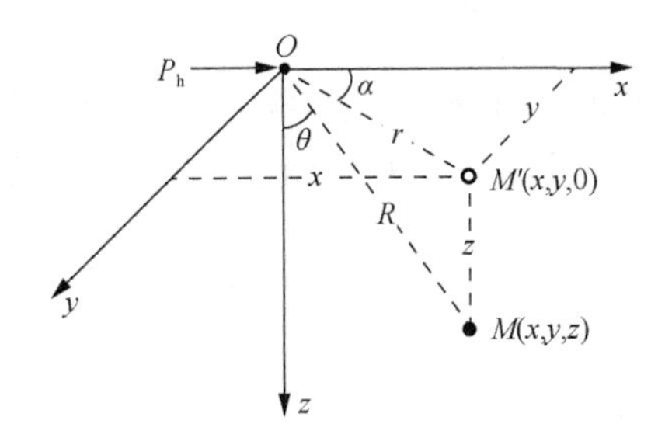

图 4-23　水平集中力作用的情况

不言而喻，只有当地基与基础之间有足够的传力条件（如摩擦力或黏聚力），并且将地基土作为连续弹性体时，水平集中力作用于地基表面才能在地基中引起附加应力。

3. 附加应力计算的叠加原理

当外力与其引起的某参数值之间是线性关系时，多个外力共同作用引起的参数值可以用叠加原理计算。几个外力共同作用时引起的某一参数值（内力、应力或位移），等于每个外力单独作用时所引起的该参数值的代数和，这就是叠加原理。若地基表面作用有两个集中力 P_1 与 P_2，则对于地基中的任意一点，可分别算出各个集中力在该点引起的相应应力分量，然后将它们叠加起来。以附加应力 σ_z 为例，如图 4-24 所示，曲线 1 表示 P_1 在 z 深度水平线上引起的附加应力分布，曲线 2 表示 P_2 在同一水平线上引起的附加应力分布。由曲线 1 和曲线 2 叠加得到的曲线 3，就是在集中力 P_1 与 P_2 共同作用下地基中 z 深度水平线上附加应力的分布曲线。

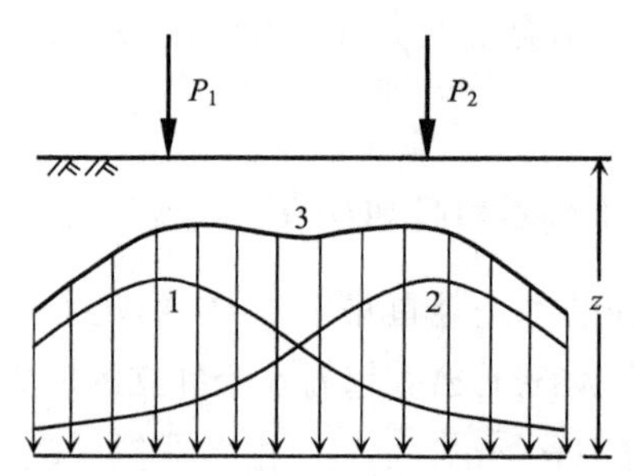

图 4-24　附加应力 σ_z 的叠加计算

任何建筑物都需通过一定尺寸的基础把荷载传递给地基。基础的形状和基础底面的压力分布各不相同，但都可以利用集中力作用下地基附加应力的计算方法和弹性体中的应力叠加原理，计算地基内任意点的附加应力。

4.4.3　矩形基础下地基附加应力的计算

矩形是最常见的基础底面形状。下面介绍矩形基础作用有不同荷载时地基中附加应力的计算。一般方法是先求出基础角点下的应力，再通过“角点法”计算地基中任意一点的应力。

1. 竖直均布荷载作用时

1）角点下的附加应力

如图 4-25 所示，长为 l、宽为 b 的矩形基础底面上，作用着强度为 p 的竖直均布荷载。设 M 为其任一角点 O 下 z 深度处的一点，求该荷载在地基中 M 点引起的竖向附加应力 σ_z。现取矩形基础的角点 O 作为坐标原点，建立如图 4-25 所示的坐标系。在基底面上取一微小面积 $dA=dxdy$，其上的作用力 $dP=pdxdy$，可看作集中力。于是，由该集中力 dP 在基础角点 O 下深度 z 处 M 点所引起的竖向附加应力为

$$d\sigma_z = \frac{3dP}{2\pi}\cdot\frac{z^3}{R^5} = \frac{3p}{2\pi}\frac{z^3}{(x^2+y^2+z^2)^{5/2}}dxdy \tag{4-33}$$

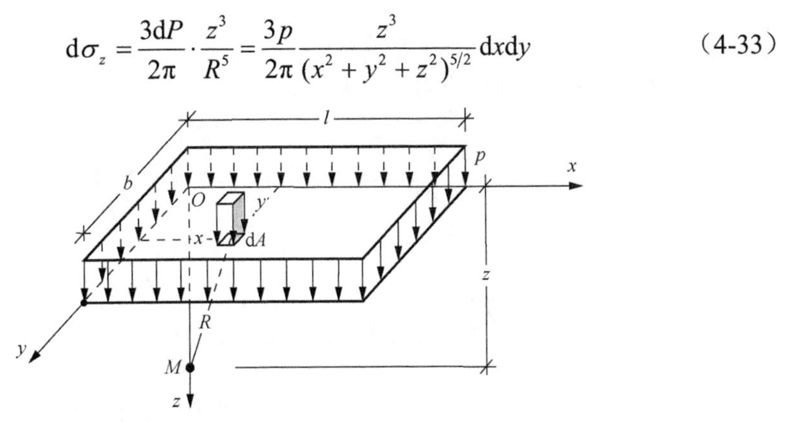

图 4-25　矩形基础竖直均布荷载作用时角点下地基中 M 点的附加应力

根据叠加原理，将式（4-33）沿整个矩形基础底面积分，即可得到矩形基础作用有竖直均布荷载 p 时地基中 M 点的竖向附加应力为

$$\begin{aligned}\sigma_z &= \int_0^l\int_0^b \frac{3p}{2\pi}\frac{z^3}{(x^2+y^2+z^2)^{5/2}}dxdy \\ &= \frac{1}{2\pi}\times\left[\arctan\frac{m}{n\sqrt{1+m^2+n^2}}+\frac{m\cdot n}{\sqrt{1+m^2+n^2}}\left(\frac{1}{m^2+n^2}+\frac{1}{1+n^2}\right)\right]p \\ &= K_s p\end{aligned} \tag{4-34}$$

式中，K_s 为矩形基础作用有竖直均布荷载时角点下的竖向附加应力分布系数，是 m 和 n 的函数；$m=\frac{l}{b}$；$n=\frac{z}{b}$；l 和 b 分别为矩形基础的长和宽。扫描二维码 4-1，将 b、l、z、p 填入，可得此条件下的竖向附加应力 σ_z。

二维码 4-1

2）其他位置下的附加应力

以上介绍的是作用有竖直均布荷载时矩形基础角点下地基中附加应力的计算，但在实际中常常还需计算任意点下某深度处的附加应力。这时可根据应力叠加原理，利用上述角点下附加应力的式（4-34）进行计算，这种方法称之为“角点法”。

如图 4-26 所示，矩形基础 $ABCD$ 上作用有竖直均布荷载 p。若附加应力计算

点 M 在地基表面的投影点 M' 位于基础底面内，则可过 M' 点作基础两边的平行线，将原有基础底面划分为四个小矩形Ⅰ、Ⅱ、Ⅲ、Ⅳ。此时，计算点 M 正好位于这四个小矩形的公共角点 M' 下。根据式（4-34）及叠加原理可得 M 点的竖向附加应力为

$$\sigma_z = (K_{s\mathrm{I}} + K_{s\mathrm{II}} + K_{s\mathrm{III}} + K_{s\mathrm{IV}})p \tag{4-35}$$

式中，$K_{s\mathrm{I}}$、$K_{s\mathrm{II}}$、$K_{s\mathrm{III}}$、$K_{s\mathrm{IV}}$ 分别表示矩形Ⅰ、Ⅱ、Ⅲ、Ⅳ底面上作用有竖直均布荷载时 M 点的竖向附加应力分布系数。

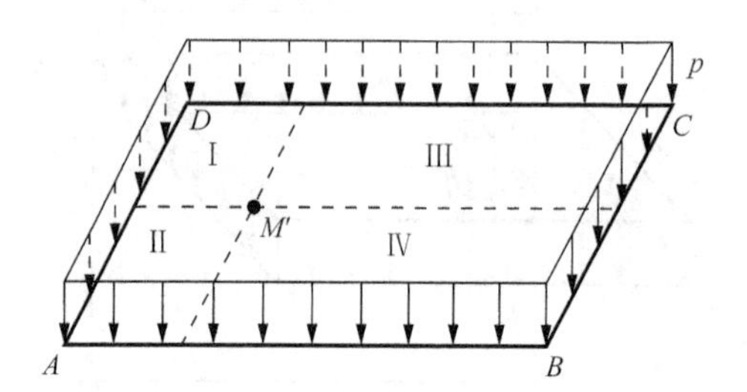

图 4-26　投影点位于基础内时的角点法示意图

若投影点 M' 位于基础底面外，如图 4-27 所示，则仍可设法过 M' 点作基础两边的平行线，将原有基础底面划分为具有公共角点 M' 的几个小矩形。这里有两种情况。图 4-27（a）中，M' 点位于矩形基础边缘的外侧，可形成 $M'HCE$、$M'HBF$、$M'GDE$、$M'GAF$ 四个矩形，分别记作矩形Ⅰ、Ⅱ、Ⅲ、Ⅳ。此时，M 点的竖向附加应力为

$$\sigma_z = (K_{s\mathrm{I}} + K_{s\mathrm{II}} - K_{s\mathrm{III}} - K_{s\mathrm{IV}})p \tag{4-36}$$

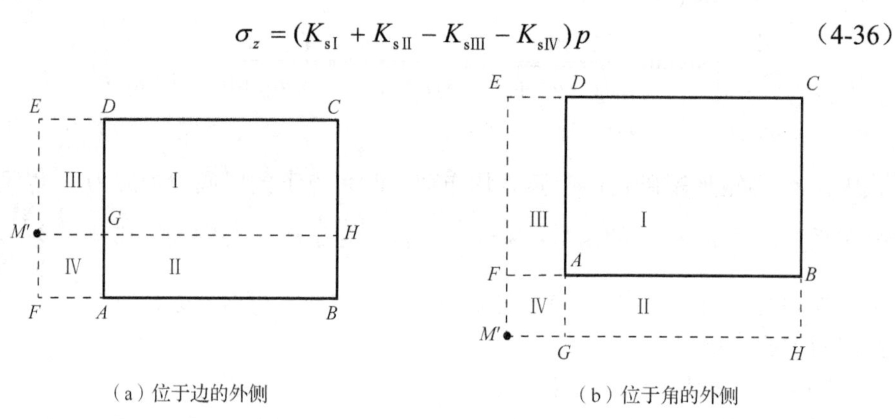

（a）位于边的外侧　　（b）位于角的外侧

图 4-27　投影点位于基础外时的角点法示意图

图 4-27（b）中，点 M' 位于矩形基础角的外侧，同样可形成矩形Ⅰ、Ⅱ、Ⅲ、Ⅳ。此时，M 点的竖向附加应力为

$$\sigma_z = (K_{s\mathrm{I}} - K_{s\mathrm{II}} - K_{s\mathrm{III}} + K_{s\mathrm{IV}})p \tag{4-37}$$

2. 竖直三角形荷载作用时

1）荷载为零角点下的附加应力

如图 4-28 所示，矩形基础作用有竖直三角形荷载，最大荷载强度为 p_t。矩形基础荷载变化方向的边长为 b，另一边长为 l。将荷载强度为零的角点 O 作为坐标原点，荷载变化的方向作为 x 轴，荷载不变的方向作为 y 轴，建立坐标系。

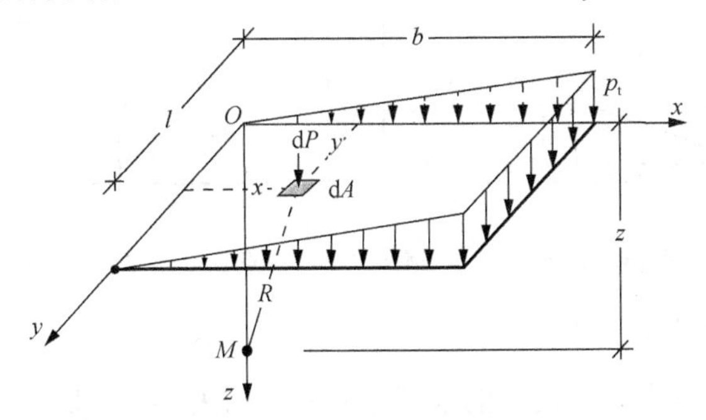

图 4-28　矩形基础竖直三角形荷载作用时地基中 M 点的附加应力

类似地，在基础底面上任取一微小面积 $dA=dxdy$，根据相似性原理，其上的作用力 $dP=\dfrac{x}{b}p_t dxdy$ 可看作集中力。同样，通过积分可求出荷载为零的角点 O 下深度 z 处 M 点的竖向附加应力为

$$\begin{aligned}\sigma_z &= \int_0^l\int_0^b \frac{3xp_t}{2b\pi}\frac{z^3}{\sqrt{x^2+y^2+z^2}^5}dxdy \\ &= \frac{mn}{2\pi}\times\left[\frac{1}{\sqrt{m^2+n^2}}-\frac{n^2}{(1+n^2)\sqrt{1+m^2+n^2}}\right]p_t \\ &= K_t p_t \end{aligned} \tag{4-38}$$

式中，K_t 为矩形基础作用有竖直三角形荷载时荷载为零角点下的竖向附加应力分布系数，是 m 和 n 的函数；$m=\dfrac{l}{b}$；$n=\dfrac{z}{b}$。值得注意的是，这里的 b 不是指矩形基础的宽度，而是其荷载变化方向的边长。扫描二维码 4-2，将 b、l、z、p_t 填入，可得此条件下的竖向附加应力 σ_z。

二维码 4-2

2）其他位置下的附加应力

如图 4-29（a）所示，矩形基础作用有三角形荷载①时，附加应力计算点 M 在地基表面的投影点 M' 位于基础荷载强度最大的角点，作辅助线（虚线），根据叠加原理，M 点的竖向附加应力应等于作用有竖直均布荷载 p_t 在 M 点产生的附加应力减去最大荷载强度为 p_t 的三角形荷载②在 M 点产生的附加应力，即

$$\sigma_z = (K_s - K_t)p_t \tag{4-39}$$

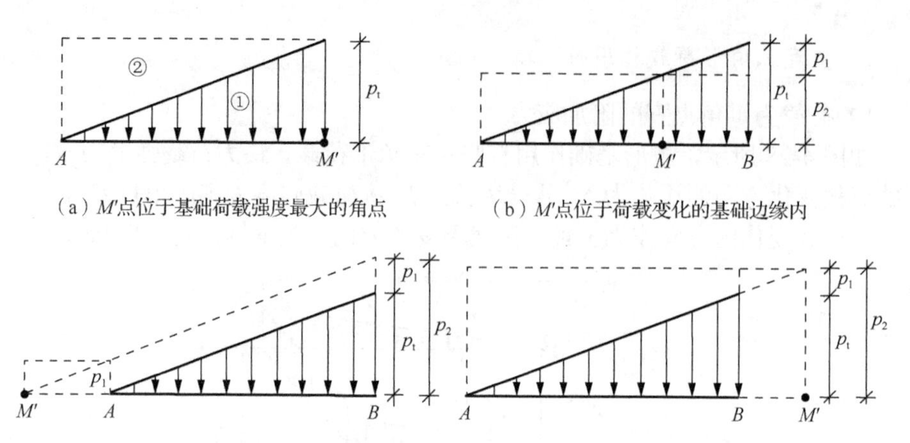

（a）M′点位于基础荷载强度最大的角点　（b）M′点位于荷载变化的基础边缘内

（c）M′点位于荷载变化的基础边缘小荷载外侧　（d）M′点位于荷载变化的基础边缘大荷载外侧

图 4-29　矩形基础三角形荷载变化方向边缘其他位置下地基中 M 点的附加应力

若投影点 M' 位于荷载变化的基础边缘内，如图 4-29（b）所示，作辅助线使投影点 M' 位于均布荷载 p_2（分为 $M'A$ 与 $M'B$ 两部分）作用面的角点下，以及最大荷载强度分别为 p_1 与 p_2 的三角形荷载强度为零的角点下，$p_t = p_1 + p_2$。根据叠加原理，M 点的竖向附加应力为

$$\sigma_z = (K_{sM'A} + K_{sM'B} - K_{tM'A})p_2 + K_{tM'B}p_1 \tag{4-40}$$

式中，K_s、K_t 下标中增加 $M'A$、$M'B$ 表示图 4-29 中相应点之间基础底面上作用有竖向均布荷载和三角形荷载时的附加应力分布系数。

若投影点 M' 位于荷载变化的基础边缘外，如图 4-29（c）、（d）所示，作辅助线，设法将 M' 点位于均布荷载的角点及荷载为零的三角形荷载的角点下，$p_t = p_2 - p_1$。根据叠加原理，可得相应 M 点的竖向附加应力 σ_z。图 4-29（c）、（d）中 M 点的竖向附加应力分别为

$$\sigma_z = K_{tM'B}p_2 - (K_{sM'B} - K_{sM'A} + K_{tM'A})p_1 \tag{4-41}$$

$$\sigma_z = (K_{sM'A} - K_{sM'B} - K_{tM'A})p_2 + K_{tM'B}p_1 \tag{4-42}$$

可见，在实际复杂的基础底面形状、复杂的荷载作用下，计算地基中任意点的附加应力时，只要沿着计算点在基础底面的投影点进行合理的面积划分，将荷载进行合理的叠加，都可以将问题简化为前述角点下地基中附加应力的计算，利用叠加原理，得到地基中任意点处的附加应力。

3. 水平均布荷载作用时

矩形基础作用有水平均布荷载 p_h，如图 4-30 所示，可仿照前述思路，利用西罗提解中的竖向正应力 σ_z 在矩形基础底面上进行积分，即可得到矩形基础角点下任意深度 z 处的竖向附加应力为

$$\sigma_z = \mp\frac{m}{2\pi}\times\left[\frac{1}{\sqrt{m^2+n^2}}-\frac{n^2}{(1+n^2)\sqrt{1+m^2+n^2}}\right]p_h = \mp K_h p_h \tag{4-43}$$

式中，K_h为矩形基础作用有水平均布荷载时角点下的竖向附加应力分布系数，是m和n的函数；$m=\dfrac{l}{b}$；$n=\dfrac{z}{b}$；这里的b是矩形基础平行于水平荷载作用方向的边长，l是垂直于水平荷载作用方向的边长。扫描二维码4-3，将b、l、z、p_h填入，可得此条件下的竖向附加应力σ_z。

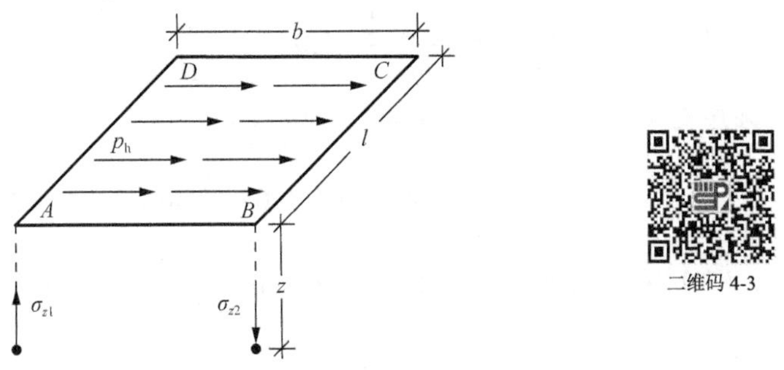

图4-30　矩形基础作用水平均布荷载时角点下的附加应力

需要注意的是，此时四个角点下的竖向附加应力σ_z，虽数值大小相同，但方向相反。在图4-30中，角点A、D下的σ_z取负值，角点B、C下的σ_z取正值。

例4-3　有甲和乙两个相邻基础，其尺寸（单位：m）、相对位置及基底附加压力分布如图4-31（a）所示。若考虑相邻荷载的影响，试求甲基础底面中心点O下2m处的竖向附加应力σ_z。

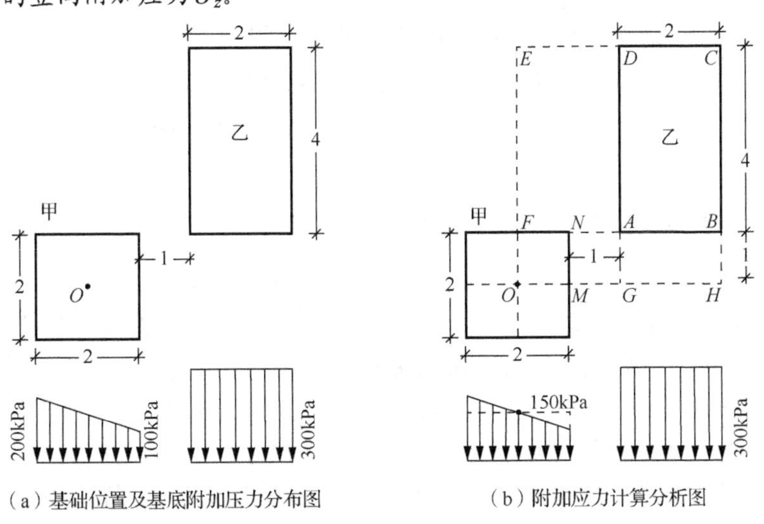

（a）基础位置及基底附加压力分布图　（b）附加应力计算分析图

图4-31　例4-3图

解 （1）过甲基础底面中心点 O 作如图 4-31（b）所示的辅助线，将甲基础底面分为 4 个相等的矩形，将乙基础底面分为 4 个矩形 $OHCE$、$OGDE$、$OHBF$、$OGAF$。

（2）O 点为甲基础底面中心点，因此甲基础上作用的梯形荷载对 O 点以下地基中竖向附加应力的影响可与均布荷载等效，此等效荷载的强度为

$$(200+100)/2=150\ (\text{kPa})$$

对矩形 $OMNF$，$m=\dfrac{l}{b}=\dfrac{1}{1}=1.0$，$n=\dfrac{z}{b}=\dfrac{2}{1}=2$，可得 K_s=0.0840。因此，甲基础底面中心点 O 下 2m 处的竖向附加应力为

$$\sigma_z=4K_s p=4\times0.0840\times150=50.4\ (\text{kPa})$$

（3）对乙基础底面矩形 $OHCE$，$m=\dfrac{l}{b}=\dfrac{5}{4}=1.25$，$n=\dfrac{z}{b}=\dfrac{2}{4}=0.5$，得 K_{s1}=0.2361；

对矩形 $OGDE$，$m=\dfrac{l}{b}=\dfrac{5}{2}=2.5$，$n=\dfrac{z}{b}=\dfrac{2}{2}=1$，得 K_{s2}=0.2024；

对矩形 $OHBF$，$m=\dfrac{l}{b}=\dfrac{4}{1}=4$，$n=\dfrac{z}{1}=\dfrac{2}{1}=2$，得 K_{s3}=0.1350；

对矩形 $OGAF$，$m=\dfrac{l}{b}=\dfrac{2}{1}=2$，$n=\dfrac{z}{b}=\dfrac{2}{1}=2$，得 K_{s4}=0.1202。

因此，乙基础对甲基础底面中心点 O 下 2m 处产生的竖向附加应力为

$$\sigma_z=(K_{s1}-K_{s2}-K_{s3}+K_{s4})p=(0.2361-0.2024-0.1350+0.1202)\times300\approx5.7(\text{kPa})$$

O 点下的附加应力应该是两个基础共同作用的结果。根据叠加原理，甲基础底面中心点 O 下 2m 处的竖向附加应力 σ_z=50.4+5.7=56.1(kPa)。

4.4.4 条形基础下地基附加应力的计算

当一定宽度的无限长条形基础承受荷载，且荷载在各个横截面上的分布都相同时，地基土中的应力状态为平面应变状态，如堤坝、路基等，见图 4-32。这是因为沿着长度方向切出的任一横截面均可认为是对称面，土体在 y 方向没有变形，变形仅在 xz 平面内发生。当然，实际工程中并没有无限长的基础，但当建筑物基础一个方向的尺寸远比另一个方向的尺寸大得多，且每个横截面上的应力大小和分布形式均相同时，在地基中引起的应力状态，就可简化为平面应变状态。

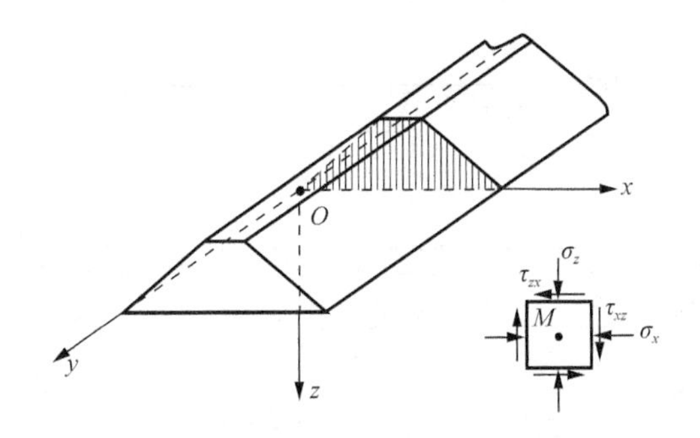

图 4-32 堤坝的平面应变状态

研究表明，当截面两侧荷载面的延伸长度 l 大于等于 5 倍荷载宽度 b 时，该截面内的应力分布与等宽但荷载延伸长度 l 无穷大的土中应力分布相差甚少。因此，坝基、路基、挡土墙等条形建（构）筑物，除两端（$l<5b$）外，均可按平面问题计算其地基中的附加应力，且同样可利用叠加原理。下面介绍条形基础上作用有各种荷载情况下地基附加应力的计算过程。

1. 竖直均布荷载作用时

当地基表面宽度为 b 的无限长条形基础作用有竖直均布荷载 p 时，如图 4-33（a）所示，地基内任意点 M 的竖向附加应力 σ_z 同样可通过式（4-30c）积分求得。

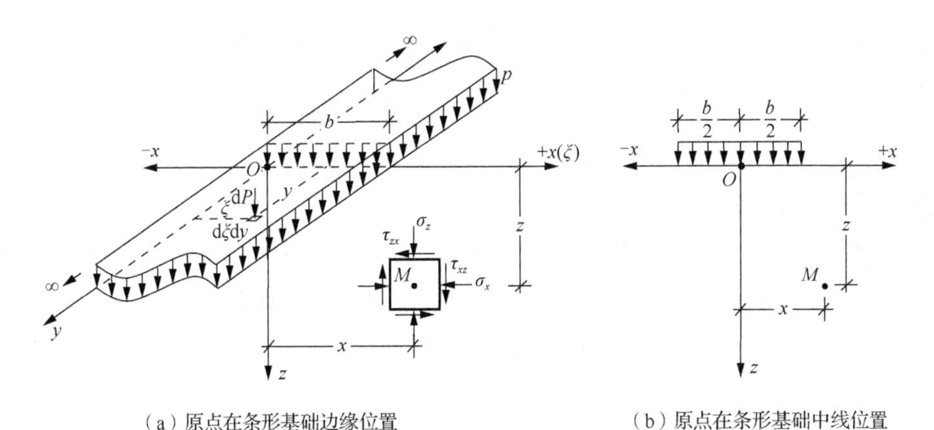

图 4-33 条形基础竖直均布荷载作用下地基中的附加应力

过 M 点作垂直于条形基础长度方向的横截面，与基础底面边缘有两个交点。取任意一个交点作为坐标原点 O，宽度方向为 x 轴方向，深度方向为 z 轴方向，建立坐标系，见图 4-33（a）。在条形面积上任取一微小面积 $d\xi dy$，其上的作用力 $dP=pd\xi dy$ 可看作集中力，于是由该集中力 dP 在 M 点所引起的竖向附加应力为

$$d\sigma_z = \frac{3p}{2\pi z^2}\frac{1}{\left[1+\frac{(x-\xi)^2+y^2}{z^2}\right]^{5/2}}d\xi dy \tag{4-44}$$

根据叠加原理，将式（4-44）沿整个条形基础底面积分，即可得到条形基础作用有竖直均布荷载 p 时在 M 点引起的竖向附加应力 σ_z 为

$$\begin{aligned}\sigma_z &= \int_0^b\int_{-\infty}^{+\infty}\frac{3p}{2\pi}\frac{z^3}{\left[\sqrt{(x-\xi)^2+y^2+z^2}\right]^5}dyd\xi = \frac{2}{\pi}\int_0^b\frac{z^3}{\left[(x-\xi)^2+z^2\right]^2}pd\xi \\ &= \frac{1}{\pi}\times\left[\arctan\frac{m}{n}-\arctan\frac{m-1}{n}+\frac{mn}{m^2+n^2}-\frac{n(m-1)}{n^2+(m-1)^2}\right]p \\ &= K_z^s p\end{aligned} \tag{4-45}$$

类似地，可得到水平向附加应力 σ_x 和剪应力 τ_{xz} 分别为

$$\sigma_x = \frac{1}{\pi}\times\left[\arctan\frac{m}{n}-\arctan\frac{m-1}{n}-\frac{mn}{m^2+n^2}+\frac{n(m-1)}{n^2+(m-1)^2}\right]p = K_x^s p \tag{4-46}$$

$$\tau_{xz} = \frac{1}{\pi}\times\left[\frac{(m-1)^2}{n^2+(m-1)^2}-\frac{m^2}{m^2+n^2}\right]p = K_{xz}^s p \tag{4-47}$$

式中，K_z^s、K_x^s、K_{xz}^s 分别为条形基础作用有竖直均布荷载的竖向附加应力分布系数、水平向应力分布系数、剪应力分布系数，均为 m、n 的函数；$m=\frac{x}{b}$；$n=\frac{z}{b}$。

二维码 4-4

扫描二维码 4-4，将 b、x、z、p 填入，可得此条件下的附加应力 σ_z、σ_x、τ_{xz}。

需要注意的是，这里的 K_z^s、K_x^s、K_{xz}^s 和 x 是坐标原点 O 在基础边缘［图 4-33（a）］时相应的附加应力分布系数和 x 值。若坐标原点取在基础中线与横截面相交的 O 点［图 4-33（b）］，则 K_z^s、K_x^s、K_{xz}^s 的表达式和 x 值均会发生变化。

另外，此时条形基础下地基中 M 点的附加应力也可用极坐标表示，分别为

$$\sigma_z = \frac{p}{\pi}[(\theta_2-\theta_1)+\sin(\theta_2-\theta_1)\cdot\cos(\theta_2+\theta_1)] \tag{4-48}$$

$$\sigma_x = \frac{p}{\pi}[(\theta_2-\theta_1)-\sin(\theta_2-\theta_1)\cdot\cos(\theta_2+\theta_1)] \tag{4-49}$$

$$\tau_{xz} = \frac{p}{\pi}(\sin^2\theta_2-\sin^2\theta_1) \tag{4-50}$$

式中，θ_1 和 θ_2 分别为 M 点与基础边缘 A 点、B 点的连线与垂线之间的夹角（图4-34）。从垂线按顺时针方向转动到连线的夹角取正号，反之取负号。

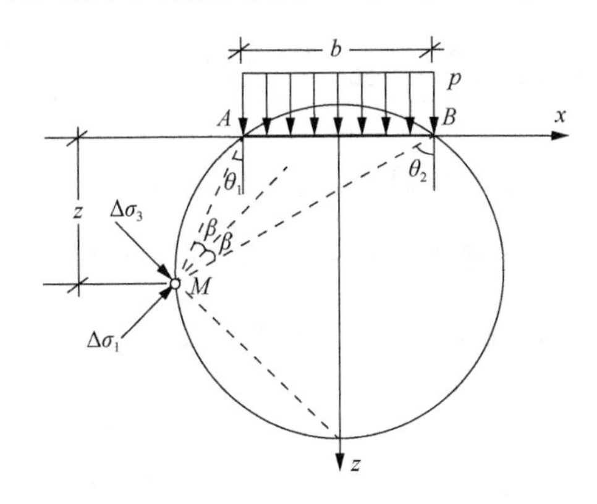

图4-34 极坐标下条形基础竖直均布荷载作用下地基中的附加应力

此时，通过式（4-48）～式（4-50），可计算出 M 点附加应力的大主应力 $\Delta\sigma_1$ 和小主应力 $\Delta\sigma_3$ 分别为

$$\Delta\sigma_1=\frac{1}{2}(\sigma_x+\sigma_z)+\left[\frac{1}{4}(\sigma_x-\sigma_z)^2+\tau_{xz}^2\right]^{\frac{1}{2}}=\frac{p}{\pi}[(\theta_2-\theta_1)+\sin(\theta_2-\theta_1)] \tag{4-51a}$$

$$\Delta\sigma_3=\frac{1}{2}(\sigma_x+\sigma_z)-\left[\frac{1}{4}(\sigma_x-\sigma_z)^2+\tau_{xz}^2\right]^{\frac{1}{2}}=\frac{p}{\pi}[(\theta_2-\theta_1)-\sin(\theta_2-\theta_1)] \tag{4-51b}$$

令 $\psi=\theta_2-\theta_1=2\beta$，$\psi$ 为 M 点到荷载两端点连线的夹角，也称为视角，则式（4-51a）与式（4-51b）可写为

$$\Delta\sigma_1=\frac{p}{\pi}(\psi+\sin\psi) \tag{4-52a}$$

$$\Delta\sigma_3=\frac{p}{\pi}(\psi-\sin\psi) \tag{4-52b}$$

由式（4-52a）与式（4-52b）可看出，式中唯一的变量是 ψ。因此，不论 M 点位置如何，只要视角 ψ 相等，主应力的大小就不变，过荷载两端点 A、B 和计算点 M 作圆，此圆上各点大、小主应力的数值都相等。大主应力 $\Delta\sigma_1$ 的方向正好是视角 ψ 角平分线的方向，即与视线 MA 与 MB 均成 β 角。

2. 竖直三角形荷载作用时

若条形基础作用有竖直三角形荷载，最大荷载强度为 p_t。此时过 M 点作垂直于条形基础长度延伸方向的横截面，与基础底面边缘同样有两个交点。取荷载为

零的交点 O 作为坐标原点，建立坐标系，如图 4-35（a）所示，则仍可对式（4-30c）积分，求得地基内任意点 M 处的竖向附加应力为

$$\sigma_z = \frac{1}{\pi} \times \left[m\left(\arctan\frac{m}{n} - \arctan\frac{m-1}{n} \right) - \frac{n(m-1)}{n^2+(m-1)^2} \right] p_t = K_z^t p_t \tag{4-53}$$

二维码 4-5

式中，K_z^t 为条形基础竖直三角形荷载作用下的竖向附加应力分布系数，为 m、n 的函数；$m=\frac{x}{b}$；$n=\frac{z}{b}$。扫描二维码 4-5，将 b、x、z、p_t 填入，可得此条件下的竖向附加应力 σ_z。

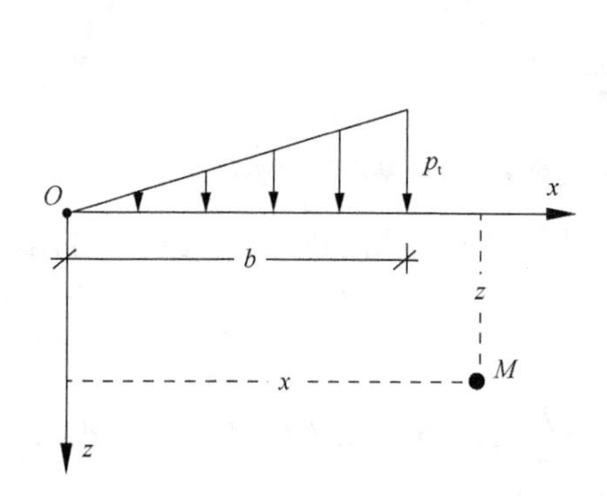

（a）竖直三角形荷载作用

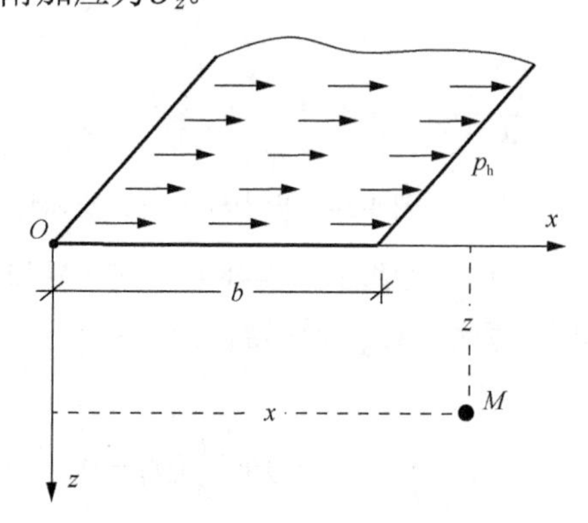

（b）水平均布荷载作用

图 4-35　条形基础地基中的附加应力

3. 水平均布荷载作用时

若条形基础作用有水平均布荷载 p_h，如图 4-35（b）所示，此时过 M 点作垂直于条形基础长度延伸方向的横截面，与基础底面边缘同样有两个交点。取荷载来向边缘的交点 O 作为坐标原点，建立坐标系，同样利用积分的方法可得 M 点的竖向附加应力为

$$\sigma_z = \frac{1}{\pi} \times \left[\frac{n^2}{n^2+(m-1)^2} - \frac{n^2}{n^2+m^2} \right] p_h = K_z^h p_h \tag{4-54}$$

二维码 4-6

式中，K_z^h 为条形基础水平均布荷载作用下的竖向附加应力分布系数，为 m、n 的函数；$m=\frac{x}{b}$；$n=\frac{z}{b}$。扫描二维码 4-6，将 b、x、z、p_h 填入，可得此条件下的竖向附加应力 σ_z。

例 4-4　某条形基础宽度 b=2m，埋深 d=1.5m，如图 4-36 所示。基础上作用竖向荷载 F=400kN/m，偏心距 e=0.1m，地基土的天然重度 γ=18kN/m³，试求：O 点（基础中点）、A 点（基础宽度方向距 O 点 2m）20m 深度范围内，以及基础下 2m、4m 深度水平线上（距中点 3m 范围内）的竖向附加应力 σ_z，并绘制 σ_z 的分布图。

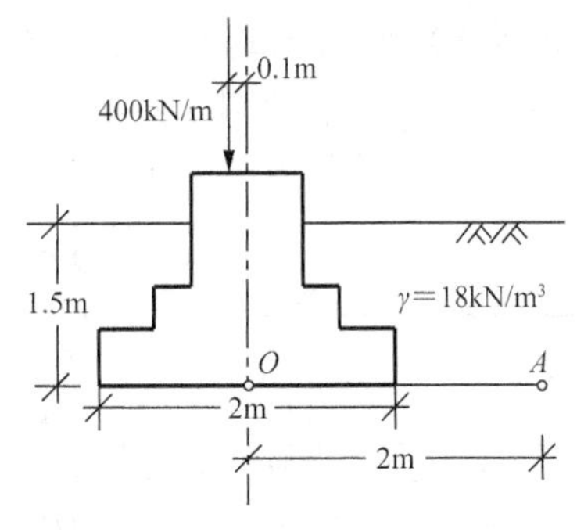

图 4-36　例 4-4 基础示意图

解　（1）计算基底压力：

$$\begin{matrix} p_{\max} \\ p_{\min} \end{matrix} = \frac{F+G}{b}\left(1 \pm \frac{6e}{b}\right) = \frac{400+20\times1.5\times2}{2}\times\left(1\pm\frac{6\times0.1}{2}\right) = 230\pm69\ (\text{kPa})$$

得 $p_{\max}$=299(kPa)，$p_{\min}$=161(kPa)。

（2）计算基底附加压力：

$$p_{0\max} = p_{\max} - \gamma_0 d = 299 - 18\times1.5 = 299 - 27 = 272(\text{kPa})$$

$$p_{0\min} = p_{\min} - \gamma_0 d = 161 - 18\times1.5 = 161 - 27 = 134(\text{kPa})$$

可知，基础两侧基底附加压力的差值 $p_{0\max} - p_{0\min}$=272−134=138(kPa)。因此，基底附加压力可分为荷载强度 p=272kPa 的均布荷载与最大荷载强度 p_t=138kPa 的三角形荷载两部分，如图 4-37 所示。

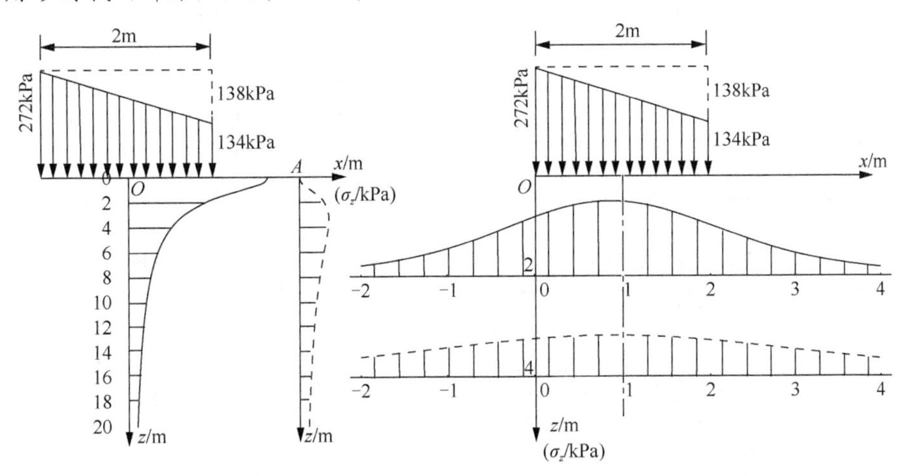

图 4-37　例 4-4 附加应力图

（3）计算附加应力 σ_z：

根据上述基底附加压力，计算 O 点、A 点下 20m 深度范围内及基础下 2m、

4m 深度距中点 3m 范围内水平面上的竖向附加应力，计算结果分别见表 4-1 及表 4-2，σ_{z1}、σ_{z2} 分别表示均布荷载 272kPa 与三角形荷载 138kPa 产生的地基附加应力。相应的附加应力 σ_z 的分布如图 4-37 所示。

表 4-1　O 点、A 点下竖向附加应力 σ_z 计算结果

z/m	n	O 点下						A 点下					
		m	K_z^s	K_z^t	σ_{z1}/kPa	σ_{z2}/kPa	σ_z/kPa	m	K_z^s	K_z^t	σ_{z1}/kPa	σ_{z2}/kPa	σ_z/kPa
0	0.0	0.5	1.0000	0.5000	272.0	69.0	203.0	1.5	0.0000	0.0000	0.0	0.0	0.0
1	0.5	0.5	0.8183	0.4092	222.6	56.5	166.1	1.5	0.0839	0.0622	22.8	8.6	14.2
2	1.0	0.5	0.5498	0.2749	149.5	37.9	111.6	1.5	0.1848	0.1206	50.3	16.6	33.6
3	1.5	0.5	0.3958	0.1979	107.7	27.3	80.4	1.5	0.2112	0.1259	57.5	17.4	40.1
4	2.0	0.5	0.3058	0.1529	83.2	21.1	62.1	1.5	0.2047	0.1154	55.7	15.9	39.8
5	2.5	0.5	0.2481	0.1240	67.5	17.1	50.4	1.5	0.1884	0.1026	51.2	14.2	37.1
6	3.0	0.5	0.2084	0.1042	56.7	14.4	42.3	1.5	0.1707	0.0909	46.4	12.5	33.9
7	3.5	0.5	0.1795	0.0897	48.8	12.4	36.4	1.5	0.1544	0.0810	42.0	11.2	30.8
8	4.0	0.5	0.1575	0.0788	42.8	10.9	32.0	1.5	0.1401	0.0727	38.1	10.0	28.1
9	4.5	0.5	0.1403	0.0702	38.2	9.7	28.5	1.5	0.1277	0.0659	34.7	9.1	25.7
10	5.0	0.5	0.1265	0.0632	34.4	8.7	25.7	1.5	0.1171	0.0601	31.9	8.3	23.6
11	5.5	0.5	0.1151	0.0576	31.3	7.9	23.4	1.5	0.1080	0.0551	29.4	7.6	21.8
12	6.0	0.5	0.1056	0.0528	28.7	7.3	21.4	1.5	0.1001	0.0509	27.2	7.0	20.2
13	6.5	0.5	0.0976	0.0488	26.5	6.7	19.8	1.5	0.0932	0.0473	25.3	6.5	18.8
14	7.0	0.5	0.0906	0.0453	24.7	6.3	18.4	1.5	0.0871	0.0441	23.7	6.1	17.6
15	7.5	0.5	0.0846	0.0423	23.0	5.8	17.2	1.5	0.0817	0.0413	22.2	5.7	16.5
16	8.0	0.5	0.0794	0.0397	21.6	5.5	16.1	1.5	0.0770	0.0389	20.9	5.4	15.6
17	8.5	0.5	0.0747	0.0374	20.3	5.2	15.2	1.5	0.0727	0.0367	19.8	5.1	14.7
18	9.0	0.5	0.0706	0.0353	19.2	4.9	14.3	1.5	0.0689	0.0347	18.7	4.8	13.9
19	9.5	0.5	0.0669	0.0334	18.2	4.6	13.6	1.5	0.0654	0.0330	17.8	4.5	13.3
20	10.0	0.5	0.0636	0.0318	17.3	4.4	12.9	1.5	0.0623	0.0314	16.9	4.3	12.6

表 4-2　基础下 2m、4m 深度水平面上竖向附加应力 σ_z 计算结果

x/m	m	基础下 2m 处水平面						基础下 4m 处水平面					
		n	K_z^s	K_z^t	σ_{z1}/kPa	σ_{z2}/kPa	σ_z/kPa	n	K_z^s	K_z^t	σ_{z1}/kPa	σ_{z2}/kPa	σ_z/kPa
−2	−1.0	1.0	0.0706	0.0249	19.2	3.4	15.8	2.0	0.1342	0.0567	36.5	7.8	28.7
−1	−0.5	1.0	0.1848	0.0643	50.3	8.9	41.4	2.0	0.2047	0.0894	55.7	12.3	43.4
0	0.0	1.0	0.4092	0.1592	111.3	22.0	89.3	2.0	0.2749	0.1273	74.8	17.6	57.2
1	0.5	1.0	0.5498	0.2749	149.5	37.9	111.6	2.0	0.3058	0.1529	83.2	21.1	62.1
2	1.0	1.0	0.4092	0.2500	111.3	34.5	76.8	2.0	0.2749	0.1476	74.8	20.4	54.4
3	1.5	1.0	0.1848	0.1206	50.3	16.6	33.6	2.0	0.2047	0.1154	55.7	15.9	39.8
4	2.0	1.0	0.0706	0.0457	19.2	6.3	12.9	2.0	0.1342	0.0775	36.5	10.7	25.8

从例 4-4 的计算结果及图 4-37 可以看出，当有限面积上作用有荷载时，地基

附加应力不仅存在于基础正下方，而且在荷载面以外的地基中也会产生，说明附加应力在地基中出现扩散现象。

在基础的中心点 O 下，附加应力随深度的逐渐增大而减小，而且减小速率在基底附近很快，随后放缓；在基础荷载面外的 A 点下，附加应力由 0 开始先增大后减小。在基础下同一水平面上，附加应力基本表现为从中央到两侧逐渐由大到小的变化趋势，且随水平面深度的增大，中央与两侧的差异逐渐减小。

4.4.5　圆形基础下地基附加应力的计算

如图 4-38 所示，半径为 r 的圆形基础（如塔、烟囱基础）上作用竖直均布荷载 p，以圆心 O 作为柱坐标原点，在圆内任取一微分面积 $\mathrm{d}A=\rho\mathrm{d}\theta\mathrm{d}\rho$，其上的作用荷载 $\mathrm{d}P=p\mathrm{d}A=p\rho\mathrm{d}\theta\mathrm{d}\rho$（各符号意义见图 4-38）可看作集中力，则荷载中心点 O 下任意深度 z 处 M 点的竖向附加应力 σ_z 仍可通过式（4-30c）在圆面积内积分求得，有

$$\sigma_z=\left\{1-\frac{1}{\left[1+\left(\frac{r}{z}\right)^2\right]^{\frac{3}{2}}}\right\}p=K_0p \tag{4-55}$$

式中，K_0 为圆形基础作用有竖直均布荷载时圆心点下的竖向附加应力分布系数，是 $\frac{\gamma}{z}$ 的函数。扫描二维码 4-7，将 r、z、p 填入，可得此条件下的竖向附加应力 σ_z。

二维码 4-7

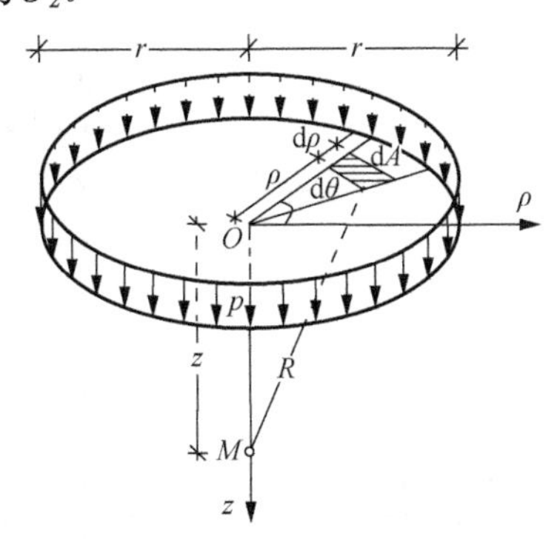

图 4-38　圆形基础均布荷载作用时中心点下的应力

4.4.6　影响地基附加应力分布的因素

以上介绍的地基中附加应力都是将地基土视为均质、各向同性的线弹性体按弹性理论计算的，但土是非线性的材料，实际工程中常遇到的土体也多是非均质的、各向异性的，这些因素使得依据上述方法计算出的附加应力与实际地基中的

附加应力相比有一定的误差。下面简要讨论实际土体的非线性、非均质和各向异性等因素对地基中附加应力分布的影响。

1. 非线性材料的影响

土体实际是非线性材料。许多学者的研究表明，非线性对于竖向附加应力σ_z计算值的影响一般不是很大，但有时最大误差可达到 25%～30%，并对水平应力的影响更显著。

2. 成层地基的影响

天然土层的松密、软硬程度往往很不相同，变形特性可能差别较大。例如，山区可常见厚度不大的可压缩土层覆盖于刚性很大的岩层上，软土区常可遇到一层硬黏土或密实的砂覆盖在较软的土层上。这些情况下，地基中的应力分布显然与连续、均质土体不同。这类问题的解答比较复杂，目前弹性力学只对其中某些简单的情况有理论解，可以分为两类。

1）可压缩土层覆盖于刚性岩层上（上软下硬）

当可压缩土层覆盖于刚性岩层上时，荷载中轴线附近上层较软土层中的竖向附加应力σ_z比均质地基时大；离开中轴线，竖向附加应力逐渐减小，至某一距离后，竖向附加应力小于均质地基的应力，这种现象称为“应力集中”现象，如图 4-39 所示。E_1、E_2为相应地层的变形模量，应力集中的程度主要与压缩层厚度H和荷载面宽度b的比值有关。随H/b的增大，应力集中程度减弱，当$H/b=\infty$时，为均质地基的情况。图 4-40 为条形均布荷载下，岩层位于不同深度时中轴线上竖向附加应力σ_z的分布。

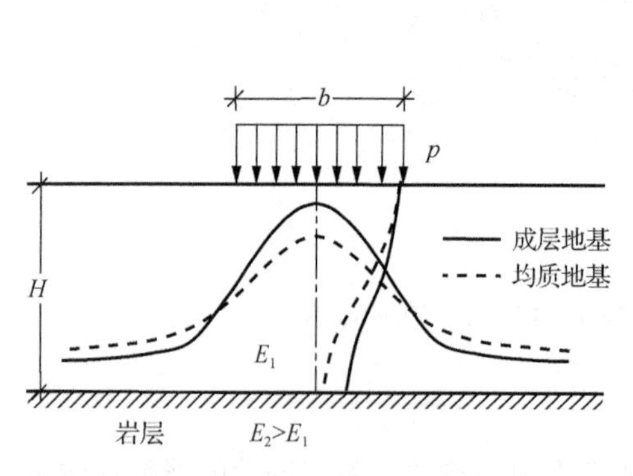

图 4-39　可压缩土层覆盖于刚性岩层上（$E_2>E_1$）时的应力集中现象

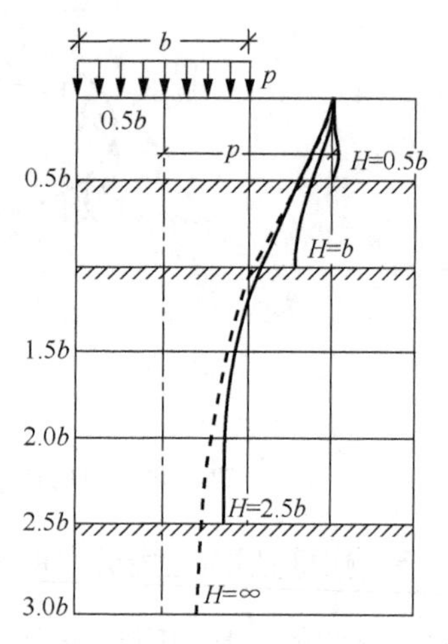

图 4-40　岩层在不同深度时基础中轴线处竖向附加应力σ_z的分布

可见，H/b 越小，应力集中的程度就越高。当 $H/b \leqslant 0.5$ 时，可近似认为在可压缩土层深度内中轴线上竖向附加应力 σ_z 不随深度变化。

2）硬土层覆盖于软土层上（上硬下软）

当硬土层覆盖于软土层上时，将出现硬层下面荷载中心附近软土层中附加应力减小的“应力扩散”现象，如图 4-41 所示。由于此时应力分布比较均匀，地基的沉降也相应较为均匀。在道路工程中，铺设一层比较坚硬的路面降低地基中的应力集中，减小路面不均匀沉降变形，就是这个道理。软土地区常利用地表硬壳层作为天然地基的持力层，也是利用了这一点。图 4-42 中成层地基土层厚度为 H_1、H_2、H_3，相应的变形模量为 E_1、E_2、E_3，地基表面受半径 $r=1.6H_1$ 的圆形均布荷载 p 作用，图中显示了荷载中心下土层中的 σ_z 分布情况。从图 4-42 中可以看出，当 $E_1>E_2>E_3$ 时（曲线 A、B），荷载中心下土层中的 σ_z 明显低于变形模量 E 不变的均质地基的情况（曲线 C）。同时，可以看出变形模量相差越大，应力扩散现象越明显。

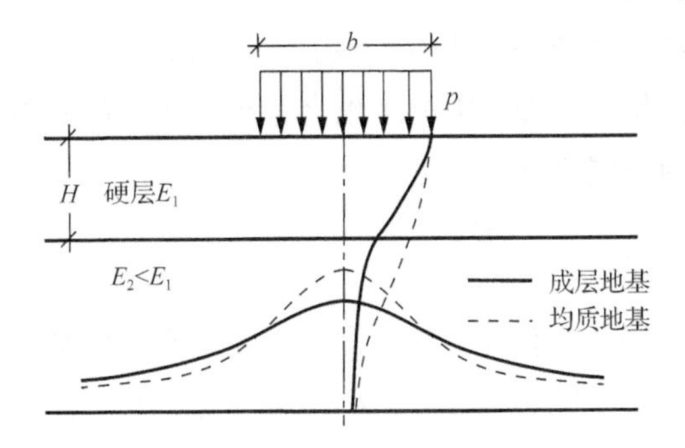

图 4-41　硬土层覆盖于软土层上（$E_2<E_1$）时的应力扩散现象

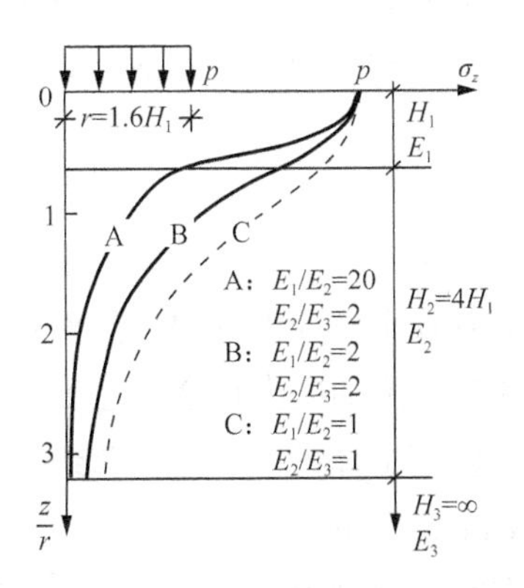

图 4-42　E_1/E_2、E_2/E_3 不同时圆形均布荷载中心下 σ_z 的分布

3. 变形模量随深度的变化

地基土的另一种非均质性表现为变形模量 E 随深度逐渐增大，在砂土地基中尤为常见。这是一种连续非均匀现象，由土体在沉积过程中的受力条件决定。弗劳利施（Frohlich）研究了这种情况，对于集中力作用下地基中 σ_z 的计算，提出半经验公式：

$$\sigma_z = \frac{\mu P}{2\pi R^2}\cos^{\mu}\theta \tag{4-56}$$

式中，μ 为应力集中系数，且 $\mu \geqslant 3$；其余符号意义与图 4-20 相同。对于均质弹性体，如均匀的黏土，$\mu=3$，其结果即为布氏解［式（4-30c）］；对于砂土，连续非均质现象最显著，取 $\mu=6$；介于黏土与砂土之间的土，μ 取值区间为（3,6）。

分析式（4-56），当 R 相同，$\theta=0$ 或很小时，μ 越大，σ_z 越大；而当 θ 很大时则相反，μ 越大，σ_z 越小。也就是说，这种土的非均质现象也使地基中竖向附加应力向着力的作用线附近集中。当然，地面上作用的不可能是集中荷载，而是不同类型的分布荷载，根据应力叠加原理也会得到竖向附加应力 σ_z 向荷载中轴线附近集中的结果，试验研究也证明了这一点。

4. 各向异性的影响

天然沉积土的沉积条件和应力状态常使土体具有各向异性的特征。例如，层状结构的页片状黏土在与层面垂直方向和水平方向的变形模量 E 不相同，因此土体的各向异性也会影响到该土层中附加应力的分布。研究表明，当土在水平方向的变形模量 E_x（$E_x=E_y$）与竖直方向的变形模量 E_z 不相等，但泊松比 ν 相同时，若 $E_x > E_z$，则在各向异性地基中将出现应力扩散现象，若 $E_x < E_z$，地基中将出现应力集中现象。

5. 基础埋深的影响

随着建筑物的不断增高及地下空间的利用，天然地基的基础埋置深度逐渐加大或大量使用桩基础，对地基内附加应力也会产生很大影响。

竖直集中力作用于地面以下土体内部时，计算地基中应力分布及位移应采用弹性半无限体的明德林（Mindlin）解。

如图 4-43 所示，竖直集中力 P 作用于半无限体内部某一深度 c 处，明德林对该空间课题半无限弹性体内部 $M(x, y, z)$ 点竖向附加应力 σ_z 的解为

$$\sigma_z=\frac{P}{8\pi(1-\nu)}\left[\frac{(1-2\nu)(z-c)}{R_1^{\ 3}}-\frac{(1-2\nu)(z-c)}{R_2^{\ 3}}+\frac{3(z-c)^3}{R_1^{\ 5}}\right.$$
$$\left.+\frac{3z(3-4\nu)(z+c)^2-3c(z+c)(5z-c)}{R_2^{\ 5}}+\frac{30cz(z+c)^3}{R_2^{\ 7}}\right] \tag{4-57}$$

式中，ν为土的泊松比。

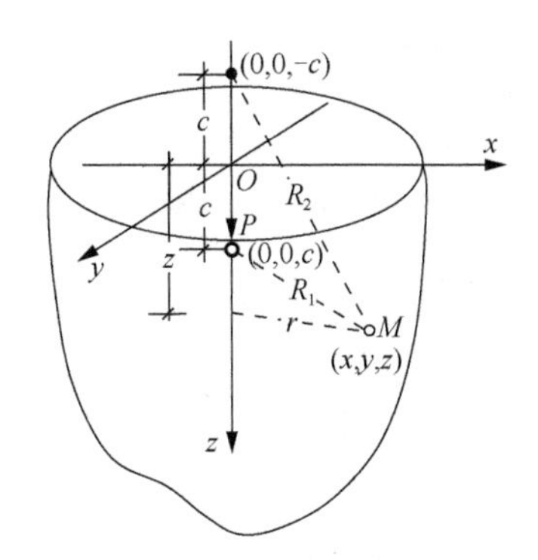

图4-43 竖直集中力作用于半无限体内部

从式（4-57）可以发现：

（1）当c=0时，即荷载作用于地表时，式（4-57）与式（4-30c）相同，明德林解退化为布氏解；

（2）当$z<c$时，竖向附加应力σ_z可为负值，将减少上部的自重应力；

（3）当$z>c$时，明德林解的σ_z小于布氏解，计算的地基沉降量会较小。

目前，我国建筑规范在计算桩基沉降时，基本上采用明德林解的竖向附加应力σ_z值，计算的沉降量较为符合实测值。

6. 荷载面积的影响

在实际工程中，经常会遇到大面积分布荷载的情况，如工厂的原料堆放场、大面积填海工程等。这种荷载条件显然和一般的矩形、条形等局部面积分布荷载产生的附加应力是不同的。

图4-44为荷载面积不同时地基土中竖向附加应力的分布。图4-44（a）、（b）表示条形基础基底附加压力都为p_0，但基础宽度不同的情况。从图可见，在基底下相同深度处的竖向附加应力随着基础宽度增大而增大。基础宽度越大，竖向附加应力沿深度衰减越慢。当条形荷载宽度增加到无穷大时，地基中竖向附加应力分布与深度无关，各深度均相等，呈矩形分布，如图4-44（c）所示。

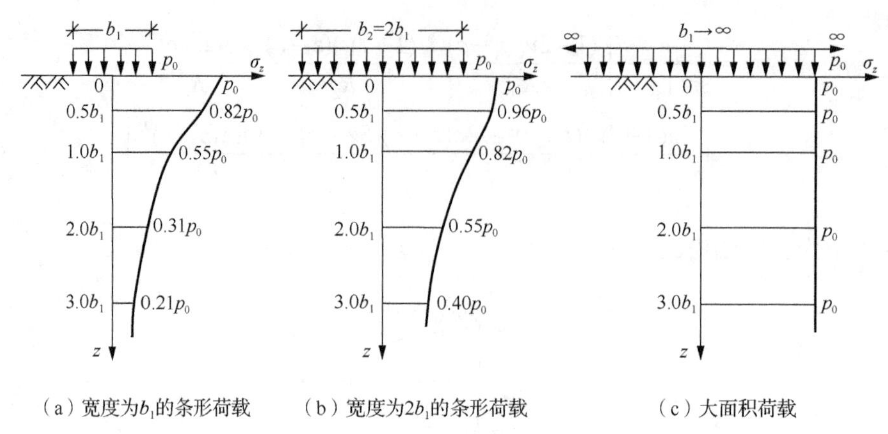

图 4-44　荷载面积不同时地基中竖向附加应力σ_z的分布

习　题

4-1　按图 4-45 所给的资料，地下水位埋深为 3m，试计算并绘制地基中的自重应力沿深度的分布曲线。若地下水因某种原因骤降（地下水骤降时，细砂层成为非饱和状态，密度ρ=1.82g/cm^3，黏土和粉质黏土因渗透系数小，排水量小，可认为仍处于饱和状态）至地面下 11m 深度处，此地基自重应力分布有何变化？并用图表示。

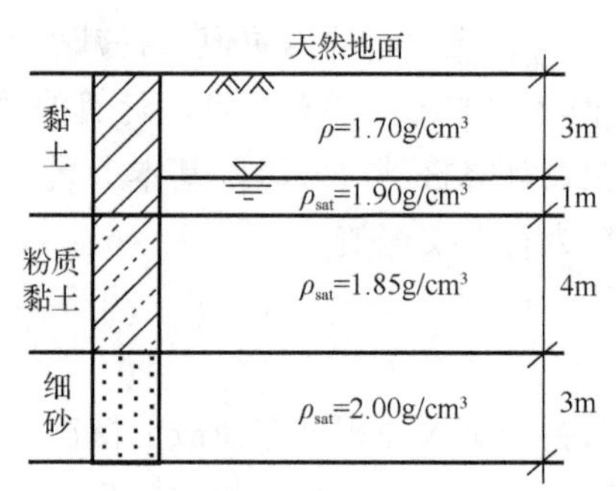

图 4-45　习题 4-1 图

4-2　如图 4-46 所示，黏土层位于两个砂土层之间，属弱透水层。上层砂土中的潜水位在地面以下 2m，下层砂土中为承压水，其承压水位如图 4-46 所示。按图 4-46 所给资料，试求：

（1）若不考虑毛细水，绘制整个土层的有效应力分布图；

（2）若毛细水上升的最高点位于潜水面以上 1.5m，考虑毛细水的影响，绘制整个土层的有效应力分布图，并进行对比，分析两者有何差异。

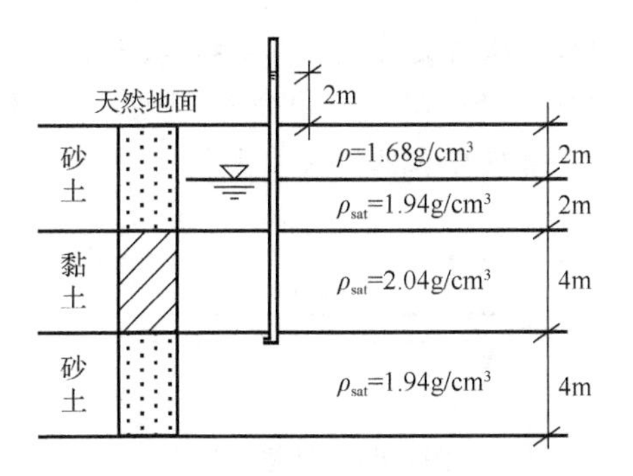

图 4-46　习题 4-2 图

4-3　某地基土层剖面如图 4-47 所示，砂土层为承压水层，根据测压管中水位可知，承压水位高出砂层顶面的距离为 H。现在黏土层中开挖 4m 深的基坑，求：

（1）若 H=5m，为防止基坑底板发生流土，基坑中应至少保持多少水深 h?

（2）施工中若要使基坑底面水深 h 为 0，承压水头 H 至少降为多少时可防止基坑底板发生流土？

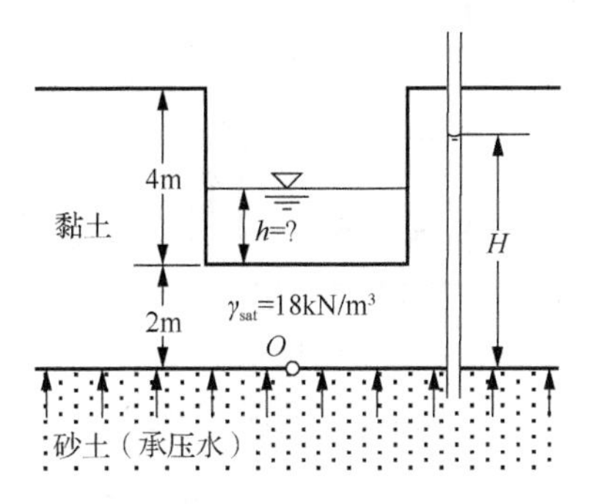

图 4-47　习题 4-3 图

4-4　某浅基础平面上呈 L 形，如图 4-48 所示。基底竖直均布荷载为 200kPa，试求 M 点和 N 点下 4m 深度处的竖向附加应力 σ_z。

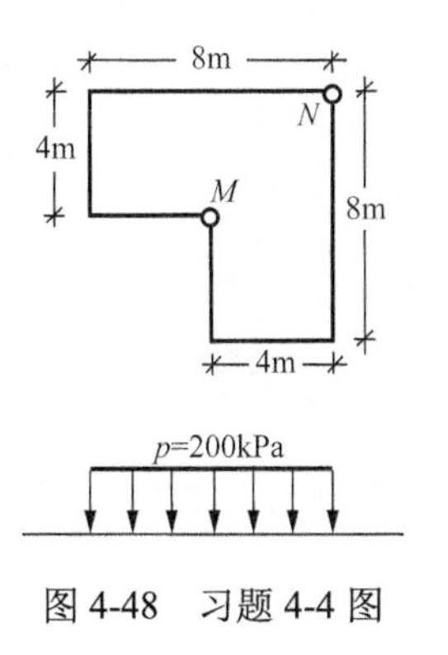

图 4-48　习题 4-4 图

4-5　某条形基础的尺寸及所受荷载见图 4-49，其中 P=1000kN/m，Q=300kN/m。求基础中线下 20m 深度内的竖向附加应力分布，并按一定比例绘出该应力的分布图（水平荷载可假定均匀分布在基础的底面上）。

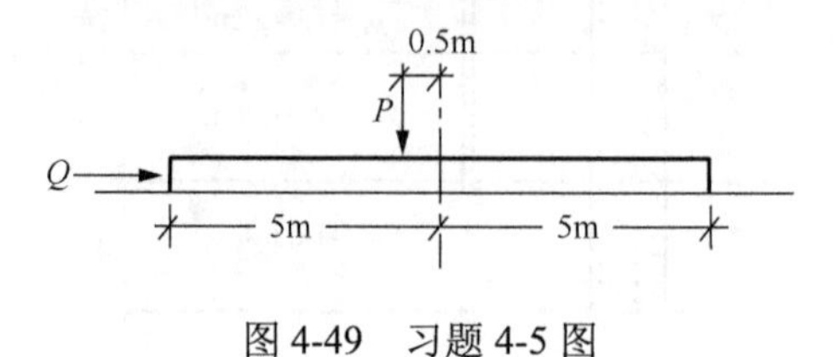

图 4-49　习题 4-5 图

4-6　如图 4-50 所示的两种情况，选择最简便的方法，给出相应荷载作用时 O 点下竖向附加应力计算的表达式。

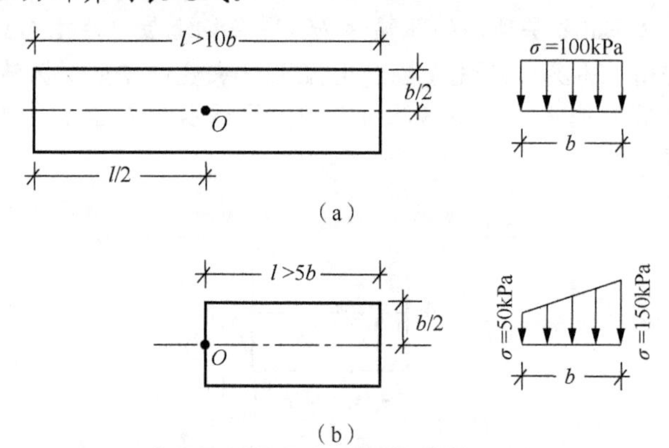

图 4-50　习题 4-6 图

4-7　土堤的截面如图 4-51 所示，堤身土料重度γ=20.0kN/m^3，试计算土堤截面轴上黏土层中 A、B、C 三点的竖向附加应力σ_z。

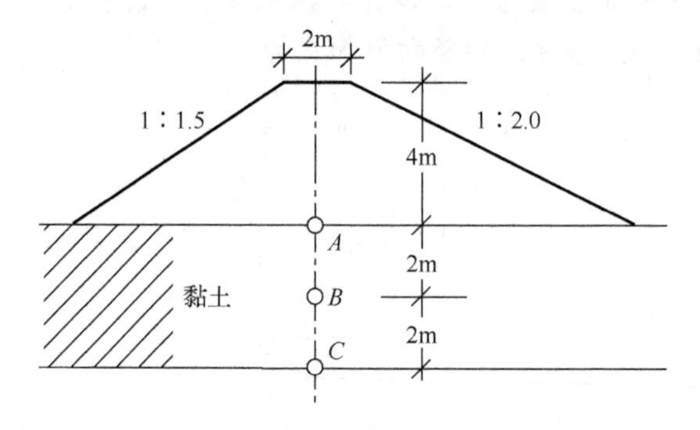

图 4-51　习题 4-7 图

第 5 章　土的压缩性与地基沉降计算

由第 4 章可知，建筑物通过其基础将荷载传递给地基后，在地基内部产生附加应力，将导致地基变形。地基产生的变形包括竖向变形和侧向变形，向下的竖向变形称为沉降。地基与基础变形应协调一致，因此地基沉降即为基础沉降。基础沉降包括基础平均总沉降、不均匀沉降和相邻基础的沉降差等。基础沉降或沉降差（或不均匀沉降）过大，不仅会降低建筑物的使用价值，而且往往会造成建筑物的开裂毁坏等。为了保证建筑物的安全和正常使用，必须事先对建筑物地基可能产生的最大沉降量和沉降差进行预估。地基沉降量或沉降差的大小首先与地基土的压缩性有关，地基土易于压缩，则沉降大，反之沉降小；其次与作用在基础上的荷载性质和大小有关。一般而言，竖向荷载越大，相应的地基沉降也越大；偏心或倾斜荷载产生的沉降差要比中心荷载大。因此，本章首先讨论土的压缩性，其次介绍目前工程中常用的沉降量计算方法，最后介绍随时间变化的地基固结变形过程。

5.1　土的压缩性

土的压缩性是指土在压力作用下体积缩小的特性。土体受荷压缩时，土粒与土中水自身可产生一定的压缩量，但在一般的工程荷载范围内此压缩量非常微小，不到总压缩量的 1/400，可忽略不计。荷载作用下，土粒间原有的联结有可能受到削弱或破坏，土粒产生相对移动，进而重新排列，相互挤密。与此同时，孔隙中的部分空气和水被排出，孔隙体积减小，产生压缩变形。因此，在一般的工程荷载作用下，认为土体的压缩量仅来源于孔隙中排出的水和气体，土骨架的质量和体积不发生变化。

粗粒土的渗透系数较大，无黏性土地基受荷后，其孔隙中的气体和水可以很快排出，但对于渗透系数较小的黏性土地基，孔隙中水和气体的排出需要一定的时间，地基土体的压缩要经过一段时间才能完成。这种在压力作用下土体压缩量随时间增长的过程，称为土的固结。

研究土的压缩性大小及其特性的试验，在室内主要有一维压缩试验和三轴压缩试验，现场主要有载荷试验与旁压试验。室内试验相对简单，但必须从天然土层中取出结构、含水率基本保持原状的土样，取样较为麻烦，尤其是对于无黏性土，取原状土样非常困难。现场试验则无须取样，试验土体的体积较大，代表性好，但其试验过程比较麻烦，边界条件复杂，费用高。室内试验和现场试验各有优缺点，实际工作中可按照规范根据需要进行。载荷试验与旁压试验的具体过程可参阅《土工试验方法标准》(GB/T 50123—2019)。

本节主要介绍一维压缩试验，这里的一维指的是一维变形，即在压力的作用下仅发生竖向变形，而无侧向变形，因此又称为侧限压缩试验。三轴压缩试验将在第 6 章中介绍。

5.1.1　侧限压缩试验

侧限压缩试验（固结试验）是目前最常用的测定土压缩性的室内试验方法。试验时，首先用金属环刀切取原状试样或制备给定密度与含水率的扰动土试样，试样的横截面积为 A，初始高度为 h_0，初始孔隙比为 e_0，初始含水率为 w_0，初始密度为 ρ_0。在固结容器内放置护环、透水石和滤纸，将带有环刀的试样刃口朝下，小心地装入护环，然后在试样上放置滤纸、透水石和加压盖板，如图 5-1 所示。若试样为饱和土样，需在水槽内充水并超过试样顶部。将装好试样的固结容器置于加压框架下，通过加压盖板施加竖向压应力 $\sigma_z=p$，待固结稳定后竖向有效应力 $\sigma_z'=\sigma_z=p$。由于试样处于侧限应力状态，所以试样侧面同时承受来自环刀的水平向反力 $\sigma_x'=\sigma_y'=K_0\sigma_z'$。这里讨论的都是固结稳定后作用于土骨架上的有效应力，在接下来侧限压缩内容的介绍中，习惯将土样的竖向有效应力 σ_z' 简单表示为 p。

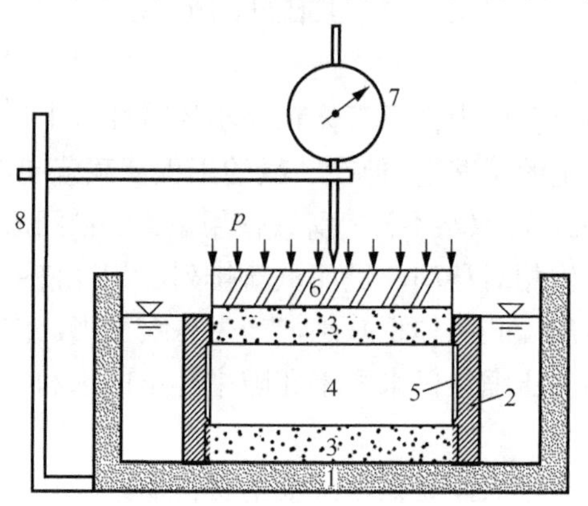

1-水槽；2-护环；3-透水石；4-试样；5-环刀；
6-加压盖板；7-百分表；8-百分表架

图 5-1　侧限压缩试验固结仪

施加竖向压应力后，通过百分表测读试样的竖向变形量。稳定标准规定为每级压应力下固结 24h 或试样每小时变形量不超过 0.01mm。试验时，如图 5-2 所示，逐级加大竖向压应力 p，测得每级竖向压应力作用下达到稳定时（虚线位置）试

样的竖向变形量 s（s 为百分表读数减去仪器变形量所得）。设 e 为施加竖向压应力 p 后试样压缩稳定时的孔隙比，Δe 为相应的孔隙比变化量，如图 5-3 所示。

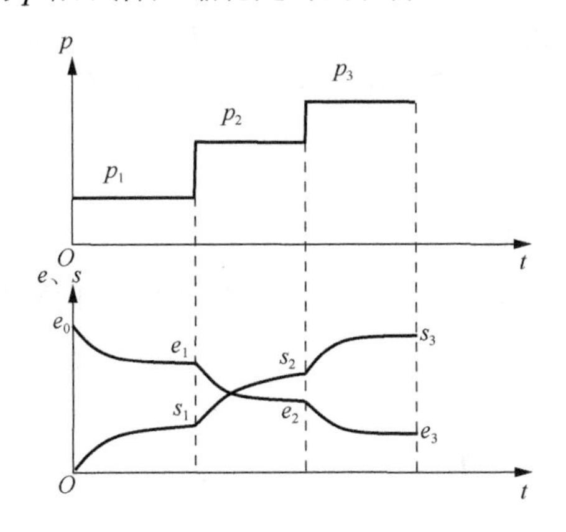

图 5-2　各级竖向压应力下竖向变形量和孔隙比随时间的变化

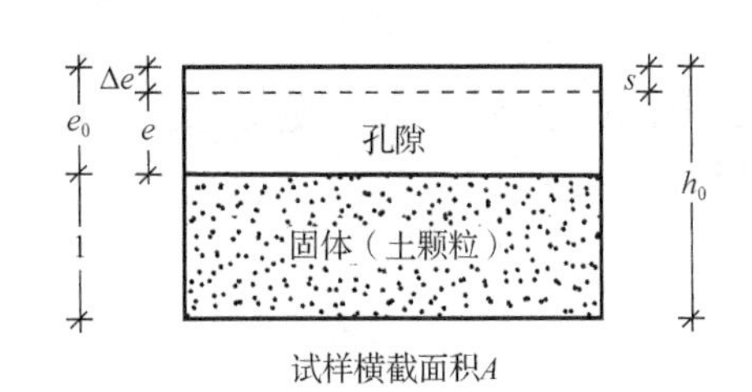

图 5-3　压缩试样三相图

施加 p 前，试样中固体（土颗粒）体积 V_s 为

$$V_s = \frac{1}{1+e_0} h_0 A \tag{5-1}$$

在侧限条件下，施加 p 后，试样中固体（土颗粒）体积 V_s' 为

$$V_s' = \frac{1}{1+e}(h_0 - s)A \tag{5-2}$$

由于在一般压力作用下，认为土颗粒是不可压缩的，土体的体积变化等于土中孔隙体积的变化，即压缩前后固体颗粒体积相等（$V_s = V_s'$），因此

$$\frac{h_0}{1+e_0} = \frac{h_0 - s}{1+e} \tag{5-3}$$

可得

$$e = e_0 - (1+e_0)\frac{s}{h_0} \tag{5-4}$$

根据施加 p 后变形稳定时的竖向变形量 s，可求得与之相应的孔隙比 e，其随时间的变化过程如图 5-2 所示。

5.1.2　压缩曲线及压缩指标

1. 应力-应变曲线

根据图 5-2 中各级竖向压应力 p 对应的竖向变形量 s，计算相应的竖向应变

$\varepsilon_z = \dfrac{s}{h_0}$，绘制土在侧限条件下的应力-应变关系曲线，必要时可做加载-卸载-再加载试验。如图 5-4 所示，OA 段为初次加载段，AB 段为卸载段，BA' 段为再加载段，$A'C$ 段基本上又回到初始加载曲线上。加载段曲线上任意一小段的割线斜率作为该段应力范围内土的侧限变形模量 E_s，即

$$E_s = \frac{\Delta\sigma_z'}{\Delta\varepsilon_z} = \frac{\Delta p}{\Delta\varepsilon_z} \tag{5-5}$$

式中，$\Delta\varepsilon_z$ 为与竖向有效应力增量 $\Delta\sigma_z'$ 或竖向压应力增量 Δp 相对应的竖向应变增量。

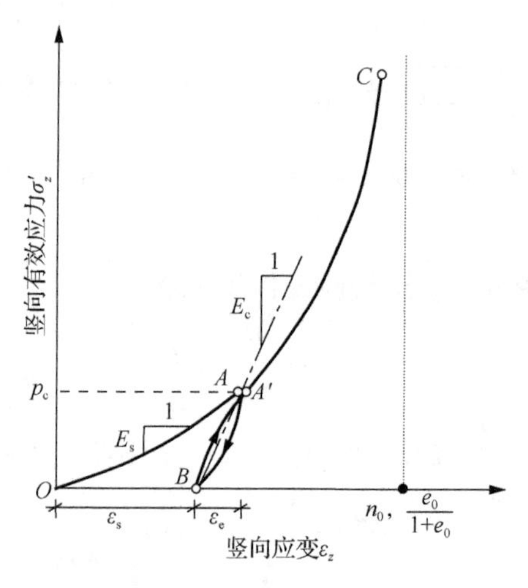

图 5-4　侧限条件下土的应力-应变关系曲线

E_s 又称为压缩模量，单位为 kPa 或 MPa。从图 5-4 可以看出，加载曲线并不是线性变化的，斜率是随着竖向压应力 p 的逐渐增加而增大的，说明土的 E_s 不是常数，而是随应力的增大而增大，且增长率逐渐加大。这是由于在加载过程中，土体不断被压缩，变得越来越密实，越来越难以被继续压缩。压缩模量 E_s 越大，说明土体越不容易被压缩。卸载后，先前压缩产生的弹性变形部分可以恢复，但塑性变形部分无法恢复，因此卸载段回不到原点。弹性竖向应变用 ε_e 表示，塑性竖向应变用 ε_s 表示，卸载段的割线斜率为土在侧限条件下的回弹模量 E_c。再加载段在 p 小于加载段曾经达到过的最大压应力 p_c 之前，再压缩产生的变形基本上属于弹性变形，E_s 相对较大；一旦超过 p_c 后，E_s 开始略有减小，再加载段逐渐与初次加载段的延长线重合后，E_s 持续增大，表明土在侧限条件下经过一次加载-卸载后的压缩性要比初次加载时的压缩性小许多。这是因为大部分可能发生的土粒位移（孔隙减小）都已在初次加载时发生了。由此可见，应力历史对土的压缩性有显著的影响。

那么，土体的压缩模量 E_s 与变形模量 E 之间存在什么关系呢？下面进行分析。

根据广义胡克定律：

$$\Delta\varepsilon_z = \frac{\Delta\sigma_z}{E} - \frac{\nu}{E}\left(\Delta\sigma_x + \Delta\sigma_y\right) \tag{5-6}$$

侧限条件下 $\Delta\varepsilon_x = \Delta\varepsilon_y = 0$，$\Delta\sigma_x = \Delta\sigma_y = \frac{\nu}{1-\nu}\Delta\sigma_z = K_0\Delta\sigma_z$，则

$$\Delta\varepsilon_z = \Delta\sigma_z\left(\frac{1}{E} - \frac{\nu}{E}\cdot\frac{2\nu}{1-\nu}\right) = \frac{\Delta\sigma_z}{E}\left(1 - \frac{2\nu^2}{1-\nu}\right) \tag{5-7}$$

即

$$E = \frac{\Delta\sigma_z}{\Delta\varepsilon_z}\cdot\left(1 - \frac{2\nu^2}{1-\nu}\right) = E_s\left(1 - \frac{2\nu^2}{1-\nu}\right) = \beta E_s \tag{5-8}$$

式中，ν 为泊松比；$\Delta\sigma_x$、$\Delta\sigma_y$ 为水平向应力增量；$\Delta\varepsilon_x$、$\Delta\varepsilon_y$ 为水平向应变增量；$\Delta\sigma_z$ 与 $\Delta\varepsilon_z$ 分别为竖向应力增量与竖向应变增量；$\beta = 1 - \frac{2\nu^2}{1-\nu}$，为转换系数。

对于土体，$0<\nu<0.5$，则 $0<\beta<1$。可见，对同一土体而言，相同应力范围的压缩模量 E_s 大于其变形模量 E，说明围压的存在可提高变形模量。

土体的压缩量来源于孔隙体积的减小，因此最大的压缩量发生在孔隙完全闭合时，即孔隙体积减小为 0，但这很难达到。土体压缩的极限应变为 $\frac{e_0}{1+e_0}$，即初始孔隙率 n_0，就是土体侧限压缩试验所得应力-应变曲线的渐近线，见图 5-4。因此，有学者用式（5-9）描述该应力-应变曲线。

$$\varepsilon_z = n_0\left[1 - A\mathrm{e}^{-\alpha\left(\frac{p}{p_a}\right)^{\beta}}\right] \tag{5-9}$$

式中，e 为自然对数的底数；A 为与压缩阶段有关的系数；α、β 均大于0，为与土性及含水率有关的系数；为保证量纲的统一，引入标准大气压 p_a，p_a=101.3kPa。

2. *e-p* 曲线

利用图 5-2 中各级竖向压应力 p 及其作用下达到稳定时的孔隙比 e，绘制 e-p 曲线，如图 5-5 所示，可表示土在侧限条件下的压缩性。取某段曲线的割线斜率作为侧限条件下该段应力范围内土的压缩系数 a，即

$$a = -\frac{e_2 - e_1}{p_2 - p_1} = -\frac{\Delta e}{\Delta p} \tag{5-10}$$

式中，e_1、e_2 分别表示竖向压应力 p_1、p_2 作用下土体压缩稳定后的孔隙比。

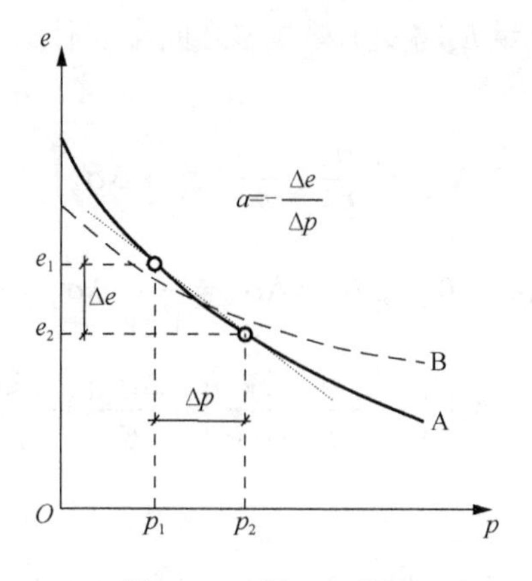

图 5-5　土的 *e-p* 曲线

压缩系数 a 的单位为 kPa^{-1} 或 MPa^{-1}。由于孔隙比随压力的增大而减小，为使压缩系数 a 为正值，加负号表示。压缩曲线越陡（如 A 曲线），压缩系数就越大，则土的压缩性就越高；反之，压缩曲线越平缓（如 B 曲线），压缩系数就越小，则土的压缩性也就越低。可见，在同一压力范围内，A 土的压缩性大于 B 土。从图 5-5 可以看出，*e-p* 曲线的斜率随 p 的增大而减小，因此压缩系数 a 不是常量，而是随压力的增加而减小。

工程中为便于统一比较，习惯上取 p_1=100kPa，p_2=200kPa 时对应的压缩系数 $a_{1\text{-}2}$ 来衡量土的压缩性，通常认为：

（1）当 $a_{1\text{-}2}<0.1\text{MPa}^{-1}$ 时，为低压缩性土；

（2）当 $0.1\text{MPa}^{-1}\leqslant a_{1\text{-}2}<0.5\text{MPa}^{-1}$ 时，为中压缩性土；

（3）当 $a_{1\text{-}2}\geqslant 0.5\text{MPa}^{-1}$ 时，为高压缩性土。

由式（5-4）可知：

$$\Delta\varepsilon_z=\frac{s}{h_0}=-\frac{\Delta e}{1+e_0} \tag{5-11}$$

将式（5-11）代入式（5-5），并结合式（5-10），可得

$$E_s=\frac{\Delta p}{\Delta\varepsilon_z}=\frac{\Delta p}{-\dfrac{\Delta e}{1+e_0}}=-\frac{\Delta e}{\Delta p}\cdot(1+e_0)=\frac{1+e_0}{a} \tag{5-12}$$

可见，E_s 与 a 均可表示土的压缩性，且两者可相互换算，有

$$m_V=\frac{1}{E_s}=\frac{a}{1+e_0} \tag{5-13}$$

式中，m_V 为体积压缩系数，其单位与压缩系数 a 相同。压缩系数 a 表示单位压应力变化引起的孔隙比变化，而 m_V 表示单位压应力变化引起的单位体积变化。

3. e-lg$p$ 曲线

当压应力 p 的数值较大时，可将图 5-5 的横坐标改用对数坐标，此时得到的压缩曲线通常称为 e-lg$p$ 曲线，如图 5-6 所示。可以看出，在较高的压力范围内，e-lg$p$ 曲线近似为一条直线，将此直线的斜率定义为压缩指数 C_c，即

$$C_c = \frac{e_1 - e_2}{\lg p_2 - \lg p_1} = -\frac{\Delta e}{\lg \frac{p_1 + \Delta p}{p_1}} \tag{5-14}$$

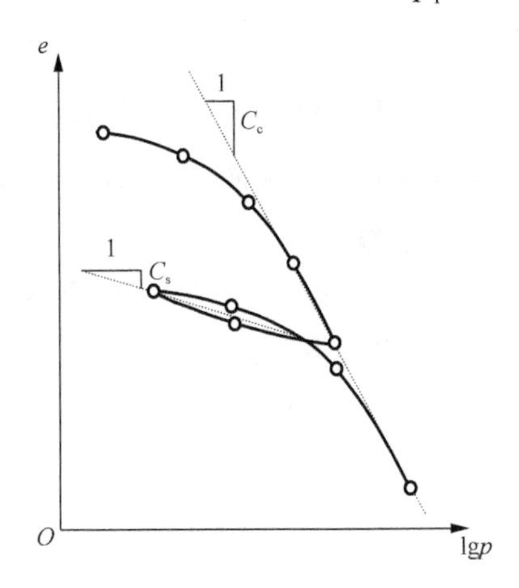

图 5-6　土的 e-lg$p$ 压缩曲线

压缩指数 C_c 也是反映土压缩性高低的一个指标，基本是一个常量，不随压应力 p 而变化。C_c 越大，压缩曲线越陡，土的压缩性就越高；反之，C_c 越小，压缩曲线越平缓，则土的压缩性就越低。卸载段与再加载段的平均斜率称为土的回弹指数或再压缩指数 C_s。C_s 也基本是一个常量，但 C_s 远小于压缩指数 C_c，一般 C_s 仅为 C_c 的 1/10～1/5。

实际地层中的土体处于不同的初始应力状态。如图 5-7 所示，正常固结土地基的不同深度①、②、③处，位置越深，自重应力越大。若土质相同，则位置越深土体越密实。现在此三处取样，由于应力释放，室内试验前所取土样已产生回弹变形；试验加载后，首先发生试样的再压缩变形，分别对应 e-lg$p$ 压缩曲线①、②、③较为平缓的初始段，见图 5-7。当试验压力超过取样点原位压力时，三条曲线均转化为较陡的直线段。可见，取样位置越深，e-lg$p$ 曲线的再压缩曲线越长且越靠下；在压力足够大时，三条 e-lg$p$ 曲线趋于同一条直线（虚线 AB）。

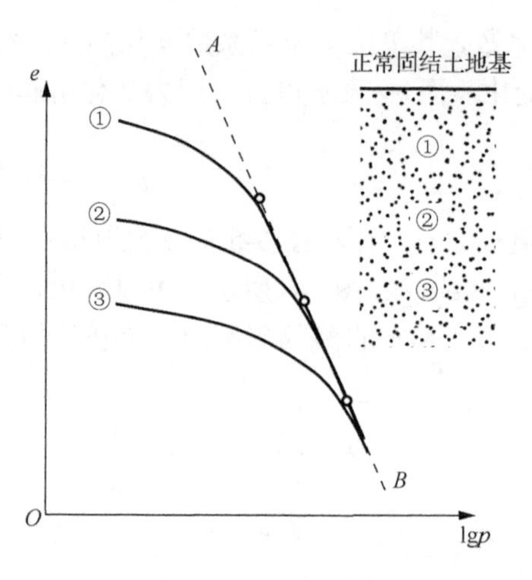

图 5-7　不同深度土的 e-lg$p$ 压缩曲线

二维码 5-1

前文介绍的侧限条件下的应力-应变曲线、e-p 曲线和 e-lg$p$ 曲线，是土体压缩曲线的不同表达形式，是相互关联的，是可以相互转化的。对于同一种土，它们反映的结果是相同的。因此，在实际工作中，可根据需要选用某种曲线进行分析。扫描二维码 5-1，下载 EXCEL 文件，将实测数据填入，可得土在侧限条件下的应力-应变曲线、e-p 曲线和 e-lg$p$ 曲线。

5.1.3　先期固结压力

由图 5-7 可知，取土深度对压缩曲线的影响很大。另外，取土场地历史上有无卸载对压缩曲线也有很大影响，如图 5-8 所示。假设土层天然重度均为 γ，现在地面以下 z 深度 M 点处取土样进行试验。若历史上无卸载（情况 a），AB 段为上覆土逐渐沉积时 M 点的压缩曲线（线性），B 点对应的应力为 M 点土体的竖向自重应力 $p_0=\gamma z$；取土时发生卸载，对应 BB' 曲线；制样后进行压缩试验所得的曲线为 $B'CD$。若历史上有卸载（情况 b），M 点上覆土层的厚度历史上最高为 z'，则 ABE 段为上覆土逐渐沉积时 M 点土体的压缩曲线（线性），E 点对应的应力为 M 点土体历史上达到的最大竖向有效应力 $p_c=\gamma z'$；由于剥蚀等原因卸载，M 点目前位于 z 深度，对应 EE' 曲线；取土时继续发生卸载，对应 $E'E''$曲线；制样后进行压缩试验所得的曲线为 $E''FG$。显然，$B'CD$ 与 $E''FG$ 的曲线段差别很大，但在进入直线段后两者逐渐重合。可见，同为地面下 z 深度取样进行试验，历史上有无卸载对其压缩曲线有明显影响。那么，在土层形成的应力历史未知时，如何衡量这种应力历史呢？由图 5-8 可以看出，e-lg$p$ 曲线的曲线段与直线段分界点对应的应力反映了土体应力历史上曾经受到的最大压应力，可以说明土体历史上达到的最大应力水平。

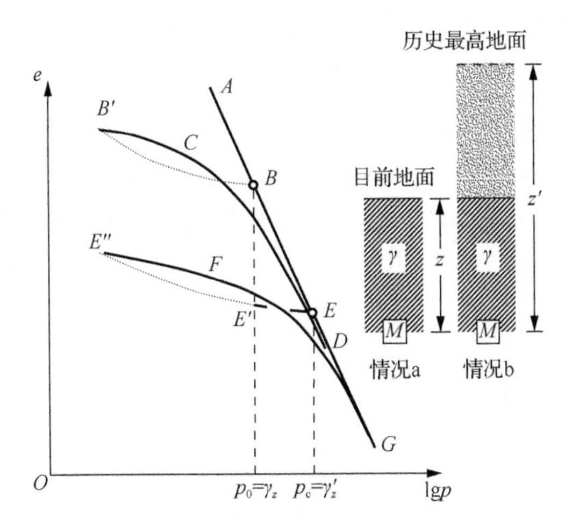

图 5-8　不同应力历史土体的压缩曲线

土层在地质历史上曾经受过的最大竖向有效应力称为先期固结压力，记作 p_c。设土层目前承受的上覆自重应力为 p_0，若 $p_0=p_c$，为正常固结土；若 $p_c>p_0$，为超固结土；若 $p_c<p_0$，为欠固结土。因此，图 5-8 中 *B'CD* 为正常固结土的 *e*-lg*p* 压缩曲线，*E''FG* 为超固结土的 *e*-lg*p* 压缩曲线。p_c 与 p_0 的比值称作超固结比，用 OCR（over-consolidation ratio）表示，即

$$\mathrm{OCR}=\frac{p_c}{p_0} \tag{5-15}$$

OCR 越大，土体的超固结度越高，压缩性越小。由于冰川融化、覆盖土层剥蚀或地下水位上升等，原来长期存在于土层中的竖向有效应力减小了，此时的土层为超固结土。超固结土（OCR＞1）的压缩性比正常固结土（OCR=1）小得多，在其上修建建筑物时，尽量使地基所受压力不超过其先期固结压力，此时沉降不会很大，有利于建筑物的安全与稳定。若土层是新近堆积的，在其自重应力的作用下尚未固结稳定，此时的土层为欠固结土（OCR＜1）。欠固结土的压缩性高，稳定性差，工程中应高度重视。

先期固结压力 p_c 的大小取决于土层的应力历史，一般很难查明，只能根据原状土样的 *e*-lg*p* 曲线推求，如图 5-9 所示。该曲线开始一段通常为平缓曲线，后面一段才是比较陡的直线，这是因为土样从土层中取出之前经历了从 *A* 到 *B* 的压缩过程，取出时经历了从 *B* 到 *C* 的卸载过程。置于压缩仪中加压，先是再压缩阶段，

一旦压力超过先期固结压力 p_c（B 点对应的压力），就进入初始压缩直线段。为此，卡萨格兰德（Casagrande）给出了确定 B 点的经验作图法，具体步骤如下：

（1）在 e-lg$p$ 曲线上寻找曲率半径最小（r_{min}）的 M 点；

（2）过 M 点作水平线 1 和切线 2；

（3）作∠1M2 的角平分线 3；

（4）向上延长 e-lg$p$ 曲线的直线段，与线 3 相交，交点即为所求的 B 点；

（5）过 B 点作横轴的垂线，根据其横坐标值得到先期固结压力 p_c。

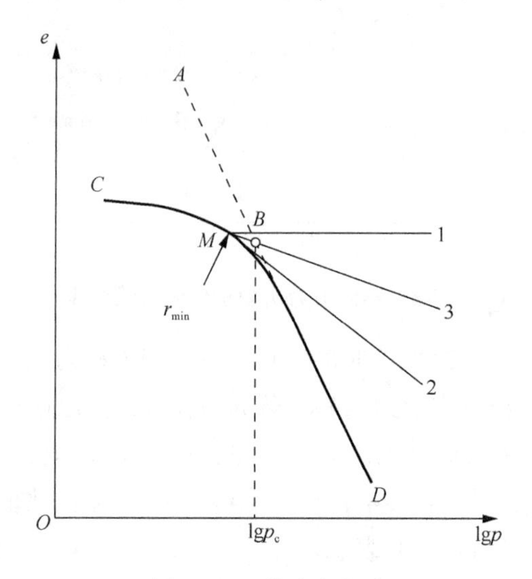

图 5-9　p_c 的确定方法

应该注意的是，按这种经验方法或其他类似的经验方法确定的先期固结压力，只能是一种大致的估计，因为原状土样往往并不“原状”，取样过程中的扰动会使 e-lg$p$ 曲线的形状和位置偏离真实曲线的位置。

对于结构性土，这些由经验方法确定的 B 点对应的压力一般会远大于其真实的先期固结压力 p_c，这是由于土体具有结构强度。因此，此时 B 点对应的压应力除包含先期固结压力外，还包含压缩结构强度。为区别一般土体的先期固结压力 p_c，结构性土体的 B 点对应的压应力称为压缩屈服应力 p_{sc}。

5.1.4　土的压缩性特征

土的侧限压缩试验研究表明，土的压缩性具有以下几个特征。

（1）土的压缩性是指土在静力作用下体积缩小的性质。它区别于含水率变化引起的体积缩小（收缩或湿陷），也不同于动荷载引起的体积缩小（震陷）。土的压缩性随着压力的增大而减小，这是由于在侧限条件下，随着压力的增大，土样变得越来越密实，可供压密的空间越来越少。

（2）土的压缩变形包括弹性和塑性两部分。土在卸荷后，只有较小的一部分压缩变形可以恢复，称为弹性变形。这部分恢复的变形主要是土粒本身的弹性变形及土中封闭气体体积在卸载后的复原等。土的压缩变形中有较大一部分不能恢复，称为塑性变形。这主要是由于颗粒相互错位、原有结构破坏及被挤出的水和气无法复原。

（3）土的压缩过程需经历一定时间才能完成，原因是土中水、气体的排出和土结构排列的调整都需要一定的时间。一般来说，细粒土达到压缩稳定所需的时间较长，而粗粒土的颗粒间没有黏性联结，渗透性较大，易于排水排气，因此达到压缩稳定所需的时间较短。

（4）土的压缩性与其形成和应力历史有关。土的卸载曲线与再压缩曲线的坡度都比压缩曲线的平缓。同一种土，超固结比 OCR 越大，其变形模量一般也越大。

（5）扰动对土的压缩性有重要影响。原状土变形模量大于重塑土（组成、湿度、密度与原状土相同）的变形模量，说明扰动会增加土的压缩性。因此，研究天然地基问题时，应取原状土体进行室内试验或进行现场原位试验；若研究的是人工填方问题（如土坝、路堤、填筑地基等），可按照实际工程中土体的设计密度制备重塑试样，进行室内试验。

5.2　地基最终沉降量计算

过大的地基沉降会引起上部建筑物的变形或破坏，因此建筑物的地基变形计算值不应大于地基变形允许值。在设计地基基础时，必须计算地基的沉降量，使之满足设计要求。在学习地基沉降量计算最常用的分层总和法和规范法之前，先来介绍一下如何计算侧限条件下的压缩量。

5.2.1　侧限条件下的压缩量

在某土层中取样进行侧限压缩试验，所得的 e-p 曲线如图 5-10 所示。图中，$p_1=\sigma_{sz}$，为土层天然状态下的竖向自重应力；$\Delta p=\sigma_z$，为在外荷载的作用下土层中产生的附加应力；$p_2=\sigma_{sz}+\sigma_z$，为在外荷载作用下土层所受的自重应力与附加应力之和。这里的应力均指有效应力。e_1、e_2 分别为 p_1、p_2 作用下压缩稳定后的孔隙比。根据式（5-4），可得在外荷载作用下厚度为 h 的土层产生的压缩量为

$$s=\frac{e_1-e_2}{1+e_1}h \tag{5-16}$$

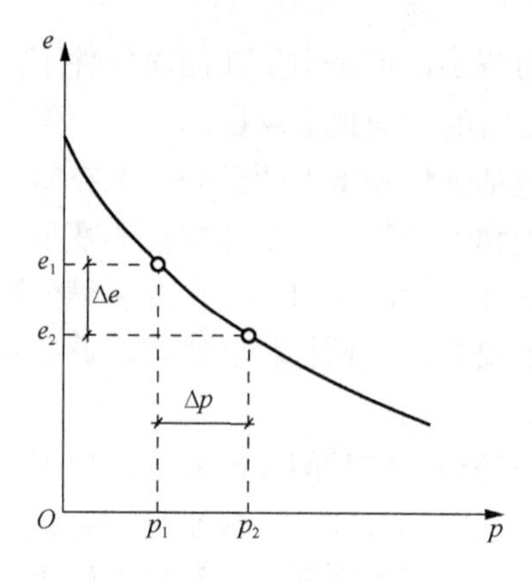

图 5-10　某土层的 e-p 曲线

前文已经提及，侧限压缩试验所得的三种压缩曲线是等价的，是可以相互转化的，因此根据压缩系数 a、压缩模量 E_s、体积压缩系数 m_V 及变形模量 E 的表达式和相互关系，式（5-16）还可写为

$$s=\frac{-\Delta e}{1+e_1}h=\frac{a}{1+e_1}\Delta ph \tag{5-17}$$

或

$$s=\frac{\Delta ph}{E_s} \tag{5-18}$$

或

$$s=m_V\Delta ph \tag{5-19}$$

或

$$s=\frac{\beta\Delta ph}{E} \tag{5-20}$$

若土层为正常固结土，由式（5-16），压缩量 s 也可写为

$$s=\frac{h}{1+e_1}\cdot C_c\lg\frac{p_2}{p_1} \tag{5-21}$$

若土层为超固结土，当 $p_2 \leqslant p_c$ 时，有

$$s=\frac{h}{1+e_1}\cdot C_s\lg\frac{p_2}{p_1} \tag{5-22}$$

当 $p_2 > p_c$ 时，有

$$s=\frac{h}{1+e_1}\left(C_s\lg\frac{p_c}{p_1}+C_c\lg\frac{p_2}{p_c}\right) \tag{5-23}$$

若土层为欠固结土，压缩量 s 为

$$s=\frac{h}{1+e_1}\cdot C_c\lg\frac{p_2}{p_c} \tag{5-24}$$

式（5-16）～式（5-24）均可用于计算地基压缩量 s，实际中可根据需要选用。

例 5-1　某土样进行室内压缩试验，在 p_1 作用下变形稳定后，沉降量为 2mm，孔隙比为 0.8；在 p_2 作用下变形稳定后，又沉降了 1mm，孔隙比为 0.7。求此土样的初始孔隙比 e_0 和初始高度 h_0。

解　根据式（5-16）可得 p_1 作用下的沉降量为

$$2=\frac{e_0-0.8}{1+e_0}\times h_0$$

p_2 作用下的沉降量为

$$2+1=\frac{e_0-0.7}{1+e_0}\times h_0 \text{ 或 } 1=\frac{0.8-0.7}{1+0.8}\times(h_0-2)$$

联立求解，得

$$e_0=1.0,\quad h_0=20\ (\text{mm})$$

因此，此土样的初始孔隙比 e_0 为 1.0，初始高度 h_0 为 20mm。

5.2.2　分层总和法

实际上，天然地基土一般都是非均质的。即使遇到均质土层，随着深度的变化，土的某些物理力学指标也会逐渐变化，因此分层总和法成为目前工程中最常用的地基沉降量计算方法。

1. 计算原理

分层总和法，顾名思义就是先将地基土层分为若干厚度不大的水平土层，分别计算每一层的压缩变形量 s_i，最终累计起来就是地基的最终沉降量 s，即

$$s=\sum_{i=1}^{n}s_i \tag{5-25}$$

式中，n 为地基土层的分层层数。

2. 假设条件

（1）基底压力为线性分布；
（2）地基中的附加应力采用弹性理论计算；

（3）地基处于侧限应力状态，只发生竖向压缩变形（沉降），沉降计算时采用侧限条件下的压缩性指标；

（4）在理论上，附加应力可深达无穷远，但在实际计算地基土的沉降量时，只需计算某一深度范围内土层的压缩量，这一深度范围内的土层就称为“压缩层”；

（5）压缩层中划分的每一薄层内，土质都是均匀的。

3. 计算步骤

如图 5-11 所示，天然地面以下有 n 层不同的土层，分别为土层①、土层②、土层③……，地下水面位于土层②中。b 为基础的宽度，d 为基础的埋深，γ_0 为基础埋深范围内土体的天然重度。下面介绍分层总和法计算地基沉降量的步骤。

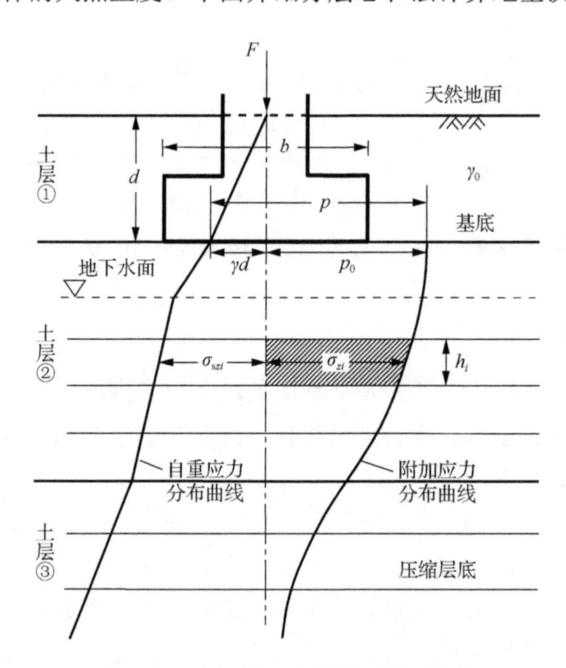

图 5-11　分层总和法计算地基沉降量

（1）选择沉降量计算点的位置。以地基最终沉降量为例，一般选基础中心点为计算点。

（2）将地基分层。一般将天然土层的分界面和地下水面作为分层界面；对厚度较大的土层应进一步分层，分层厚度不宜过大，一般每层的厚度 h_i 应小于等于 0.4 倍的基础宽度 b，并不得超过 4m，即 $h_i \leqslant 0.4b$ 且 $h_i \leqslant 4\text{m}$。

（3）计算基底压力。按照 4.3.2 小节的方法计算基底压力 p。

（4）计算基底附加压力。按式（4-29）计算基底附加压力 p_0。

（5）计算各分层界面处的自重应力。自重应力从天然地面算起，第 i 层土底面的竖向自重应力为

$$\sigma_{szi}=\gamma_0 d+\sum_{j=1}^{i}\gamma_j h_j \tag{5-26}$$

式中，γ_j 为第 j 层土的有效重度，kN/m^3；h_j 为第 j 层土的厚度，m。

（6）计算各分层界面处的竖向附加应力。竖向附加应力从基底算起，第 i 层土底面的竖向附加应力 σ_{zi} 按 4.4 节的方法计算。

（7）确定压缩层底的位置。从图 5-11 中自重应力 σ_{sz} 与竖向附加应力 σ_z 的分布曲线可以看出，随着深度的增加，自重应力逐渐增大，而附加应力逐渐减小。到达一定深度后，相较于自重应力，附加应力已经很小，其产生的压缩变形可以忽略不计，故将此处作为压缩层的底部。自上而下逐层对比各分层界面处的 σ_{sz} 和 σ_z。对于一般土层，当某界面首先满足 $\sigma_z \leqslant 0.2\sigma_{sz}$ 时，该界面即为压缩层底；若土层为软弱土层，则压缩层底需满足 $\sigma_z \leqslant 0.1\sigma_{sz}$。

（8）计算各层的沉降量。压缩层底以上第 i 层土的平均自重应力 $\bar{\sigma}_{szi}=(\sigma_{sz(i-1)}+\sigma_{szi})/2$、平均附加应力 $\bar{\sigma}_{zi}=(\sigma_{z(i-1)}+\sigma_{zi})/2$，第 i 层土中的应力从 $p_{1i}=\bar{\sigma}_{szi}$ 增加到 $p_{2i}=p_{1i}+\Delta p=\bar{\sigma}_{szi}+\bar{\sigma}_{zi}$。根据该层土的侧限压缩试验结果，选择式（5-16）～式（5-24）中的某式计算其沉降量 s_i。

（9）计算最终沉降量。按式（5-25）计算该计算点位置处地基的最终沉降量 s。

5.2.3　规范法

通过对比大量建筑物通过分层总和法计算的地基沉降量与相应建筑物的沉降观测结果发现，对于一般地基，计算沉降量与实测沉降量接近；对于软弱地基，计算沉降量小于实测沉降量；对于坚实地基，计算沉降量远大于实测沉降量。工程中，为使计算结果更符合实际并简化分层总和法，在总结大量实践经验的基础上，《建筑地基基础设计规范》（GB 50007—2011）（本小节简称为规范）引入了沉降计算经验系数，对分层总和法的地基沉降计算公式进行了必要的修正，因此称为规范法。

1. 地基沉降计算公式

如图 5-12，由于 $\Delta p=\bar{\sigma}_{zi}$，结合式（5-18），可知第 i 层土的沉降量 s_i 为

$$s_i=\frac{\Delta p_i h_i}{E_{si}}=\frac{\bar{\sigma}_{zi}h_i}{E_{si}}=\frac{A_i}{E_{si}} \tag{5-27}$$

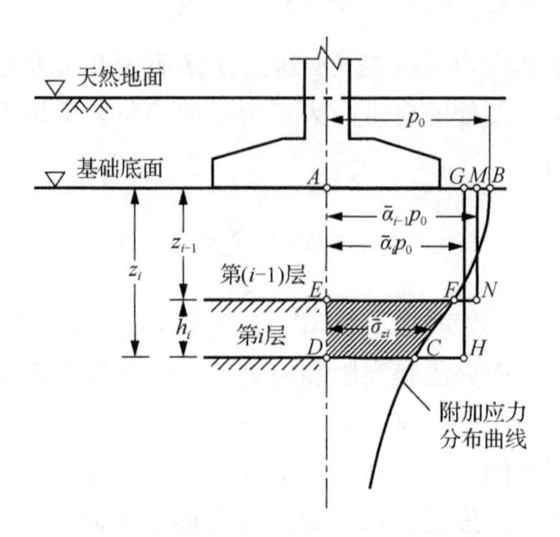

图 5-12　附加应力图形面积的计算

式中，$A_i = \bar{\sigma}_{zi} h_i$ 为第 i 层土附加应力图形的面积，即阴影部分 $CDEF$ 的面积。该面积等于 z_i 深度范围内附加应力分布图形 $ABCD$ 的面积减去 z_{i-1} 深度范围内附加应力分布图形 $ABFE$ 的面积。令 $ABCD$ 的面积等于矩形 $AGHD$ 的面积 $\bar{\alpha}_i p_0 \times z_i$，$ABFE$ 的面积等于矩形 $AMNE$ 的面积 $\bar{\alpha}_{i-1} p_0 \times z_{i-1}$，则有

$$A_i = \bar{\sigma}_{zi} h_i = \bar{\alpha}_i p_0 \times z_i - \bar{\alpha}_{i-1} p_0 \times z_{i-1} = p_0(\bar{\alpha}_i z_i - \bar{\alpha}_{i-1} z_{i-1}) \tag{5-28}$$

式中，z_i、z_{i-1} 分别为基础底面至第 i 层土、第（i−1）层土底面的距离，m；$\bar{\alpha}_i$、$\bar{\alpha}_{i-1}$ 分别为基础底面至第 i 层土、第（i−1）层土底面范围内的平均附加应力系数。

附加应力图形的面积 A_i 可由附加应力沿深度方向积分求得，然后除以 $p_0 z_i$，可得 z_i 深度范围内的平均附加应力系数 $\bar{\alpha}_i$，其分布曲线如图 5-13 所示。需要注意，$\bar{\alpha}_i$ 是指基础底面计算点至第 i 层土底面范围内全部土层的附加应力系数的平均值，而非地基中第 i 层土本身的附加应力系数。

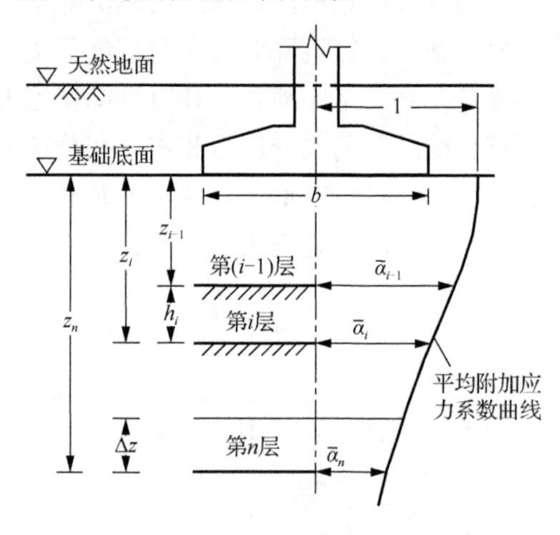

图 5-13　规范法计算地基沉降量

以下给出不同情况下平均附加应力系数$\bar{\alpha}$的计算公式。基础底面为矩形面积及条形面积时，$\bar{\alpha}=f(m,n)$；圆形面积时，$\bar{\alpha}=f\left(\frac{r}{z}\right)$，其中 m、n、r 及 z 的意义与 4.4 节中相应情况下的相同，在此不再赘述。扫描二维码 5-2～二维码 5-6，将 b、l、z 或 b、x、z 或 r、z 填入，可得相应地基 z 深度范围内的平均附加应力系数$\bar{\alpha}$。

（1）矩形面积上竖直均布荷载作用时角点下的平均附加应力系数$\bar{\alpha}$：

二维码 5-2

$$\bar{\alpha}=\frac{1}{2\pi}\left[\arctan\frac{m}{n\sqrt{m^2+n^2+1}}+\frac{m}{n}\ln\frac{\left(\sqrt{m^2+n^2+1}-1\right)\left(\sqrt{m^2+1}+1\right)}{\left(\sqrt{m^2+n^2+1}+1\right)\left(\sqrt{m^2+1}-1\right)}+\frac{1}{n}\ln\frac{\left(\sqrt{m^2+n^2+1}-m\right)\left(\sqrt{m^2+1}+m\right)}{\left(\sqrt{m^2+n^2+1}+m\right)\left(\sqrt{m^2+1}-m\right)}\right] \tag{5-29}$$

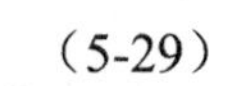

（2）矩形面积上竖直三角形荷载作用时荷载为零角点下的平均附加应力系数$\bar{\alpha}$：

二维码 5-3

$$\bar{\alpha}=\frac{1}{2\pi}\left[\frac{m}{n}\left(\sqrt{m^2+1}+\sqrt{m^2+n^2}-\sqrt{m^2+n^2+1}-m\right)-\frac{1}{n}\ln\frac{\sqrt{m^2+n^2+1}+m}{\sqrt{n^2+1}\left(\sqrt{m^2+1}+m\right)}\right] \tag{5-30}$$

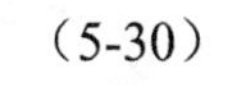

二维码 5-4

（3）条形面积上竖直均布荷载作用下的平均附加应力系数$\bar{\alpha}$：

$$\bar{\alpha}=\frac{1}{\pi}\left[\arctan\frac{m}{n}-\arctan\frac{m-1}{n}-\frac{m}{n}\ln\frac{m^2}{m^2+n^2}+\frac{m-1}{n}\ln\frac{(m-1)^2}{(m-1)^2+n^2}\right] \tag{5-31}$$

二维码 5-5

（4）条形面积上竖直三角形荷载作用下的平均附加应力系数$\bar{\alpha}$：

$$\bar{\alpha}=\frac{1}{\pi}\left[m\left(\arctan\frac{m}{n}-\arctan\frac{m-1}{n}\right)-\frac{m^2}{2n}\ln\frac{m^2}{m^2+n^2}+\frac{m^2-1}{2n}\ln\frac{(m-1)^2}{(m-1)^2+n^2}\right] \tag{5-32}$$

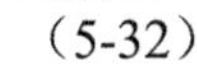

（5）圆形面积上均布荷载作用时中心点下的平均附加应力系数$\bar{\alpha}$：

二维码 5-6

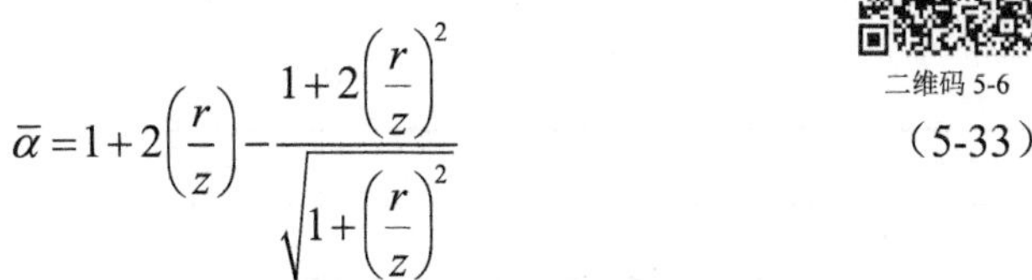

$$\bar{\alpha}=1+2\left(\frac{r}{z}\right)-\frac{1+2\left(\frac{r}{z}\right)^2}{\sqrt{1+\left(\frac{r}{z}\right)^2}} \tag{5-33}$$

规范引入了沉降计算经验系数 ψ_s，利用平均附加应力系数，给出了最终沉降量 s 的计算公式：

$$s = \psi_s s' = \psi_s \sum_{i=1}^{n} \frac{p_0}{E_{si}} (z_i \overline{\alpha}_i - z_{i-1} \overline{\alpha}_{i-1}) \tag{5-34}$$

式中，s 为地基最终沉降量，mm。当存在相邻荷载时，应计算相邻荷载引起的地基沉降量，其值可按应力叠加原理确定；s'为按分层总和法计算出的地基沉降量，mm；n 为地基沉降计算深度范围内所划分的土层数（图 5-13）；p_0 为相应于作用的荷载准永久组合时的基底附加压力，kPa；E_{si} 为基础底面下第 i 层土的压缩模量，MPa，应取土的自重应力至土的自重应力与附加应力之和的压力段计算；ψ_s 为沉降计算经验系数，根据地区沉降观测资料及经验确定，无地区经验值时，可根据沉降计算深度范围内压缩模量的当量值（$\overline{E}_s$）与基底附加压力 p_0 按表 5-1 取值。

表 5-1　沉降计算经验系数 ψ_s

基底附加压力	$\overline{E}_s$ /MPa				
	2.5	4.0	7.0	15.0	20.0
$p_0 \geqslant f_{ak}$	1.4	1.3	1.0	0.4	0.2
$p_0 \leqslant 0.75 f_{ak}$	1.1	1.0	0.7	0.4	0.2

注：①f_{ak} 为地基承载力特征值，kPa；②表中无对应项时，可采用内插法计算。

压缩模量的当量值 $\overline{E}_s$ 的计算式为

$$\overline{E}_s = \frac{\sum A_i}{\sum \frac{A_i}{E_{si}}} \tag{5-35}$$

2. 地基沉降计算深度

地基沉降计算深度 z_n（图 5-13）应符合式（5-36）的规定。当计算深度下部仍有较软土层时，应继续计算。

$$\Delta s'_n \leqslant 0.025 \sum_{i=1}^{n} \Delta s'_i \tag{5-36}$$

式中，$\Delta s'_i$ 为计算深度范围内第 i 层土的变形计算值，mm；$\Delta s'_n$ 为由计算深度向上取厚度为 Δz（图 5-13）土层的变形计算值，mm。Δz 的值根据基础宽度 b 按表 5-2 确定。

表 5-2　Δz 值

b/m	$b \leqslant 2$	$2 < b \leqslant 4$	$4 < b \leqslant 8$	$b > 8$
Δz/m	0.3	0.6	0.8	1.0

若无相邻荷载影响，基础宽度在 1～30m 时，基础中心点的地基沉降计算深度 z_n 为

$$z_n = b(2.5 - 0.4\ln b) \tag{5-37}$$

式中，b 为基础宽度，m。

若在计算深度范围内存在基岩时，z_n 可取至基岩表面；当存在较厚的坚硬黏性土层，其孔隙比小于 0.5、压缩模量大于 50MPa，或存在较厚的密实砂卵石层，其压缩模量大于 80MPa 时，z_n 可取至该层土表面。但此时地基土附加应力分布应考虑相对硬层存在的影响，需考虑地基变形增大系数，按式（5-38）计算地基的沉降量：

$$s_{\mathrm{gz}} = \beta_{\mathrm{gz}} s_{\mathrm{z}} \tag{5-38}$$

式中，s_{gz} 为具有刚性下卧层时，地基土的沉降量计算值，mm；β_{gz} 为刚性下卧层对上覆土层的变形增大系数，按表 5-3 选用；s_{z} 为按式（5-34）计算的刚性下卧层上覆土层的最终沉降量计算值，mm。

表 5-3　具有刚性下卧层时地基变形增大系数 β_{gz}

h/b	0.5	1.0	1.5	2.0	2.5
β_{gz}	1.26	1.17	1.12	1.09	1.00

注：h 为基底下土层的厚度；b 为基础底面的宽度。

3. 地基土的回弹变形量计算

当建筑物地下室基础埋置较深时，需考虑地基土的回弹变形量 s_{c}，表达式为

$$s_{\mathrm{c}} = \psi_{\mathrm{c}} \sum_{i=1}^{n} \frac{p_{\mathrm{c}}}{E_{\mathrm{c}i}} (z_i \bar{\alpha}_i - z_{i-1} \bar{\alpha}_{i-1}) \tag{5-39}$$

式中，s_{c} 为地基的回弹变形量，mm；ψ_{c} 为回弹量计算经验系数，无地区经验时可取 1.0；p_{c} 为基坑底面位置处土的自重应力，kPa；$E_{\mathrm{c}i}$ 为地基中第 i 层土的回弹模量，MPa，按现行国家标准《土工试验方法标准》（GB/T 50123—2019）中土的回弹模量试验确定。

例 5-2　某厂房柱下单独方形基础的底面尺寸为 4m×4m，埋深 d = 1m，地下水位距天然地面 3.4m，如图 5-14（a）所示，上部结构传至基础顶面的中心荷载 F = 1440kN。地基为粉质黏土，其天然重度 γ = 16.0kN/m^3，饱和重度 γ_{sat} = 18.6kN/m^3。室内侧限压缩试验得地基土 e-p 曲线如图 5-14（b）所示。若已知地基承载力特征值 f_{ak} =94kPa，试分别用分层总和法和规范法计算基础最终沉降量。

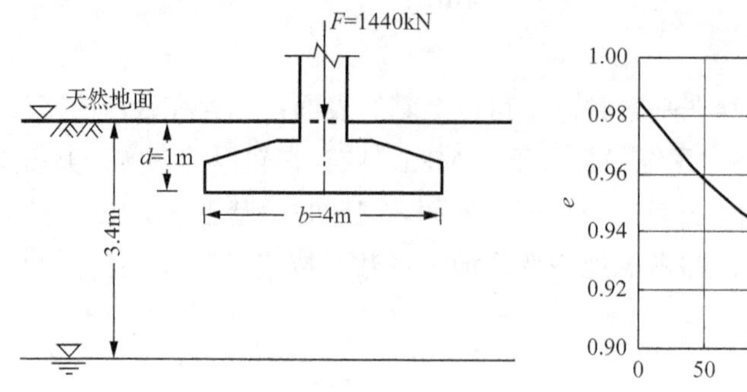

（a）地基基础剖面图　　（b）e-p曲线

图 5-14　例 5-2 图

解　1）分层总和法计算沉降

（1）计算点位置的选择:

为计算基础最终沉降量，选择基础中心点为计算点。

（2）分层:

由 $0.4b$=1.6m，得分层厚度 $h_i \leqslant 1.6$m，本例中地下水位以上分两层，各 1.2m，地下水位以下按 1.6m 分层。

（3）计算基底压力:

基础底面以上，基础和填土的混合重度取γ_G=20 kN/m^3，则基础自重为

$$G = \gamma_G Ad = 20\times4\times4\times1 = 320\ (\text{kN})$$

因此，基底压力为

$$p = \frac{F+G}{A} = \frac{1440+320}{4\times4} = 110\ (\text{kPa})$$

（4）计算基底附加压力:

$$p_0 = p - \gamma d = 110 - 16.0\times1 = 94\ (\text{kPa})$$

（5）计算地基土的自重应力σ_{sz}:

从天然地面起算，从上到下依次计算基底及各分层界面处的自重应力σ_{sz}，具体见表 5-4，其分布曲线见图 5-15。

表 5-4　例 5-2 应力计算表

z/m	$n=z/b$	K_s	σ_z/kPa	σ_{sz}/kPa	σ_z/σ_{sz}	z_n/m
0.0	0.0	0.2500	94.0	16.0	—	—
1.2	0.6	0.2229	83.8	35.2	—	—

续表

z/m	$n=z/b$	K_s	σ_z/kPa	σ_{sz}/kPa	σ_z/σ_{sz}	z_n/m
2.4	1.2	0.1516	57.0	54.4	—	—
4.0	2.0	0.0840	31.6	68.2	—	—
5.6	2.8	0.0502	18.9	81.9	0.23	—
7.2	3.6	0.0326	12.3	95.7	0.13	7.2

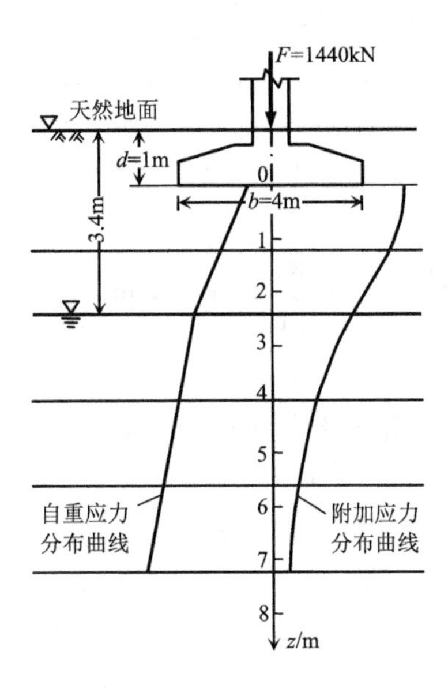

图 5-15　例 5-2 应力分布曲线

（6）计算基础中心点下地基的附加应力σ_z:

利用角点法计算。过基底中心点将基础底面四等分，则中心点下地基中附加应力$\sigma_z=4K_s p_0$。等分后计算边长 $l=b=2$m，因此 $m=l/b=1$，不同 z 深度（z 从基底开始计算）的σ_z 由式（4-34）计算确定，具体计算结果见表 5-4，其分布曲线见图 5-15。

（7）确定沉降计算深度 z_n:

根据一般土体$\sigma_z \leqslant 0.2\sigma_{sz}$的确定原则，由表 5-4 计算得 z_n=7.2m。

（8）各层沉降量计算:

根据 e-p 曲线，计算各层的沉降量 s_i，具体见表 5-5。其中，平均自重应力 $\bar{\sigma}_{szi}=(\sigma_{sz(i-1)}+\sigma_{szi})/2$，平均附加压力 $\bar{\sigma}_{zi}=(\sigma_{z(i-1)}+\sigma_{zi})/2$，$p_{1i}=\bar{\sigma}_{szi}$，$p_{2i}=\bar{\sigma}_{szi}+\bar{\sigma}_{zi}$。

表 5-5　例 5-2 分层总和法沉降计算表

z/m	σ_{sz}/kPa	σ_z/kPa	h/mm	p_1/kPa	$\bar{\sigma}_z$/kPa	p_2/kPa	e_1	e_2	$\dfrac{e_1-e_2}{1+e_1}$	s_i/mm
0.0	16.0	94.0								
			1200	25.6	88.9	114.5	0.9705	0.9358	0.0176	21.1
1.2	35.2	83.8								
			1200	44.8	70.4	115.2	0.9605	0.9355	0.0128	15.3
2.4	54.4	57.0								
			1600	61.3	44.3	105.6	0.9533	0.9384	0.0076	12.2
4.0	68.2	31.6								
			1600	75.1	25.3	100.4	0.9480	0.9400	0.0041	6.6
5.6	81.9	18.9								
			1600	88.8	15.6	104.4	0.9435	0.9387	0.0025	4.0
7.2	95.7	12.3								

（9）基础中心点处最终沉降量为

$$s=\sum_{i=1}^{n}s_i=59.2(\text{mm})$$

2）规范法计算沉降

（1）计算点位置、p_0 计算值及各层 σ_z、σ_{sz} 值与前述分层总和法的结果相同。

（2）确定沉降计算深度：

$$z_n=b(2.5-0.4\ln b)=7.8\ (\text{m})$$

（3）利用角点法计算附加应力。同样，过基底中点将基础底面四等分，因此 m=1。由式（5-29）得每一等分基础底面对应的各深度 z 处的平均附加应力系数，根据叠加原理得总的平均附加应力系数 $\bar{\alpha}$ 。计算结果见表 5-6。

表 5-6　例 5-2 规范法沉降计算表

z/m	n=z/b	$\bar{\alpha}$	$\bar{\alpha}_z$/m	$(\bar{\alpha}_i z_i-\bar{\alpha}_{i-1}z_{i-1})$/m	e_1	e_2	$\bar{\sigma}_z$/kPa	E_{si}/MPa	$\Delta s'$/mm	s'/mm
0	0	1.0000	0							
				1.1630	0.9705	0.9358	88.9	5.048	21.7	21.7
1.2	0.6	0.9692	1.1630							
				0.9000	0.9605	0.9355	70.4	5.521	15.3	37.0
2.4	1.2	0.8596	2.0630							
				0.7306	0.9533	0.9384	44.3	5.807	11.8	48.8
4.0	2.0	0.6984	2.7936							
				0.4169	0.9480	0.9400	25.3	6.161	6.4	55.2
5.6	2.8	0.5733	3.2105							
				0.2599	0.9435	0.9387	15.6	6.316	3.9	59.0
7.2	3.6	0.4820	3.4704							
				0.0724	0.9404	0.9371	11.5	6.743	1.0	60.0
7.8	3.9	0.4542	3.5428							

（4）计算各层土的压缩模量 E_{si}，具体计算结果见表 5-6。

$$E_{si}=\frac{1+e_{1i}}{e_{1i}-e_{2i}}\bar{\sigma}_{zi}$$

（5）列表计算各层沉降量，见表 5-6。

（6）验算受压层深度：

当 z_n=7.8m 时，$\Delta s = 0.025\sum_{i=1}^{n}\Delta s_i' = 1.50\ (\text{mm})$。

查表 5-2，得 Δz=0.6m，由表 5-6 可知相应的沉降量 $\Delta s_n'$ =1.0mm，故 $\Delta s_n' < \Delta s$，受压层深度满足规范要求。

（7）沉降计算经验系数：

计算变形计算深度范围内压缩模量的当量值 $\overline{E}_s$ 为

$$\overline{E}_s = \frac{\Sigma A_i}{\Sigma \dfrac{A_i}{E_{si}}} = \frac{94\times(1.1630+0.9000+0.7306+0.4169+0.2599+0.0724)}{94\times\left(\dfrac{1.1630}{5.048}+\dfrac{0.9000}{5.521}+\dfrac{0.7306}{5.807}+\dfrac{0.4169}{6.161}+\dfrac{0.2599}{6.316}+\dfrac{0.0724}{6.743}\right)}$$

$$= \frac{3.5428}{0.6387} \approx 5.546\ (\text{MPa})$$

由于 $f_{ak}=p_0$，查表 5-1，采用内插法得沉降计算经验系数 ψ_s =1.14。

（8）计算基础最终沉降量：

$$s = \psi_s s' = 1.14\times 60.0 = 68.4(\text{mm})$$

5.3　饱和土体渗透固结理论

按前文介绍的方法确定的地基沉降量，都是指地基土在外荷载作用下压缩稳定后的最终沉降量。饱和土体的压缩完全是由孔隙水逐渐向外排出、孔隙体积减小引起的，因此，排水速率将影响土体压缩稳定所需的时间。排水速率与土的渗透性有关，渗透性越强，排水越快，完成压缩所需的时间越短；反之，排水越慢，完成压缩所需的时间越长。因此，地基的渗透固结变形取决于地基土层的可压缩性与渗透性。

在工程设计中，有时不但需要预估建筑物地基可能产生的最终沉降量，而且常常需要预估建筑物地基达到某一沉降量所需的时间，或者预估建筑物施工过程中或完工以后经过一定时间可能产生的沉降量。关于沉降量与时间的关系，目前常以饱和土体单向渗透固结理论为基础。下面介绍这一理论及其应用。

5.3.1　单向渗透固结理论的模型

前文已述及，土体的固结是指土体在某一压力作用下与时间有关的压缩过程。就饱和土体而言，这是由孔隙水的逐渐向外排出引起的。如果孔隙水只沿一个方向排出，土体的压缩也只在这个方向发生（一般均指竖直方向），这种压缩过程就称为单向固结。如图 5-16（a）所示，厚度不大的饱和黏性土层位于不透水岩层之上，若饱和黏性土层表面作用有大面积均布荷载 p，则土层中将产生均匀分布的附加应力$\sigma_z=p$，其附加应力图形呈矩形。在此附加应力的作用下，孔隙水沿竖向逐渐排出，饱和黏性土层发生固结。为模拟侧限条件下该土层的固结过程，太沙基最早提出了单向渗透固结模型。该模型中，钢筒模拟侧限条件，弹簧模拟钢筒中的土骨架，筒中水模拟土体中的孔隙水，带孔活塞模拟排水条件，如图 5-16（b）所示。活塞上孔的大小反映土体渗透性的大小。当活塞板上未加荷载时，测压管中的水位与钢筒中水位齐平。此时，土中各点的孔隙水压力完全由静水压力确定，土中没有渗流发生。

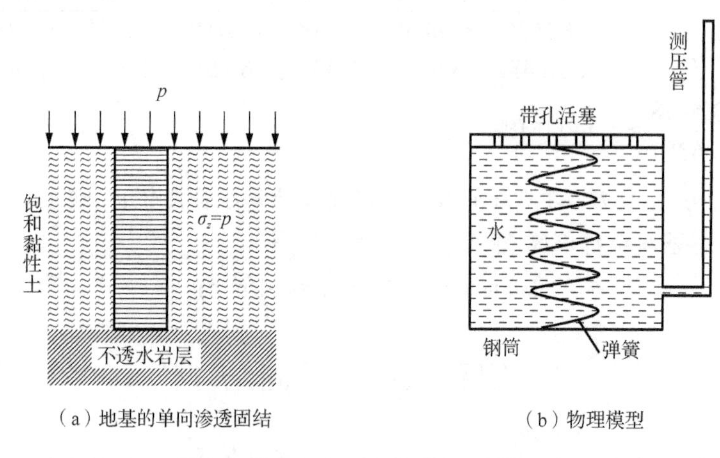

（a）地基的单向渗透固结　　（b）物理模型

图 5-16　单向渗透固结物理模型的建立

在活塞板上施加外荷载 p 的瞬间，即时间 $t=0$ 时［图 5-17（a）］，钢筒内的水还来不及排出，此时活塞还未发生位移，弹簧不受力，水是不可压缩的流体。因此，模型内体积变化为 0，外荷载全部由水承担，测压管中的水位将上升 h 高度。这表示土中将产生超静孔隙水压力（超静孔压）u，此时 $u=p=\gamma_w h$，作用于土骨架上的有效应力$\sigma_z'=0$。

活塞上下存在水位差 h，因此渗流产生。当 $0<t<\infty$时［图 5-17（b）］，水从活塞小孔中不断排出，活塞下钢筒内水量逐渐减少，测压管水位逐渐降低为 h'，钢筒内超静孔隙水压力减小了。活塞向下移动，弹簧逐渐受力，分担了部分来自活塞的荷载。这表明饱和土体中的超静孔隙水压力逐渐消散，土骨架的有效应力逐渐增加，孔隙水压力的减小值等于有效应力的增加值，此时土中超静孔隙水压力 $u<p$，而作用于土骨架上的有效应力$\sigma_z'>0$。

上述过程持续发展，直至 $t=\infty$时，超静孔隙水压力全部消散，测压管水位降至与筒内水位齐平，即 $h=0$［图 5-17（c）］，此时全部外荷载 p 都转为由弹簧承担，活塞稳定在某一位置，渗流停止。这表明最后饱和土体中的超静孔隙水压力

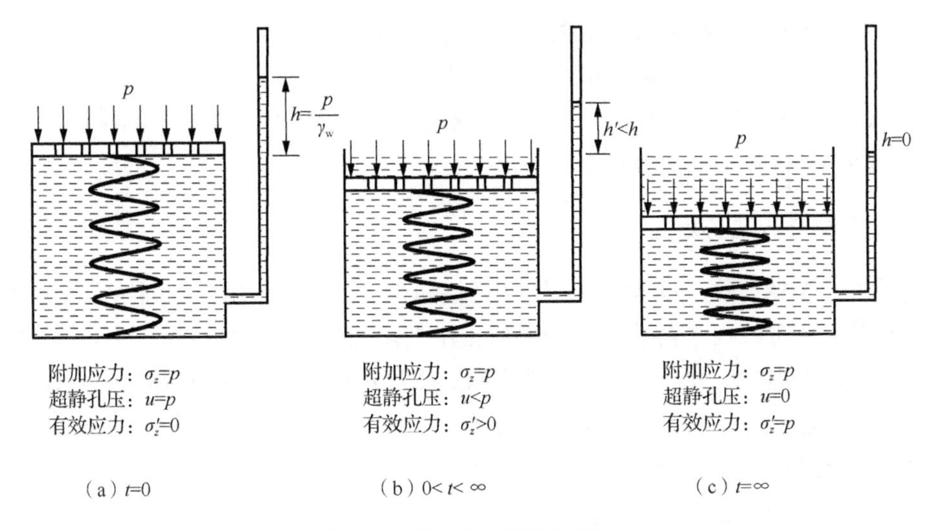

（a）$t=0$　　　　（b）$0<t<\infty$　　　　（c）$t=\infty$

图 5-17　单向渗透固结过程

全部消散为零，即 $u=0$，而土骨架承担了全部的外荷载，即有效应力$\sigma_z'=p$，土体的渗透固结过程结束，简称土体固结完成。

值得注意的是，土体固结过程中，土中的超静孔隙水压力不断消散直至为零，但土中的静孔隙水压力并不会消散，它一直存在于土体之中。由此可见，饱和土的渗透固结过程就是土中超静孔隙水压力 u 向有效应力σ_z' 转化的过程，或者说是超静孔隙水压力消散与有效应力增长的过程。土体受荷固结的整个过程中满足饱和土体的有效应力原理，即$\sigma_z=p=\sigma_z'+u$。

只有有效应力才能使土体产生压缩，土体中有效应力的增长程度反映土的固结完成程度。在地基固结过程中，超静孔隙水压力逐渐转化为有效应力，土体体积就相应减小，产生压缩。因此，从分析有效应力或超静孔隙水压力与时间的关系入手，分析地基沉降量与时间的关系，这就是太沙基提出的饱和土体单向渗透固结理论的思路。

5.3.2　单向渗透固结理论的推导

当压缩土层的顶面与底面具有双面或单面排水条件，在土层表面作用有外荷载时，该层中孔隙水主要沿竖直方向流动或排出，可用室内固结试验模拟，这种情况称为土体的单向渗透固结。

1. 基本假设

（1）土层是均质、各向同性且完全饱和的；

（2）土的压缩完全由孔隙体积的减小引起，土粒和水是不可压缩的；

（3）水的排出和土层的压缩仅沿竖向发生；

（4）孔隙水的向外排出符合达西定律；

（5）在整个固结过程中，土的渗透系数 k、压缩系数 a 等均视为常量；

（6）外荷载是一次瞬时施加的。

2. 微分方程的建立

如图 5-18（a）所示，厚度为 H 的饱和土层在自重作用下已固结完成，其上施加无限分布的均布荷载 p，则此时土中的附加应力σ_z 沿深度均匀分布（矩形 $ABCD$），大小等于外荷载 p。在整个渗透固结过程中，土中的超静孔隙水压力 u 和有效应力σ'是深度 z 和时间 t 的函数，两者之和始终等于附加应力$\sigma_z=p$。t=0 时的初始超静孔隙水压力记作 u_0。随着时间的推移，超静孔隙水压力 u 不断减小直至消失（各阶段超静孔隙水压力 u 的分布图形见阴影部分），而有效应力σ'不断增加直至等于附加应力。因此，可在基本假设前提下建立单向渗透固结微分方程，然后根据具体的起始条件和边界条件求解土层中任意点任意时刻的 u 或σ'，进而求得整个土层在任意时刻达到的固结度和沉降量。

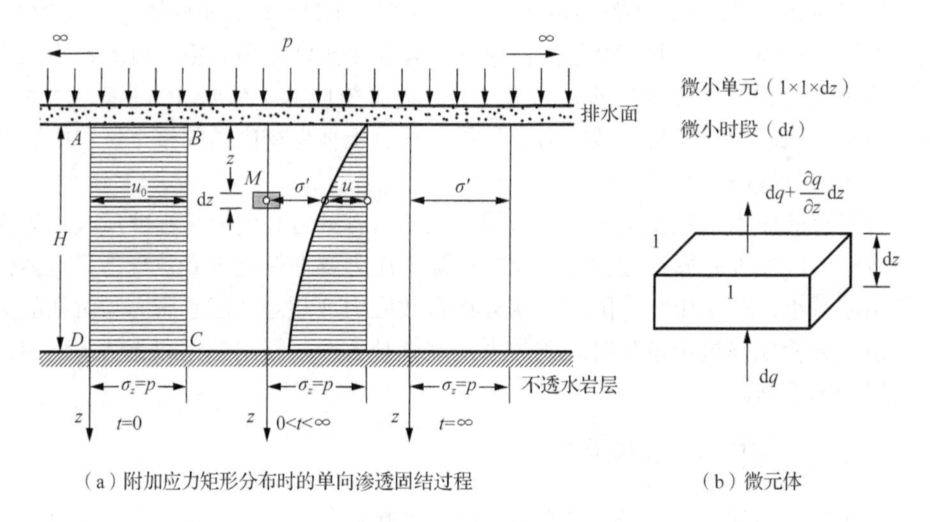

（a）附加应力矩形分布时的单向渗透固结过程　　（b）微元体

图 5-18　饱和土的单向渗透固结过程

由于下卧不透水岩层，压缩层中的孔隙水只能沿竖直方向向上排出。现从土层深度为 z 的 M 点处取一微元体（厚度为 dz，截面积为 1×1），放大后如图 5-18（b）所示。设土层初始孔隙比为 e_1，则在此微元体中固体体积 V_s 和孔隙体积 V_v 分别为

$$V_s=\frac{1}{1+e_1}dz \tag{5-40}$$

$$V_{\mathrm{v}} = eV_{\mathrm{s}} = e\left(\frac{1}{1+e_1}\mathrm{d}z\right) \tag{5-41}$$

式中，e 为渗流过程中土层的孔隙比。

因此，$\mathrm{d}t$ 时间内，微元体中孔隙体积的变化（减小）量为

$$\frac{\partial V_{\mathrm{v}}}{\partial t}\mathrm{d}t = \left(\frac{\mathrm{d}z}{1+e_1}\right)\frac{\partial e}{\partial t}\mathrm{d}t \tag{5-42}$$

$\mathrm{d}t$ 时间内，从微元体中流出的水量为

$$\left(\mathrm{d}q + \frac{\partial q}{\partial z}\mathrm{d}z\right)\mathrm{d}t - \mathrm{d}q\mathrm{d}t = \frac{\partial q}{\partial z}\mathrm{d}z\mathrm{d}t \tag{5-43}$$

式中，q 为单位时间内流过单位横截面积的水量，$\mathrm{m^3/d}$ 或 $\mathrm{cm^3/s}$ 等。

$\mathrm{d}t$ 时间内，从微元体中流出的水量等于同一时间内微元体中孔隙体积的变化（减小）量，即

$$\frac{\partial q}{\partial z}\mathrm{d}z\mathrm{d}t = \left(\frac{\mathrm{d}z}{1+e_1}\right)\frac{\partial e}{\partial t}\mathrm{d}t \tag{5-44}$$

化简后，得饱和土体单向渗透固结过程的基本关系式：

$$\frac{\partial q}{\partial z} = \frac{1}{1+e_1}\frac{\partial e}{\partial t} \tag{5-45}$$

根据达西定律，可得

$$q = ki = k\frac{\partial h}{\partial z} = \frac{k}{\gamma_{\mathrm{w}}}\frac{\partial u}{\partial z} \tag{5-46}$$

式中，k 为土的渗透系数，m/d 或 cm/s 等；i 为水力坡降；γ_{w} 为水的重度，$\mathrm{kN/m^3}$。

由 $\Delta e = -a\Delta\sigma'$，可得

$$\frac{\partial e}{\partial t} = -a\frac{\partial \sigma'}{\partial t} = -a\frac{\partial(\sigma_z - u)}{\partial t} = a\frac{\partial u}{\partial t} \tag{5-47}$$

式中，a 为土的压缩系数，$\mathrm{kPa^{-1}}$。

将式（5-46）、式（5-47）代入式（5-45），得

$$\frac{k}{\gamma_{\mathrm{w}}}\frac{\partial^2 u}{\partial z^2} = \frac{a}{1+e_1}\frac{\partial u}{\partial t} \tag{5-48}$$

令

$$C_{\mathrm{v}} = \frac{k(1+e_1)}{a\gamma_{\mathrm{w}}} \tag{5-49}$$

则饱和土体的单向渗透固结微分方程为

$$C_{\mathrm{v}} \frac{\partial^2 u}{\partial z^2} = \frac{\partial u}{\partial t} \tag{5-50}$$

式中，C_{v}为土的固结系数，m^2/a、m^2/d或cm^2/s等。

由式（5-49）可见，C_{v}与k成正比，与a成反比，因此C_{v}可表征土体本身的固结速率。土体渗透性越小，C_{v}值就越小；土体压缩性越大，C_{v}值就越小。实际在进行C_{v}的计算时，应注意各参数之间单位的统一。

3. 固结微分方程的解

单向渗透固结微分方程［式（5-50）］的建立与附加应力的分布形式无关，因此，可根据不同附加应力分布情况的起始条件和边界条件求其特解。

1）附加应力呈矩形分布

如图 5-18 所示的情况，初始条件和边界条件如下：

（1）当 $t=0$ 时，$0 \leqslant z \leqslant H$ 处，$u=u_0=\sigma_z=p$；

（2）当 $0<t<\infty$时，$z=0$（透水边界）处，$u=0$，$z=H$（不透水边界）处，$\dfrac{\partial u}{\partial z}=0$；

（3）当 $t=\infty$时，$0 \leqslant z \leqslant H$ 处，$u=0$。

应用傅里叶级数，可得式（5-50）的解为

$$u_{z,t} = \frac{4p}{\pi} \sum_{m=1}^{m=\infty} \frac{1}{m} \sin \frac{m\pi z}{2H} \mathrm{e}^{-m^2\left(\frac{\pi^2}{4}\right)T_{\mathrm{v}}} \tag{5-51}$$

式中，m为正奇数（1,3,5,…）；e 为自然对数的底数；H为固结土层排水的最长距离，m 或 cm 等，当土层为单面排水时，H等于土层的厚度，当土层为上下双面排水时，H等于土层厚度的一半；T_{v}为时间因数，无量纲，反映压缩土层超静孔隙水压力消散的程度，即固结的程度，计算式如下：

$$T_{\mathrm{v}} = \frac{C_{\mathrm{v}}}{H^2} t \tag{5-52}$$

式中，t为固结历时，单位可为 a、d 或 h 等。

根据式（5-51），可绘制不同固结历时t的土层中超静孔隙水压力u沿深度z的分布曲线，即u-z曲线，如图 5-19 所示。随t的增长，土层中的水不断排出，T_{v}不断增大，u-z曲线逐渐向$u=0$靠近，土层随之逐渐固结。双面排水的u-z曲线可看作是以厚度中线为不透水面的两个单面排水u-z曲线的镜像组合。

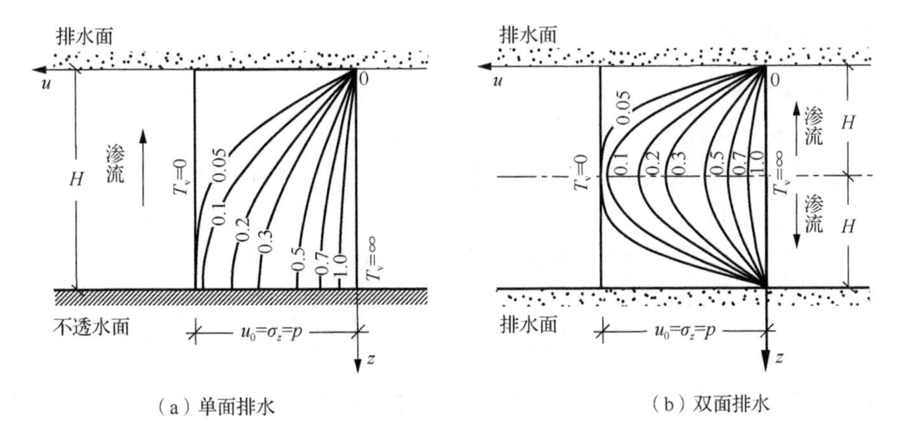

图 5-19　固结过程中土层中的超静孔隙水压力分布曲线

2）附加应力呈尖部排水的三角形分布

如图 5-20 所示，附加应力分布图形为三角形，指土层排水面处的附加应力为零，不透水面处的附加应力$\sigma_z=p$ 的情况，此时深度 z 处的附加应力$\sigma_z=\dfrac{z}{H}p$。相应的初始条件和边界条件如下：

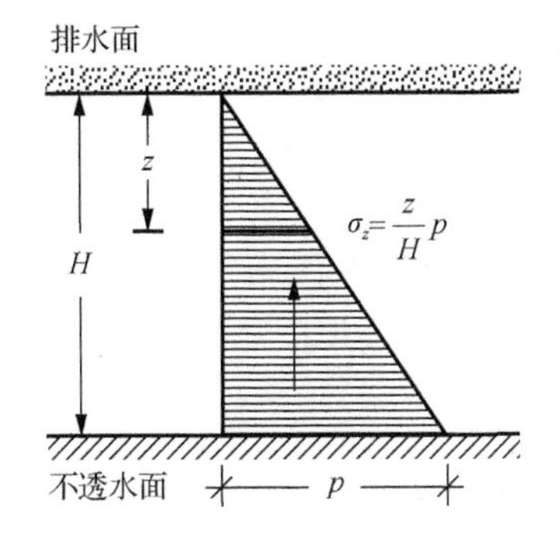

图 5-20　土层单面尖部排水（附加应力呈尖部排水的三角形分布）

（1）当 $t=0$ 时，$0\leqslant z\leqslant H$ 处，$u=u_0=\sigma_z$。

（2）当 $0<t<\infty$时，$z=0$ 处，$u=0$；$z=H$ 处，$\dfrac{\partial u}{\partial z}=0$。

（3）当 $t=\infty$时，$0\leqslant z\leqslant H$，$u=0$。

应用傅里叶级数，可得式（5-50）的解为

$$u_{z,t}=\frac{8p}{\pi^2}\sum_{m=1}^{m=\infty}\frac{1}{m^2}\cos\frac{m\pi(H-z)}{2H}\mathrm{e}^{-m^2\left(\frac{\pi^2}{4}\right)T_v} \tag{5-53}$$

式中，各符号意义与式（5-51）中相同。

4. 固结度

1）基本概念

（1）土中一点的固结度。

图 5-18（a）表示在附加应力σ_z的作用下，在 t 时刻土层中的有效应力σ'和超静孔隙水压力 u 的分布。对于某一深度 z 处的 M 点，其 t 时刻的有效应力$\sigma'_{z,t}$与总应力（附加应力σ_z）之比，称为该点土的固结度 $U_{z,t}$，即

$$U_{z,t}=\frac{\sigma'_{z,t}}{\sigma_z}=\frac{\sigma_z-u_{z,t}}{\sigma_z}=1-\frac{u_{z,t}}{\sigma_z} \tag{5-54}$$

式中，$\sigma'_{z,t}$和$u_{z,t}$分别表示土层中 t 时刻 z 深度处的有效应力与超静孔隙水压力。

（2）压缩土层的固结度。

不同土层深度处的固结度是不同的，但对工程而言，更有意义的是 t 时刻压缩土层的平均固结度 U_t（简称“固结度”），它等于该时刻整个压缩土层厚度 H 范围内的土骨架已经承担的平均有效应力$\overline{\sigma'}$与平均附加应力$\overline{\sigma_z}$的比值，即

$$U_t=\frac{\overline{\sigma'}}{\overline{\sigma_z}} \tag{5-55}$$

式（5-55）分子分母同时乘以$\dfrac{a}{1+e_1}H$，可得

$$U_t=\frac{\dfrac{a}{1+e_1}\overline{\sigma'}H}{\dfrac{a}{1+e_1}\overline{\sigma_z}H}=\frac{s_t}{s_\infty} \tag{5-56}$$

则

$$s_t=U_t\cdot s_\infty \tag{5-57}$$

式中，s_t为 t 时刻地基的沉降量；s_∞为压缩土层的最终沉降量。

式（5-55）也可表示为

$$U_t=\frac{\overline{\sigma'}}{\overline{\sigma_z}}=\frac{\overline{\sigma'}H}{\overline{\sigma_z}H}=\frac{\text{有效应力的分布面积}}{\text{附加应力的分布面积}} \tag{5-58}$$

则

$$U_t=\frac{\int_0^H\sigma'_{z,t}\mathrm{d}z}{\int_0^H\sigma_z\mathrm{d}z}=1-\frac{\int_0^H u_{z,t}\mathrm{d}z}{\int_0^H\sigma_z\mathrm{d}z} \tag{5-59}$$

由此可见，压缩土层的固结度也是地基在固结过程中任一时刻 t 的沉降量 s_t

与其最终沉降量 s_∞ 之比，表示土中超静孔隙水压力向有效应力转化的完成程度。显然，固结度 U_t 随固结时间的延续而逐渐增大。当 $t=0$ 时，$U_t=0$；当 $0<t<\infty$ 时，$0<U_t<1$；当 $t=\infty$ 时，$U_t=1$。

式（5-59）适用于压缩土层任何附加应力分布和排水条件的情况。

2）固结度的计算

下面介绍不同附加应力分布、不同排水条件下固结度的计算。

（1）附加应力呈矩形分布的情况［图 5-21（a）］。

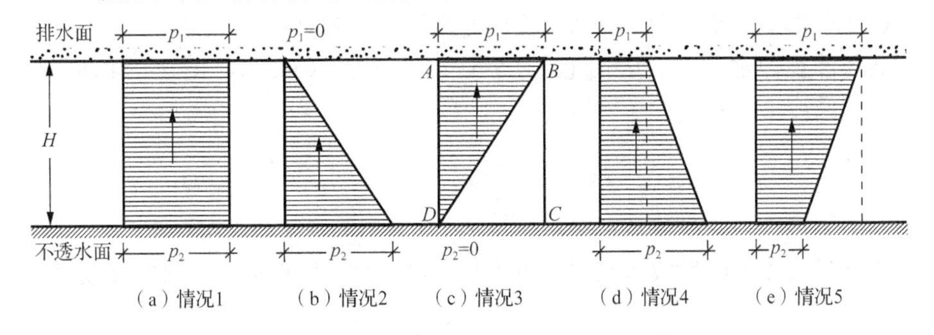

图 5-21　土层单向渗透固结附加应力分布的不同情况

将超静孔隙水压力的表达式（5-51）代入式（5-59），积分并化简得此情况下的固结度 U_{t1} 为

$$U_{t1}=1-\frac{8}{\pi^2}\left[\mathrm{e}^{-\left(\frac{\pi^2}{4}\right)T_\mathrm{v}}+\frac{1}{9}\mathrm{e}^{-9\left(\frac{\pi^2}{4}\right)T_\mathrm{v}}+\frac{1}{25}\mathrm{e}^{-25\left(\frac{\pi^2}{4}\right)T_\mathrm{v}}+\cdots\right] \tag{5-60}$$

中括号内的无穷级数收敛很快，在实用上，当 $T_\mathrm{v}\geqslant 0.16$ 时，只取中括号内的第一项误差不大，因此式（5-60）可近似写为

$$U_{t1}=1-\frac{8}{\pi^2}\mathrm{e}^{-\left(\frac{\pi^2}{4}\right)T_\mathrm{v}} \tag{5-61}$$

固结度 U_{t1} 适用于地基土在其自重作用下已固结完成，基底面积很大而压缩土层较薄的情况。另外，根据叠加原理，对于双面排水的情况，无论压缩土层中附加应力的分布形式如何，只要是线性分布，固结度 U_{t1} 都适用。

因此，在上述适用范围内，若两个压缩土层的土质相同（C_v 相同），达到同一固结度时，两者的时间因数 T_v 相等，即

$$T_\mathrm{v}=\frac{C_\mathrm{v}}{H_1^2}t_1=\frac{C_\mathrm{v}}{H_2^2}t_2 \tag{5-62}$$

$$\frac{t_1}{t_2}=\frac{H_1^2}{H_2^2} \tag{5-63}$$

式中，t_1与t_2分别为两压缩土层达到同一固结度所需的时间；H_1与H_2分别为两压缩土层的最长排水距离。

可见，土质相同的压缩土层达到相同固结度所需的时间之比，等于最长排水距离的平方之比。工程实践中，常用式（5-63），根据室内固结试验所得的固结过程曲线来预估实际地基的沉降过程。另外，附加应力图形为矩形时，对于同一地基情况，若将单面排水改为双面排水，则土层的最长排水距离就由H变为了$H/2$，要达到相同的固结度，所需历时t就减少为原来的1/4。

（2）附加应力呈三角形分布，尖部排水［图5-21（b）］。

将超静孔隙水压力表达式［式（5-53）］代入式（5-59），积分并化简得此情况下的固结度U_{t2}为

$$U_{t2}=1-\frac{32}{\pi^3}\left[\mathrm{e}^{-\left(\frac{\pi^2}{4}\right)T_v}-\frac{1}{27}\mathrm{e}^{-9\left(\frac{\pi^2}{4}\right)T_v}+\frac{1}{125}\mathrm{e}^{-25\left(\frac{\pi^2}{4}\right)T_v}-\cdots\right] \tag{5-64}$$

中括号内无穷级数收敛很快，也可只取第一项，因此式（5-64）近似写为

$$U_{t2}=1-\frac{32}{\pi^3}\mathrm{e}^{-\left(\frac{\pi^2}{4}\right)T_v} \tag{5-65}$$

U_{t2}适用于土层在其自重作用下未固结，土的附加应力等于自重应力的情况，如无限宽广的水力冲填土层等。

（3）其他情况。

经研究表明，在某种分布图形的附加应力作用下，任一历时内均质土层的沉降量，是该应力分布图形各组成部分在同一历时内所引起沉降量的代数和，符合叠加原理。由式（5-59）可知，相应压缩土层t时刻有效应力分布图形的面积也可用叠加原理确定，并由此计算该时刻压缩土层的固结度。

如图5-21（c）情况3所示，附加应力图形呈倒三角形，根部排水。根据叠加原理，将图示的附加应力图形（阴影部分）看作由矩形$ABCD$减去三角形BCD所得。此时，该情况下t时刻有效应力图形的面积A_3可由情况1与情况2下有效应力图形的面积A_1与A_2相减而得，即

$$A_3=A_1-A_2=U_{t1}pH-U_{t2}\cdot\frac{1}{2}pH=(2U_{t1}-U_{t2})\cdot\frac{1}{2}pH \tag{5-66}$$

由式（5-58）可得

$$U_{t3}=\frac{\text{有效应力分布面积}}{\text{附加应力分布面积}}=\frac{(2U_{t1}-U_{t2})\cdot\frac{1}{2}pH}{\frac{1}{2}pH}=2U_{t1}-U_{t2} \tag{5-67}$$

可见，情况 3 压缩土层的固结度 U_{t3} 可由情况 1 与情况 2 的固结度表示。U_{t3} 适用于地基土在自重作用下已固结完成，基底面积较小，压缩土层较厚，外荷载在压缩土层的底面引起的附加应力已接近零的情况。

同理，图 5-21 中的情况 4 和情况 5 压缩土层的固结度 U_t 均可由情况 1 与情况 2 的固结度来表示，即

$$U_t = \frac{2\alpha U_{t1} + (1-\alpha)U_{t2}}{1+\alpha} \tag{5-68}$$

式中，$\alpha = \frac{p_1}{p_2}$，p_1 为排水面处的附加应力，p_2 为不透水面处的附加应力。

情况 4 相当于地基土在自重作用下尚未固结完成就在上面修建建筑物，基底面积很大且压缩土层较薄的情况。情况 5 与情况 3 类似，但外荷载在压缩土层的底面引起的附加应力还未接近零。

可见，对于情况 1，$\alpha=1$；对于情况 2，$\alpha=0$；对于情况 3，$\alpha=\infty$；对于情况 4，$0<\alpha<1$；对于情况 5，$1<\alpha<\infty$。因此，单面排水时，压缩土层附加应力图形不同，其 t 时刻的固结度就不同。在工程设计中，必须根据地基的实际情况确定地基中附加应力分布形式，再结合排水条件，选用图 5-21 中相应情况下的表达式计算其固结度。

例 5-3　有三处地基，地层情况、附加应力及排水条件如图 5-22 所示。若它们的饱和压缩土层性质相同，即竖向固结系数 C_v、压缩系数 a 及初始孔隙比 e_1 均相同，试求：

（1）固结度相同时，三处地基所需的固结历时 t_a、t_b、t_c 之间的比例关系；

（2）三处地基的最终沉降量 s_a、s_b、s_c 之间的比例关系。

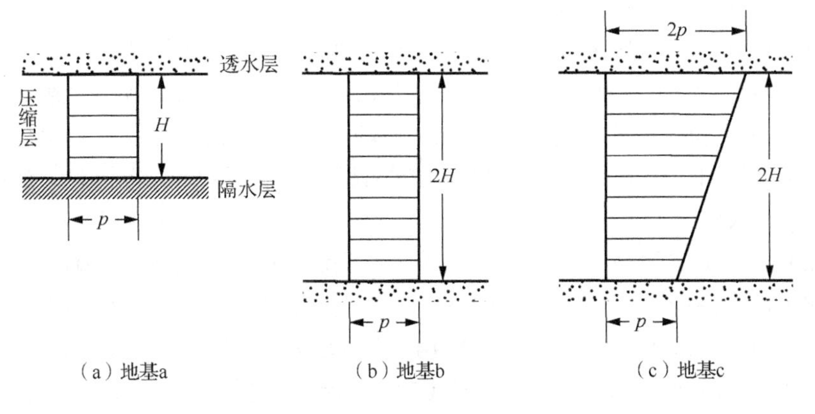

图 5-22　例 5-3 图

解　(1) 根据附加应力分布形式及排水条件可知，此三处地基的固结度均可用 U_{t1} 计算，固结度相同时，时间因数 T_v 相同，即 $T_{va}=T_{vb}=T_{vc}$，故有

$$\frac{C_v}{H^2}t_a=\frac{C_v}{H^2}t_b=\frac{C_v}{H^2}t_c$$

又由于 C_v 相同，有

$$t_a=t_b=t_c$$

因此，固结度相同时，三处地基所需的固结历时 $t_a:t_b:t_c=1:1:1$。

(2) 根据式 (5-17)，计算三处地基的最终沉降量：

$$s_a=\frac{a}{1+e_1}\Delta ph=\frac{a}{1+e_1}pH$$

$$s_b=\frac{a}{1+e_1}\Delta ph=\frac{a}{1+e_1}p\cdot 2H$$

$$s_c=\frac{a}{1+e_1}\Delta ph=\frac{a}{1+e_1}\cdot\frac{2p+p}{2}\cdot 2H$$

由于三处地基的 a、e_1 均相同，可得

$$s_a:s_b:s_c=\left(\frac{a}{1+e_1}pH\right):\left(\frac{a}{1+e_1}p\cdot 2H\right):\left(\frac{a}{1+e_1}\cdot\frac{2p+p}{2}\cdot 2H\right)=1:2:3$$

因此，三处地基的最终沉降量 $s_a:s_b:s_c=1:2:3$。

5.3.3 单向渗透固结理论的应用

1. 理论应用

利用固结度 U_t，可解决下列几类问题：

(1) 已知土层的最终沉降量 s_∞，求某一固结历时 t 的沉降量 s_t。

对于这类问题，首先根据土层的渗透系数 k、压缩系数 a、初始孔隙比 e_1、最长排水距离 H 和给定的时间 t，按照式 (5-49) 和式 (5-52) 分别计算出土层的固结系数 C_v 和时间因数 T_v，然后利用相应情况下的固结度公式求出 U_t，最后根据式 (5-57) 求出 s_t。

(2) 已知土层的最终沉降量 s_∞，求土层到达沉降量 s_t 时所需的时间 t。

对于这类问题，首先通过式 (5-56) 求出与沉降量 s_t 所对应的土层固结度 U_t，然后利用相应情况下的固结度公式求出时间因数 T_v，最后根据土层的渗透系数 k、压缩系数 a、初始孔隙比 e_1，按照式 (5-49) 计算土层的固结系数 C_v，将其与最长排水距离 H 代入式 (5-52)，便可得与沉降量 s_t 相对应的时间 t。

例 5-4 厚度 H=10m 的饱和黏性土层，上覆透水层，下卧不透水层。由于地面局部荷载的作用，在该层中产生的附加应力如图 5-23 所示。黏性土层的初始孔隙比 e_1=0.8，压缩系数 a=0.36MPa^{-1}，渗透系数 k=0.05m/a。试求：

（1）加荷一年后的沉降量 s_t；

（2）地基固结度 U_t=0.75 时所需的时间 t；

（3）若此黏性土层下部为透水层，U_t=0.75 时所需的时间 t。

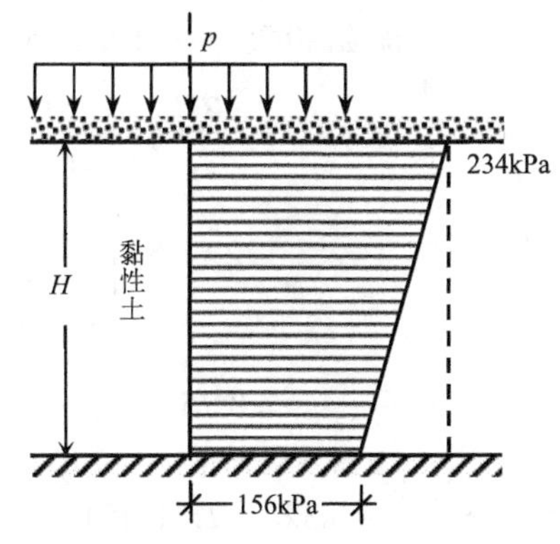

图 5-23 例 5-4 图

解 先求出该黏性土层的固结系数：

$$C_{\mathrm{v}}=\frac{k(1+e_1)}{a\gamma_{\mathrm{w}}}=\frac{0.05\times(1+0.8)}{0.36/1000\times10}=25\ (\mathrm{m^2/a})$$

（1）地基最终沉降量：

$$s_\infty=\frac{a}{1+e_1}\sigma_z H=\frac{0.36}{1000}\times\frac{1}{1+0.8}\times\frac{234+156}{2}\times10=0.39(\mathrm{m})$$

t=1a 时，时间因数：

$$T_{\mathrm{v}}=\frac{C_{\mathrm{v}}}{H^2}t=\frac{25}{10^2}\times1=0.25$$

固结度：

$$U_{t1}=1-\frac{8}{\pi^2}\mathrm{e}^{-\left(\frac{\pi^2}{4}\right)T_{\mathrm{v}}}=0.563;\quad U_{t2}=1-\frac{32}{\pi^3}\mathrm{e}^{-\left(\frac{\pi^2}{4}\right)T_{\mathrm{v}}}=0.443$$

该土层附加应力呈倒梯形分布，顶部排水，排水面与不透水面处应力比α为

$$\alpha=\frac{234}{156}=1.5$$

则该土层的固结度为

$$U_t=\frac{2\alpha U_{t1}+(1-\alpha)U_{t2}}{1+\alpha}=\frac{2\times1.5\times0.563+(1-1.5)\times0.443}{1+1.5}\approx0.586$$

因此，加荷一年后的沉降量为

$$s_t=U_t\cdot s_\infty=0.586\times0.39\approx0.23\ (\mathrm{m})$$

（2）将 U_t=0.75，α=1.5 代入式（5-68），即

$$U_t=\frac{2\alpha U_{t1}+(1-\alpha)U_{t2}}{1+\alpha}$$

$$=\frac{2\times1.5\times\left[1-\frac{8}{\pi^2}e^{-\left(\frac{\pi^2}{4}\right)T_v}\right]+(1-1.5)\times\left[1-\frac{32}{\pi^3}e^{-\left(\frac{\pi^2}{4}\right)T_v}\right]}{1+1.5}$$

$$=0.75$$

可得 $e^{-\left(\frac{\pi^2}{4}\right)T_v}$=0.326，$T_v$=0.454。

因此，地基固结度 U_t=0.75 时所需的时间为

$$t=\frac{T_vH^2}{C_v}=\frac{0.454\times10^2}{25}\approx1.82\ (a)$$

（3）若此黏性土层下部改为透水层，则为双面排水条件，该土层固结度为

$$U_t=U_{t1}=1-\frac{8}{\pi^2}e^{-\left(\frac{\pi^2}{4}\right)T_v}=0.75$$

可得 $e^{-\left(\frac{\pi^2}{4}\right)T_v}$=0.308，$T_v$=0.477。

因此，地基固结度 U_t=0.75 时所需的时间为

$$t=\frac{T_v\left(\frac{H}{2}\right)^2}{C_v}=\frac{0.477\times5^2}{25}\approx0.48\ (a)$$

2. 实践应用

1）沉降量与时间关系曲线的修正

在上述讨论中，均假定基础荷载是瞬时一次性全部施加到地基上的，而实际建筑物的修建总是要经历一定的时间，相应的荷载是在整个修建期间逐步施加的，因此按上述方法求得的沉降量与时间关系曲线（s-t 曲线）需作相应修正。

图 5-24（a）为施工期间荷载 p 随时间 t 的变化曲线。ON 表示开挖基坑时的卸载曲线；NO'表示基础修建及基坑回填时的再加载曲线；$O'M'$表示施工期间的加载曲线。通常假设加载期间 t_c 内荷载按线性增长，用直线段 $O'M$ 代替曲线段 $O'M'$，并忽略 O'以前开挖基坑引起的地基变形。图 5-24（b）中的虚线表示荷载 p_0 瞬时施加所得的沉降量 s 与时间 t 关系的计算曲线。

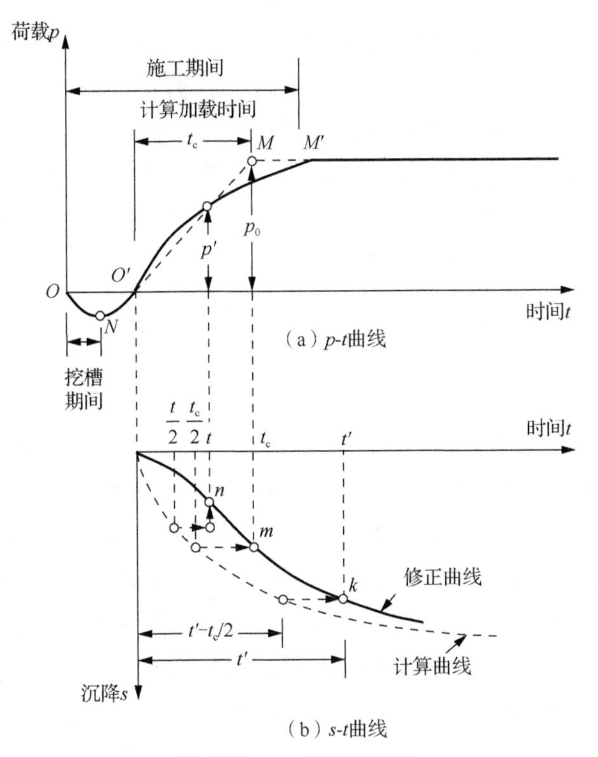

图 5-24　*s-t* 曲线的修正

图中虚线箭头表示修正曲线 *m* 点、*n* 点、*k* 点的获取方法

具体的修正方法如下：

（1）在加载期间 t_c 终了时达到的沉降量等于荷载 p_0 一次性施加经过 $t_c/2$ 时间达到的沉降量，根据这个假定，得 *m* 点［图 5-24（b）］；

（2）加载期间内某一时间 *t* 达到的沉降量（此时荷载为 p'）等于全部荷载 *p* 一次性施加经过 $t/2$ 时间达到的沉降量乘以 p'/p，可得 *n* 点；

（3）在加载期间 t_c 以后任一时间 t' 达到的沉降量等于荷载一次性施加经过（$t'-t_c/2$）时间达到的沉降量，可得 *k* 点。

取不同的时间，按以上方法可得若干与之相应的沉降量修正点，将各点用光滑的曲线相连，便得修正后的 *s-t* 关系曲线，如图 5-24（b）中实线所示。可以看出，随着时间的延续，考虑施工期逐步加载过程对沉降量的影响逐渐减小。这种修正方法虽是近似的，但相对更接近于实测结果，可认为在实用上已足够准确。

2）工程监测结果预测

实际上，在工程中还可以根据前一阶段测定的 *s-t* 曲线，推算以后的 *s-t* 关系。前述固结度与时间的关系经归纳总结，可统一写成如下的形式：

$$U_t = 1 - Ae^{-Bt} \tag{5-69}$$

式中，*A*、*B* 为试验参数。

如果已知压缩土层一系列沉降量与时间的关系，可先计算最终沉降量s_∞，然后求出与各时刻实测沉降量对应的固结度U_t，根据式（5-69）拟合求取参数A和B。在此基础上，可求出此后任一时刻的固结度和沉降量。

需要强调的是，为简化计算，太沙基单向渗透固结理论假定在整个固结过程中，土的压缩系数a、渗透系数k均不随固结过程变化，这显然不符合实际。因此，近年来也有学者对此进行了改进。

习　题

5-1　某饱和土样进行侧限压缩试验，其初始厚度为20mm，当垂直压力由200kPa增加到300kPa时，变形稳定后土样厚度由18.40mm变为17.86mm，试验结束后卸去全部荷载，厚度变为18.42mm。设试验结束时仍处于饱和状态，并测得土样含水率$w=26\%$，土粒比重$G_s=2.70$，试计算土样的初始孔隙比和压缩系数$a_{2\text{-}3}$。

5-2　某建筑物基础宽5m、长8m、埋深2m，受中心荷载3200kN的作用，无相邻荷载影响。已知地基土体为均质的正常固结黏土，天然重度$\gamma=16.0\text{kN/m}^3$，初始孔隙比$e_1=1.02$，地基土的e-p曲线如图5-25所示，试分别用分层总和法和规范法（考虑沉降计算经验修正系数时，设基底附加压力p_0与地基承载力特征值f_{ak}相等）求基础中心点处的最终沉降量。

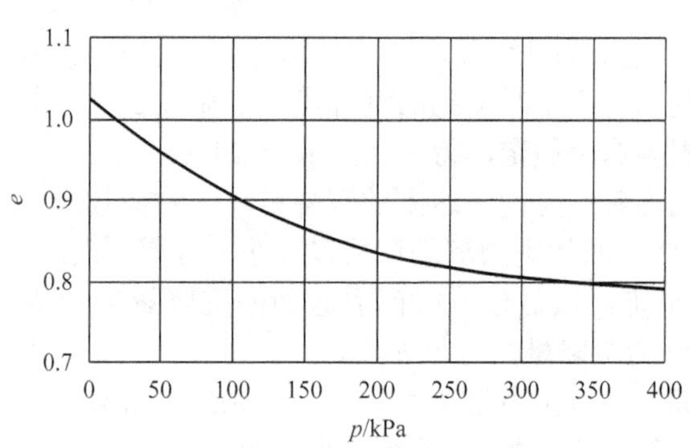

图5-25　习题5-2图

5-3　有一厚10m的饱和黏土层，其上作用有大面积均布荷载，仅上部可排水。现从黏土层中心位置取样后，制取厚为2cm的试样，放入固结仪中进行固结试验（上下均有透水石），在某一级固结应力作用下，测得其固结度达到80%时所需的时间为10min，该10m厚黏土层在同样固结应力作用下达到同一固结度所需的时间为多少？若该黏土层下部也可排水，所需时间又为多少？

5-4　某土坝及其地基的剖面如图 5-26 所示，其中黏土的压缩系数 a_v=0.245MPa^{-1}，初始孔隙比 e_0=0.628，渗透系数 k=3.0cm/a，黏土层内的附加应力分布如图 5-26 中阴影部分所示。试求：

（1）黏土层的最终沉降量；

（2）黏土层沉降量达 12cm 时所需的时间；

（3）加荷一个月后，黏土层的沉降量。

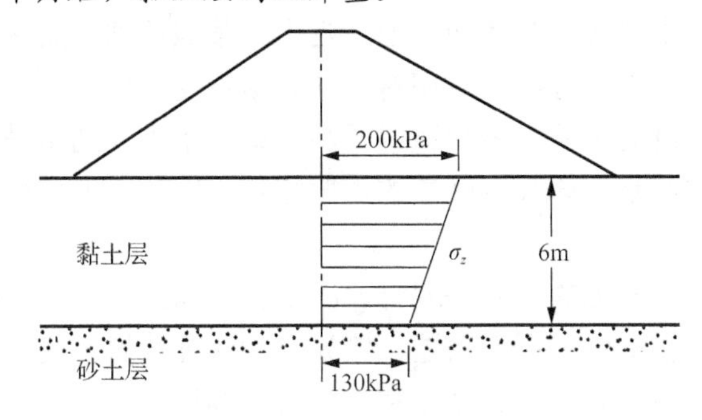

图 5-26　习题 5-4 图

5-5　在如图 5-27 所示的饱和软黏土层表面快速施加 200kPa 的大面积荷载，半年后测得土层中各深度处的超静孔隙水压力如表 5-7 所示。已知黏土层的渗透系数 k=2.0cm/a，试求：

（1）固结开始、半年及完成后黏土层中超静孔隙水压力沿深度的分布图；

（2）估计需要再经过多长时间黏土层的固结度才能达到 90%？

（3）黏土层的最终沉降量；

（4）固结半年时发生的沉降量。

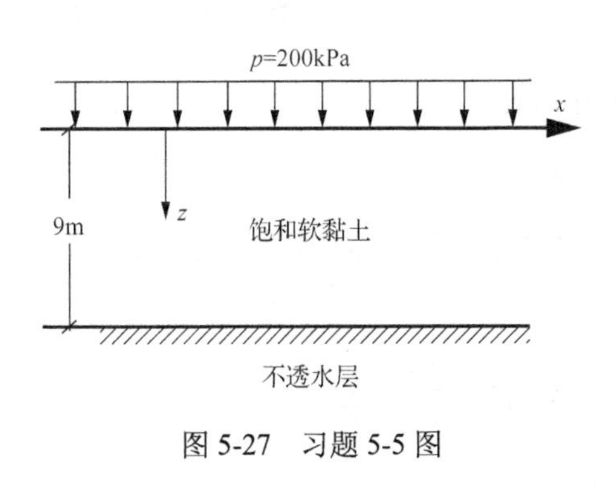

图 5-27　习题 5-5 图

表 5-7　习题 5-5 超静孔隙水压力

z/m	Δu/kPa
1	25
2	48
3	67
4	83
5	95
6	105
7	112
8	118
9	120

第6章　土的抗剪强度

土的抗剪强度是指土体对外荷载产生的剪应力的极限抵抗能力。在外荷载作用下，土体中将产生剪应力和剪切变形。当土中某点的剪应力达到土的抗剪强度时，土将沿着剪应力作用方向产生相对滑动，该点便发生剪切破坏，此滑动面称为剪切破坏面。大量的工程实践和室内试验都证实了土体通常是在剪应力作用下发生破坏，剪切破坏是土体强度破坏的重要特点，因此土的强度问题实质上就是土的抗剪强度问题。

在工程实践中，与土的抗剪强度有关的工程问题主要有三类：

（1）挡土结构物上的土压力问题，例如，为保证边坡、建（构）筑物的稳定而设置的挡土墙［图 6-1（a）］、地下室外墙等，其所受土压力的性质、大小等将直接影响挡土结构物的稳定性；

（2）边坡的稳定性问题，如土坝、路堤［图 6-1（b）］等填方、挖方边坡以及天然土坡等的边坡稳定性问题。

（3）在土作为建筑物地基的承载力问题中，若地基土体产生整体滑动［图 6-1（c）］或因局部剪切破坏而产生过大的地基变形，将会造成上部结构的破坏或影响其正常使用功能。

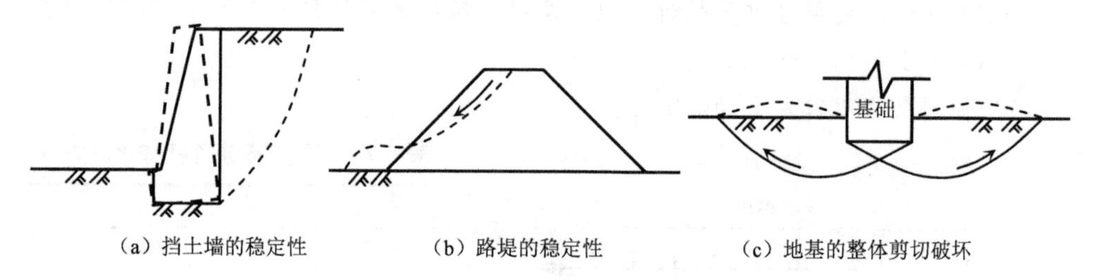

（a）挡土墙的稳定性　　（b）路堤的稳定性　　（c）地基的整体剪切破坏

图 6-1　几种与土的抗剪强度有关的工程问题

这三类工程问题将分别在第 7 章、第 8 章、第 9 章中探讨。在此之前，必须先来介绍有关土抗剪强度的基础理论与分析方法。

6.1　土的抗剪强度理论

抗剪强度是土最重要的力学性质之一。土体是否达到剪切破坏状态，除了取决于自身的性质外，还与其所受应力密切相关。破坏时应力之间的关系称为破坏准则。土的破坏是一个十分复杂的问题，长期以来，人们根据对材料破坏现象的分析，提出各种各样的假设，出现了不同的强度理论。本节介绍在土体中应用最广的莫尔-库仑强度理论。

6.1.1　库仑公式

1. 库仑公式的提出

与金属材料一样，土的抗剪强度同样可通过试验方法予以测定，但土的抗剪强度与金属材料的强度不同，它不是一个定值，且受许多因素影响。土的抗剪强度可通过直剪试验（剪切盒示意图见图 6-2，具体试验过程见 6.2 节）进行测定。试验时直接测定剪切面（截面积为 A）上的竖向应力 $\sigma=P/A$ 与剪应力 $\tau=T/A$。将同一土样在不同竖向应力下剪切破坏时的 (σ,τ_f) 绘制在 σ-τ 坐标系中，两者基本呈线性关系，如图 6-3 所示。

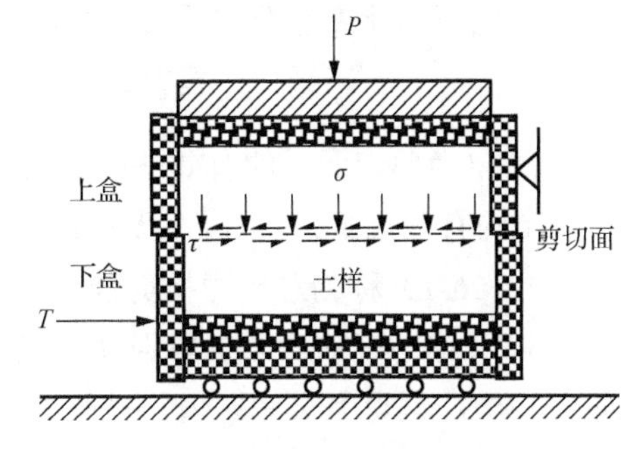

图 6-2　直剪仪剪切盒示意图

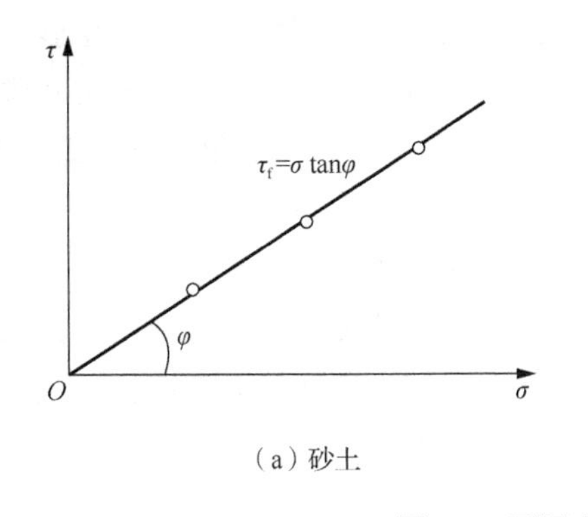

（a）砂土

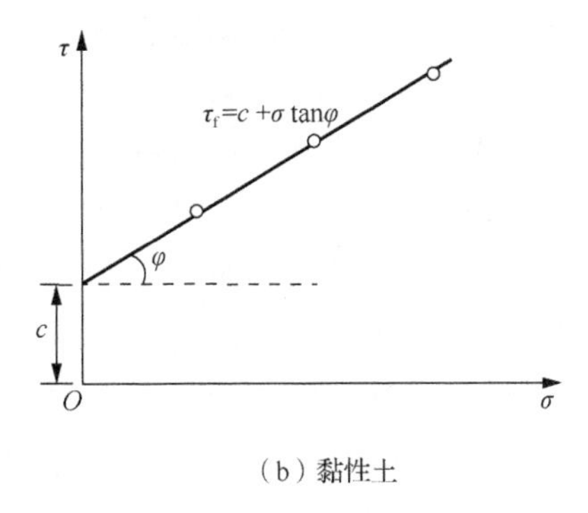

（b）黏性土

图 6-3　不同土的抗剪强度曲线

1776 年，库仑总结上述规律，提出土抗剪强度的表达式为

$$\tau_f = c + \sigma \tan\varphi \tag{6-1}$$

式中，τ_f 为土的抗剪强度，kPa；σ 为剪切面上的法向应力，kPa；c 为土的黏聚力，kPa，无黏性土 $c=0$；φ 为土的内摩擦角，（°）。

式（6-1）就是著名的库仑公式，其中，c 和 φ 是决定土抗剪强度的两个指标，称为土的抗剪强度指标。对于同一种土，在相同的试验条件下为常数。

库仑公式说明土的抗剪强度由两部分组成。一部分是黏聚强度，来源于黏聚力，与法向应力σ无关；另一部分是摩擦强度，与法向应力σ成正比，比例系数为$\tan\varphi$。对于无黏性土（砂土），$c=0$，其抗剪强度仅来源于摩擦强度，因此$\sigma=0$时，$\tau_f=0$，即图6-3（a）的直线过原点；对于黏性土，其抗剪强度来源于黏聚强度和摩擦强度，因此$\sigma=0$时，$\tau_f=c$，即图6-3（b）的直线与纵轴有一定截距，这个截距就是黏聚力c，直线与横轴的夹角就是土的内摩擦角φ。

有效应力原理提出后，人们逐渐认识到只有有效应力的变化才能真正引起强度的变化，因此库仑公式［式（6-1）］可改写为

$$\tau_f = c' + \sigma' \tan\varphi' = c' + (\sigma - u)\tan\varphi' \tag{6-2}$$

式中，σ'为剪切面上的有效法向应力，kPa；u为剪切面处的孔隙水压力，kPa；c'为土的有效黏聚力，kPa，无黏性土$c'=0$；φ'为土的有效内摩擦角，(°)。

式（6-1）称为总应力抗剪强度公式，c和φ称为土的总应力抗剪强度指标；式（6-2）称为有效应力抗剪强度公式，c'和φ'称为土的有效抗剪强度指标。对于同一种土，理论上二者取值与试验方法无关，接近于常数。

2. 抗剪强度指标的工程数值

工程中无黏性土的内摩擦角φ的变化范围一般不大，例如，中砂、粗砂、砾砂的内摩擦角φ为32°～40°，粉砂、细砂的内摩擦角φ为28°～36°。通常孔隙比越小，φ越大，但含水饱和的粉砂、细砂易失稳，因此其内摩擦角的取值需慎重，有的规定取φ为20°左右。砂土有时也有很小的黏聚力（10kPa以内），这可能是由于砂土中夹有一些黏土颗粒，也可能是由于毛细水产生假黏聚力。

黏性土抗剪强度指标的变化范围很大，它与土的种类有关，并与土的天然结构是否破坏、试样在法向压力下的排水固结程度及试验方法等因素有关。黏性土内摩擦角φ的变化范围为0～30°；黏聚力c可小到10kPa以下，也可大到200kPa以上，变化范围很大。

6.1.2 莫尔-库仑强度理论

莫尔在库仑的基础上，提出了材料的破坏是剪切破坏的理论，认为破裂面的抗剪强度τ_f是法向应力σ的函数，即

$$\tau_f = f(\sigma) \tag{6-3}$$

此函数在σ-τ坐标系中为一曲线（图6-4中实线）。工程中土体所受的应力一般不是很大，土的抗剪强度与法向应力之间基本呈直线关系，因此用库仑公

式表示的直线（图 6-4 中虚线）代替曲线，可满足一般工程的精度要求，应用较广，称为莫尔-库仑强度包线，简称莫尔包线或强度包线。

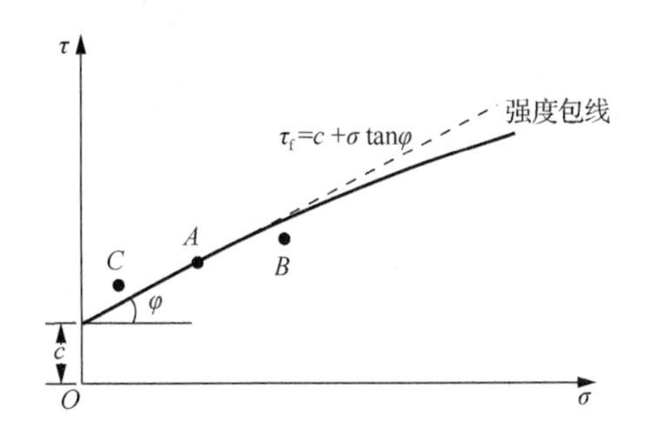

图 6-4　莫尔-库仑强度包线

图 6-4 中，如果代表土中一点某个面上应力状态(σ,τ)的点正好位于强度包线上，如 A 点，表明在该法向应力σ下，此面上的剪应力正好等于土的抗剪强度，即 $\tau=\tau_f$，该面处于临界破坏状态；如果点位于强度包线下方，如 B 点，$\tau<\tau_f$，则该点沿着此面不会发生破坏；如果点位于强度包线上方，如 C 点，则 $\tau>\tau_f$，表明该点已经破坏。在 A、B、C 三点中，虽然 B 点的剪应力 τ 最大，但其代表的面并未破坏；而 C 点的剪应力 τ 最小，但其代表的面却已破坏。说明是否沿某个面破坏不取决于该面上剪应力 τ 的绝对大小，而在于该面上的剪应力 τ 与该面法向应力对应的抗剪强度τ_f之间的大小关系，由此形成了莫尔-库仑强度理论。

1. 土中一点的应力状态

当土中一点沿某一方向平面上的剪应力τ达到其抗剪强度τ_f，则该点达到了应力极限平衡状态。当土中很多点达到应力极限平衡状态，极限平衡区连通后，土体就发生破坏。因此，若要判断土中一点是否濒临破坏，只要看该点的应力状态是否达到极限应力状态便可，为此首先必须知道土中一点所处的应力状态。

设某一土体单元［图 6-5（a)］上作用的大、小主应力分别为σ_1、σ_3，根据材料力学理论，此土体单元与大主应力σ_1作用面成 α 角的平面上［图 6-5（a）中用线①表示］正应力σ和剪应力 τ 可分别表示为

$$\sigma=\frac{1}{2}(\sigma_1+\sigma_3)+\frac{1}{2}(\sigma_1-\sigma_3)\cos 2\alpha \tag{6-4}$$

$$\tau=\frac{1}{2}(\sigma_1-\sigma_3)\sin 2\alpha \tag{6-5}$$

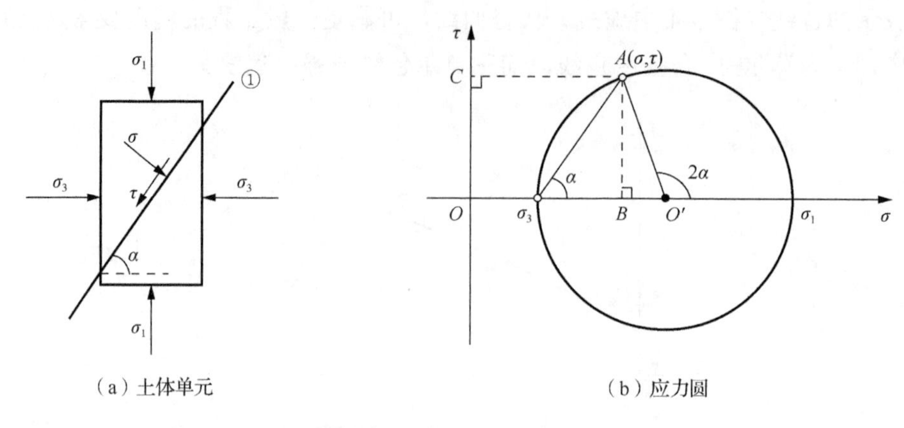

（a）土体单元　　（b）应力圆

图 6-5　土中一点的应力状态

如图 6-5（b）所示，在σ-τ 坐标系中，O'点的坐标为$\left(\dfrac{\sigma_1+\sigma_3}{2},0\right)$，$\sigma$轴与图 6-5（a）中的大主应力作用面的方向一致。此时，以 O'点为圆心，$\dfrac{\sigma_1-\sigma_3}{2}$为半径作圆。过该圆与$\sigma$轴的交点（$\sigma_3$, 0）作图 6-5（a）中线①的平行线，交此圆于 A 点。过 A 点作坐标轴的垂线，分别交σ轴和 τ 轴于 B 点和 C 点。利用几何关系，易得 A 点的坐标为（σ, τ），即式（6-4）与式（6-5）表示的线①平面上的正应力σ和剪应力 τ，说明土中一点的应力状态可用图 6-5（b）中的圆表示，因此称之为应力圆。莫尔提出了借助应力圆确定一点应力状态的几何方法，后人将此应力圆称为莫尔应力圆，简称莫尔圆。

2. 土中应力与所处的状态

将土的强度包线与莫尔圆画在同一σ-τ 坐标系中，如图 6-6 所示，两者不同的位置关系，反映出土体单元所处的不同状态。

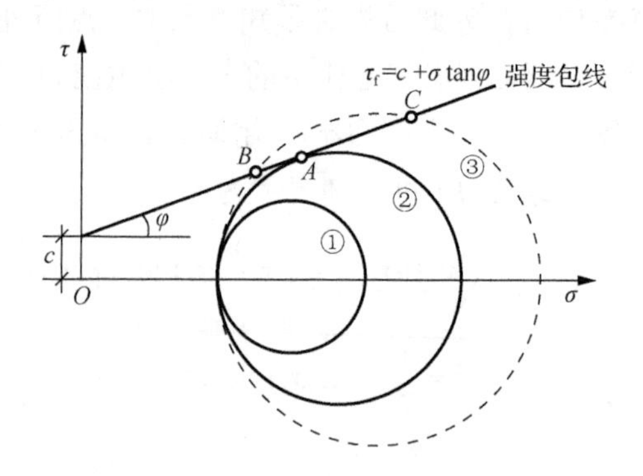

图 6-6　莫尔圆与强度包线的关系

（1）当整个莫尔圆位于强度包线的下方时（图 6-6 中的圆①），表明该土体单元任意方向上的剪应力 $\tau<\tau_f$，说明土单元处于稳定状态。

（2）当莫尔圆与强度包线相切时（图 6-6 中的圆②），表明在切点 A 所代表的平面上，$\tau=\tau_f$，此时土体单元处于应力极限平衡状态，相应的莫尔圆称为极限应力圆。

（3）当莫尔圆与强度包线相交时（图 6-6 中的圆③），有 B、C 两个交点，表明土体单元在某些方向（高于强度包线的 $\overset{\frown}{BC}$ 代表的方向范围）的平面上剪应力 $\tau>\tau_f$，此时土体单元已沿这些面发生剪切破坏。因此，实际上该莫尔圆所代表的应力状态并不存在。

可见，极限应力圆处于稳定状态应力圆与破坏状态应力圆之间，是土体单元稳定状态与破坏状态的界限应力圆。因此，要判断土体单元所处的状态，需掌握极限应力圆所对应的应力条件。

6.1.3　莫尔-库仑强度准则

如果已知土体剪切破坏面的位置，则只要计算出作用于该面上的正应力与剪应力，就可根据土体的抗剪强度指标判断是否会发生剪切破坏。在实际问题中，可能发生剪切破坏的面一般难以预先确定。土体中应力分析时只能计算各点垂直于坐标轴平面上的应力（正应力和剪应力）或各点的主应力，无法直接判断土单元是否破坏。因此，需要进一步研究莫尔-库仑强度理论，用主应力表示土体破坏时的应力关系，这就是莫尔-库仑强度准则，也称为土的极限平衡条件。

1. 土的极限平衡条件

如图 6-7（a）所示，在应力极限平衡状态下，极限应力圆与土的强度包线相切于 A 点（实际上还有关于 σ 轴对称的 A' 点），此时主应力 σ_1 和 σ_3 之间的关系称为土的极限平衡条件。根据极限应力圆与强度包线 $O'A$ 之间的几何关系，可得

$$\sin\varphi=\frac{AO''}{O'O''}=\frac{AO''}{O'O+OO''}=\frac{\dfrac{\sigma_1-\sigma_3}{2}}{c\cdot\cot\varphi+\dfrac{\sigma_1+\sigma_3}{2}}$$

即

$$\sin\varphi=\frac{\sigma_1-\sigma_3}{2c\cdot\cot\varphi+\sigma_1+\sigma_3}\tag{6-6}$$

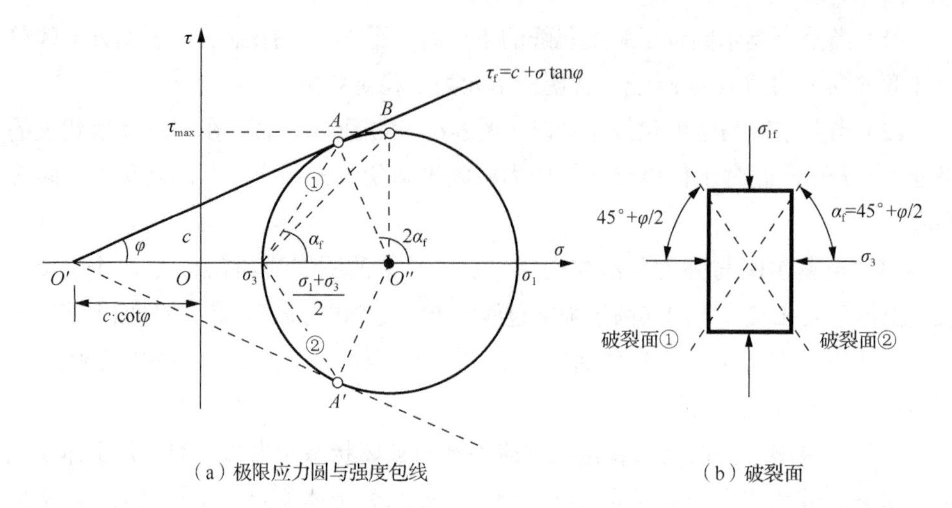

（a）极限应力圆与强度包线　　（b）破裂面

图 6-7　土的应力极限平衡条件

对式（6-6）进行整理，可得

$$\sigma_1(1-\sin\varphi)=2c\cos\varphi+\sigma_3(1+\sin\varphi)$$

进一步，经三角变换，可得

$$\sigma_1=\sigma_3\tan^2\left(45°+\frac{\varphi}{2}\right)+2c\cdot\tan\left(45°+\frac{\varphi}{2}\right) \tag{6-7}$$

或

$$\sigma_3=\sigma_1\tan^2\left(45°-\frac{\varphi}{2}\right)-2c\cdot\tan\left(45°-\frac{\varphi}{2}\right) \tag{6-8}$$

式（6-6）、式（6-7）、式（6-8）就是土的极限平衡条件，是土体单元达到极限平衡状态时主应力σ_1和σ_3之间的关系，称为莫尔-库仑强度准则。

图 6-7（a）中，切点 A 的剪应力$\tau=\tau_f$，A 点代表的平面濒临破坏。因此，线①与σ轴的夹角为 α_f，即为破裂面与大主应力面的夹角。$\triangle O'AO''$为直角三角形，因此 $2\alpha_f=90°+\varphi$，可得

$$\alpha_f=45°+\frac{\varphi}{2} \tag{6-9}$$

图 6-7（b）中相应土体单元的大主应力面与图 6-7（a）中σ轴平行，故将图 6-7（a）中的线①平移到图 6-7（b）中，便可得破裂面①的方向；类似地，切点 A'代表土体单元中濒临破坏的破裂面②，可由图 6-7（a）中线②平移得到。可见，破裂面①和破裂面②是一组完全对称的破裂面，其与大主应力面均成 $45°+\varphi/2$

的角。因此，理论上若土质均匀，且试验中能保证试件内的应力、应变均匀分布，则脆性破坏的试件将会出现如图 6-7（b）所示的对称破裂面。

2. 极限平衡条件的应用

若已知土体中一点的实际应力（σ_1、σ_3）和土的抗剪强度指标 c、φ，利用土的极限平衡条件可以很容易判断该土体单元是否产生剪切破坏。例如，可先根据 σ_3，推求出处于极限平衡状态所需的大主应力 σ_{1f}，比较 σ_1 与 σ_{1f} 的大小；或根据 σ_1 推求出处于极限平衡状态所需的小主应力 σ_{3f}，比较 σ_3 与 σ_{3f} 的大小。具体如下：

（1）当 $\sigma_1 < \sigma_{1f}$ 或 $\sigma_3 > \sigma_{3f}$ 时，土体中该点处于稳定状态；

（2）当 $\sigma_1 = \sigma_{1f}$ 或 $\sigma_3 = \sigma_{3f}$ 时，土体中该点处于极限平衡状态；

（3）当 $\sigma_1 > \sigma_{1f}$ 或 $\sigma_3 < \sigma_{3f}$ 时，土体中该点处于破坏状态。

若已知土体中一点的一般应力状态 σ_x、σ_z、τ_{xz}，则可先通过式（6-10）计算出大、小主应力 σ_1、σ_3，再利用上述方法进行分析判断。

$$\begin{matrix}\sigma_1 \\ \sigma_3\end{matrix} = \frac{\sigma_x + \sigma_z}{2} \pm \sqrt{\left(\frac{\sigma_x - \sigma_z}{2}\right)^2 + \tau_{xz}^2} \tag{6-10}$$

实际上，也可以通过比较应力圆直径的大小等进行判断。

例 6-1　地基中某一土体单元上的大主应力 σ_1=400kPa，小主应力 σ_3=200kPa。通过试验测得土的抗剪强度指标 c=15kPa，φ=20°。试问：

（1）该土体单元处于何种状态？

（2）土体单元的最大剪应力出现在哪个面上，是否会沿剪应力最大的面发生破坏？

解　（1）**方法一**：计算 σ_{1f}，比较 σ_1 与 σ_{1f} 的大小。

$$\begin{aligned}\sigma_{1f} &= \sigma_3 \tan^2\left(45° + \frac{\varphi}{2}\right) + 2c\tan\left(45° + \frac{\varphi}{2}\right) \\ &= 200 \times \tan^2\left(45° + \frac{20°}{2}\right) + 2 \times 15 \times \tan\left(45° + \frac{20°}{2}\right) \\ &= 200 \times 2.04 + 30 \times 1.43 \approx 451\ (\text{kPa})\end{aligned}$$

σ_1=400kPa，$\sigma_1 < \sigma_{1f}$，即实际应力圆直径($\sigma_1 - \sigma_3 = 400 - 200 = 200\text{kPa}$)小于极限应力圆直径($\sigma_{1f} - \sigma_3 = 450.8 - 200 = 250.8\text{kPa}$)。因此，该土体单元处于稳定状态，如图 6-8 所示。

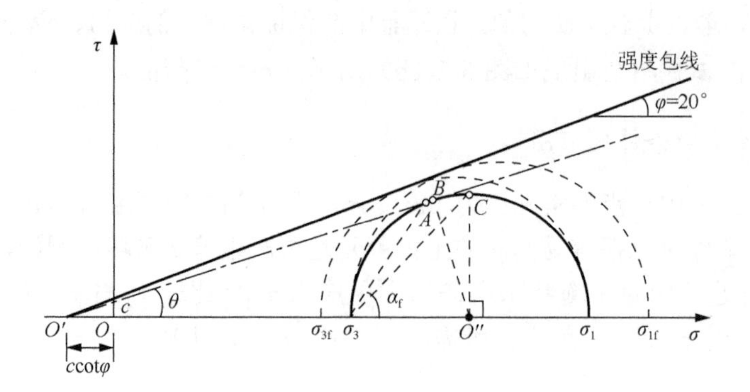

图 6-8　例 6-1 图

方法二：计算σ_{3f}，比较σ_3与σ_{3f}的大小。

$$\begin{aligned}\sigma_{3f} &= \sigma_1 \tan^2\left(45° - \frac{\varphi}{2}\right) - 2c\tan\left(45° - \frac{\varphi}{2}\right)\\ &= 400 \times \tan^2\left(45° - \frac{20°}{2}\right) - 2\times 15 \times \tan\left(45° - \frac{20°}{2}\right)\\ &= 400 \times 0.49 - 30 \times 0.70\\ &\approx 175\ (\text{kPa})\end{aligned}$$

σ_3=200kPa，$\sigma_3 > \sigma_{3f}$，即实际应力圆直径（$\sigma_1-\sigma_3$=200kPa）小于极限应力圆直径（$\sigma_1-\sigma_{3f}$=400−175=225kPa），如图 6-8 所示。因此，该土体单元处于稳定状态。

方法三：计算剪切面上的应力，比较该面剪应力 τ 与其抗剪强度 τ_f 的大小。

可能的破裂面（图 6-8 中 A 点）与大主应力面的夹角 $\alpha_f = 45° + \frac{\varphi}{2} = 55°$，因此该面上的正应力$\sigma$与剪应力 τ 分别为

$$\sigma = \frac{1}{2}(\sigma_1 + \sigma_3) + \frac{1}{2}(\sigma_1 - \sigma_3)\cos 2\alpha_f = 300 - 100 \times 0.342 = 265.8\ (\text{kPa})$$

$$\tau = \frac{1}{2}(\sigma_1 - \sigma_3)\sin 2\alpha_f = 100 \times 0.94 = 94.0\ (\text{kPa})$$

该面上的抗剪强度为

$$\tau_f = c + \sigma\tan\varphi = 15 + 265.8 \times \tan 20° = 111.7\ (\text{kPa})$$

根据莫尔–库仑强度理论，由于 $\tau < \tau_f$，该土体单元处于稳定状态。

方法四：O'点为强度包线与σ轴的交点，$O'O = c\cot\varphi$。过 O'点作实际应力圆的切线，切点为 B，如图 6-8 所示。求此切线与σ轴的夹角 θ，比较 θ 与内摩擦角 φ 的大小。

$$\sin\theta = \frac{\sigma_1 - \sigma_3}{2c \cdot \cot\varphi + \sigma_1 + \sigma_3} = \frac{400 - 200}{2 \times 15 \times \cot 20^\circ + 400 + 200} = 0.293$$

可得 θ=17°＜φ。

因此，应力圆上的所有点都位于强度包线下方，该土体单元处于稳定状态。

（2）实际应力圆的顶点 C（图 6-8）上剪应力最大，CO'' 垂直于 σ 轴，C 点代表的最大剪应力面与大主应力面成 45°角，该面上的应力：

剪应力 $\tau_{\max} = \frac{1}{2}(\sigma_1 - \sigma_3) = 100\,(\text{kPa})$，法向应力 $\sigma = \frac{1}{2}(\sigma_1 + \sigma_3) = 300\,(\text{kPa})$

该面上的抗剪强度：$\tau_f = c + \sigma\tan\varphi = 15 + 300 \times \tan 20^\circ \approx 124\,(\text{kPa})$。

根据莫尔-库仑强度理论，最大剪应力面上的 $\tau_{\max} < \tau_f$，因此该土体单元不会沿剪应力最大的面发生破坏。

例 6-2　如图 6-9（a）所示，某均质黏性土边坡中的 A 点处于极限平衡状态，其应力为 σ_z=300kPa，σ_x=150kPa，τ_{xz}=−100kPa，若已知此黏性土的 c=20kPa，问：（1）该黏性土的内摩擦角多大？（2）滑动面通过 A 点的方向？

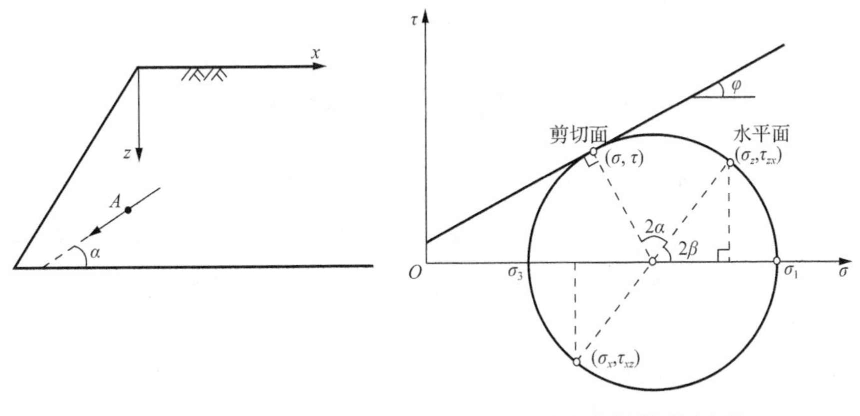

（a）某均质黏性土边坡　　（b）应力圆与强度包线

图 6-9　例 6-2 图

解　（1）求 A 点的主应力值：

$$\begin{matrix}\sigma_1 \\ \sigma_3\end{matrix} = \frac{\sigma_z + \sigma_x}{2} \pm \sqrt{\left(\frac{\sigma_z - \sigma_x}{2}\right)^2 + \tau^2}$$

$$= \frac{300 + 150}{2} \pm \sqrt{\left(\frac{300 - 150}{2}\right)^2 + (-100)^2}$$

$$= \begin{matrix}350 \\ 100\end{matrix}\ (\text{kPa})$$

即 σ_1=350 (kPa)，σ_3=100 (kPa)。

将此黏性土的 c 及 σ_1、σ_3 代入极限平衡条件，有

$$350 = 100 \times \tan^2\left(45° + \frac{\varphi}{2}\right) + 2 \times 20 \times \tan\left(45° + \frac{\varphi}{2}\right)$$

可得 $\tan\left(45° + \frac{\varphi}{2}\right)=1.68$，求得 $\varphi=28.5°$。

（2）根据已知条件，绘制极限应力圆，如图 6-9（b）所示。极限应力圆与强度包线交点的坐标（σ，τ）代表过 A 点剪切破坏面上的应力，点（σ_z，τ_{zx}）代表过 A 点水平面上的应力。设剪切破坏面与水平面的夹角为 α，水平面与大主应力作用面的夹角为 β，$2\alpha+2\beta=90°+\varphi$，可得

$$\begin{aligned}2\alpha &= 90° + \varphi - 2\beta \\ &= 90° + 28.5° - \arctan\frac{\tau_{zx}}{(\sigma_z - \sigma_x)/2} \\ &= 118.5° - 53.1° \\ &= 65.4°\end{aligned}$$

即 $\alpha=32.7°$，因此滑动面通过 A 点的方向与水平面成 32.7°。

总之，土的极限平衡条件表明：

（1）土中任意一点是否达到极限状态，不取决于主应力 σ_1、σ_3 的绝对数值，而在于是否满足极限平衡条件，即该点的应力圆是否与强度包线相切；

（2）当 σ_1 一定时，σ_3 越小，土体越接近于破坏；反之，当 σ_3 一定时，σ_1 越大，土体越接近于破坏。

（3）土体剪切破坏时的破裂面不是发生在与大主应力面成 45°的最大剪应力 τ_{max} 作用面［图 6-7（a）中 B 点代表的面］上，而是成对出现在与大主应力作用面成 $45°+\varphi/2$ 的两个面［图 6-7（b）］上，可见土的剪切破坏并不是由最大剪应力 τ_{max} 控制的。

6.2　土的抗剪强度试验方法

土的抗剪强度试验有多种，在室内常用的有直剪试验、三轴剪切（压缩）试验和无侧限抗压强度试验；在现场常见的有原位直剪试验和十字板剪切试验。

6.2.1　室内试验方法

1. 直剪试验

1）试验方法

直剪试验测定的是土样预定剪切面上的抗剪强度。按加荷方式的不同，直剪仪可分为应变控制式和应力控制式两种。我国目前普遍采用的是应变控制式直剪仪，如图 6-10 所示。

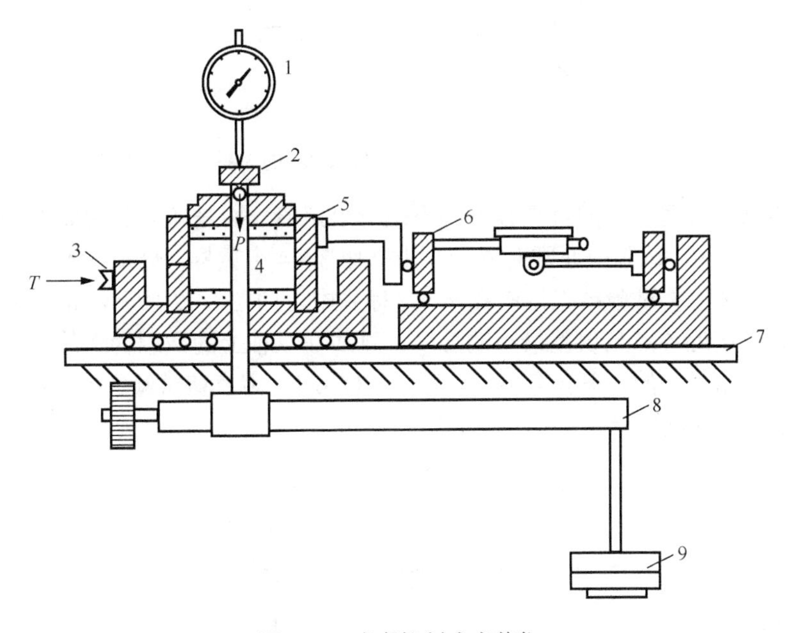

图 6-10　应变控制式直剪仪

1-垂直变形百分表；2-垂直加荷框架；3-推动座；4-试样；
5-剪切盒；6-测力计；7-台板；8-杠杆；9-砝码

直剪仪具有一个独立的由上盒与下盒组成的刚性金属剪切盒（图 6-2）。试验时，将截面积为 A 的试样置于剪切盒内，土样的上、下面各放一块透水石，以利于土样排水，由杠杆加压系统对土样分别施加法向压力 P。然后，上盒固定，由匀速前进的蜗杆为下盒施加水平剪切力 T，其数值通过测力计测读。此时，土样剪切面（上、下两盒交界面）上的法向应力为$\sigma=P/A$，剪应力 $\tau=T/A$。随着水平剪应力 τ 的增加，土样沿剪切面产生相对位移 ΔL（剪切位移），直至破坏。记录并绘制剪应力 τ 与剪切位移 ΔL 的关系曲线，如图 6-11 所示。图中每条曲线上的峰值剪应力（若无明显峰值点时，取 ΔL=4mm 对应的剪应力）为该级法向应力σ作用下土样剪切面所能承受的最大剪应力，即相应的抗剪强度 τ_f。

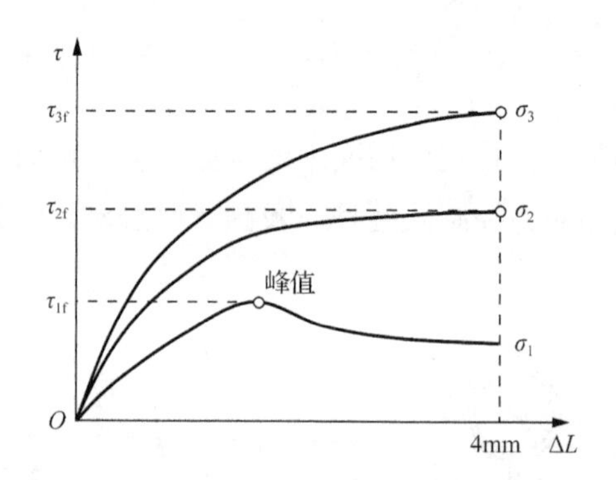

图 6-11　剪应力 τ 与剪切位移 ΔL 的关系曲线

试验结果表明，土的抗剪强度并不是一个定值，而是随着剪切面上法向应力σ的增大而增大。试验中通常对同一种土制作 3～4 个试样，分别在不同的法向应力下剪切破坏，将试验结果绘制在σ-τ 坐标系中，如图 6-12 所示。根据最小二乘法，绘制最接近各点且误差最小的直线。直线在纵轴上的截距为土的黏聚力 c，与横轴的夹角为土的内摩擦角 φ。扫描二维码 6-1，将直剪试验的实测数据填入，可得土的强度包线。

二维码 6-1

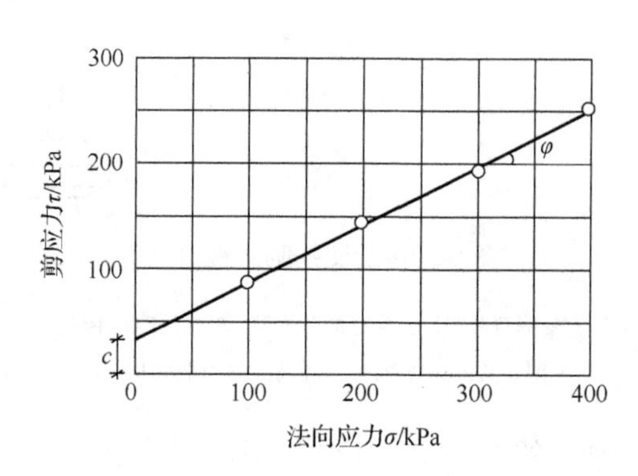

图 6-12　直剪试验得到的强度包线

2）试验的类型

直剪仪无法控制试验的排水条件，但直剪试验过程中可通过不同的剪切速率来近似模拟实际工程中土体不同的排水条件。根据试验时固结速率与剪切速率的不同，直剪试验分为快剪试验、固结快剪试验和慢剪试验三种。

（1）快剪试验。

对试样施加垂直压力后，不待试样固结，立即采用 0.8～1.2mm/min 的速率施加水平剪应力，即每分钟 4～6 转的均匀速度旋转手轮，使试样在 3～5min 剪损。在剪切过程中，手轮每转一转，测记负荷传感器或测力计读数，并根据需要测记垂直变形读数。当剪应力的读数达到稳定或有显著下降时，表示试样已剪损。试验一般宜剪至剪切变形达到 4mm 时停止。若剪应力读数继续增加，剪切变形应达到 6mm 时为止。快剪试验测得的 c、φ 用 c_q、φ_q 表示。

由于剪切速率较快，对于渗透系数 $k<10^{-6}$cm/s 的细粒土，快剪试验过程中试样几乎没有排水固结，认为可近似模拟“不排水剪切”的过程。

（2）固结快剪试验。

对试样施加垂直压力后，允许试样充分排水固结。当每小时垂直变形读数变化不大于 0.005mm 时，试样达到固结稳定，测记垂直变形读数。然后，快速施加水平剪应力进行剪切，剪切过程与快剪试验相同。固结快剪试验测得的 c、φ 用 c_{cq}、φ_{cq} 表示。

固结快剪试验近似模拟了“固结不排水剪切”过程，它也只适用于渗透系数 $k<10^{-6}$cm/s 的细粒土。

（3）慢剪试验。

施加垂直压力后，允许试样充分排水固结。待固结稳定后，再进行剪切速率小于 0.02mm/min 的缓慢剪切，使试样在受剪过程中一直充分排水和产生体积变形，直至剪切破坏。因此，慢剪模拟了“固结排水剪切”的过程，测得的 c、φ 用 c_s、φ_s 表示。

3）直剪试验的优缺点

直剪试验的仪器构造简单，试样的制备和安装方便，易于操作，且试样厚度薄，固结快，试验历时短，因此工程中得到了广泛的应用，但直剪试验也存在不少缺点。

（1）剪切破坏面为人为固定的上盒与下盒之间的水平面［图 6-13（a）］，这不一定符合真实情况，因为土体的剪切破坏实际上是沿最薄弱的面发生的。这个固定的水平破坏面不一定是实际土体中真实的破坏面。

（2）试验中不能量测土样中的孔隙水压力，无法严格控制排水条件，尤其是对透水性强的土。因此，试验时只能根据剪切速率大致模拟实际工程中土体的排水条件。

（3）剪切过程中，上、下剪切盒错动时，试样剪切面积逐渐减小［图 6-13（b）］，垂直荷载会发生偏心，剪应力分布不均匀，但在计算时忽略偏心的影响且仍按原截面积计算。

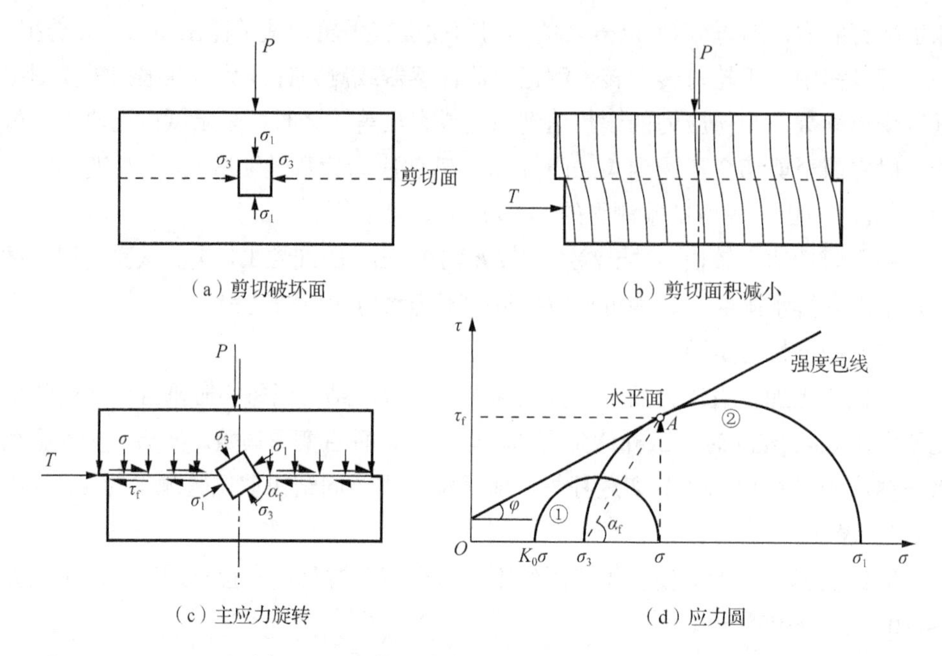

图 6-13　直剪试验中的剪切面及其应力状态

（4）剪切面上的应力状态复杂，剪切后主应力方向发生旋转［图 6-13（c）］。在施加剪应力前，试样处于侧限状态，预设的剪切面为大主应力作用面，大主应力为作用于试样上的竖向应力 $\sigma=P/A$，即 σ_1，小主应力（水平向应力）$\sigma_3=K_0\sigma$，相应的莫尔圆为图 6-13（d）中的应力圆①；在施加剪应力后，剪切面上产生了剪应力，因此剪切面不再是主应力面。剪切破坏时的主应力方向如图 6-13（c）所示，相应的莫尔圆为图 6-13（d）中的极限应力圆②，其与强度包线的交点 A 表示此时的剪切面，即水平面，其上的应力组合为（σ, τ_f）。大主应力作用面与水平剪切面的夹角为 $\alpha_f=45°+\varphi/2$，即剪切破坏时主应力旋转了 α_f 的角度。

2. 常规三轴剪切试验

为克服直剪试验存在的诸多不足，三轴剪切试验逐渐发展起来，成为测定土应力-应变关系和抗剪强度指标常用的一种室内试验方法。三轴剪切试验也称为三轴压缩试验。其中，最简单、应用最广泛的是常规三轴压缩试验。常规三轴压缩试验所用的仪器一般为应变控制式三轴仪，由压力室、轴向加荷系统、周围压力控制系统、孔隙水压力量测系统等组成，如图 6-14（a）所示；所用试样为圆柱体，如图 6-14（b）所示。

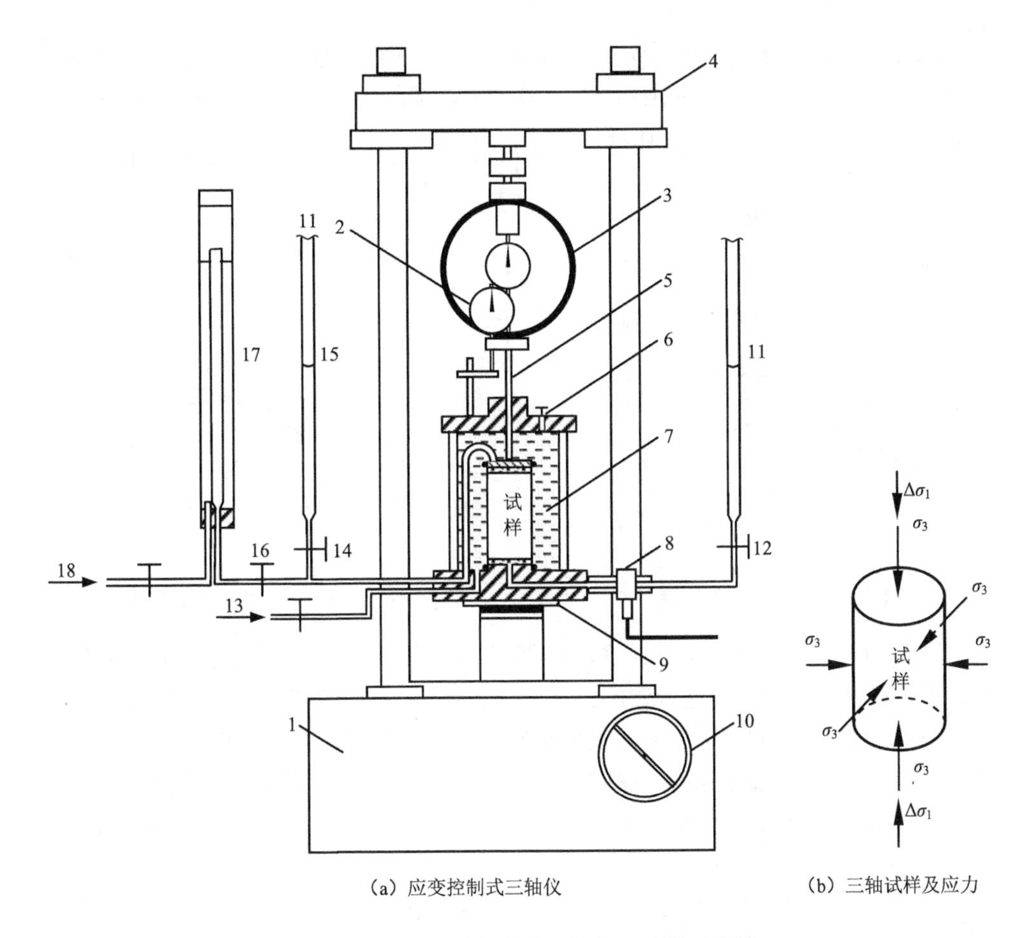

图 6-14　常规应变控制式三轴仪及试样示意图

1-试验机；2-轴向位移计；3-轴向测力计；4-试验机横梁；5-活塞；6-排气孔；
7-压力室；8-孔隙压力传感器；9-升降台；10-手轮；11-排水管；12，14-排水管阀；
13-周围压力；15-量水管；16-体变管阀；17-体变管；18-反压力

1）试验方法

进行常规三轴压缩试验时，将用橡皮膜包裹的土样置于压力室底座上密封后，装上压力室罩。压力室充满水后，通过周围压力控制系统施加所需的周围压力σ_3。此时试样处于各向等压状态，因此试样中没有剪应力。保持σ_3不变，由轴向加荷系统通过传力杆对试样施加竖直轴向应力 $\Delta\sigma_1$进行剪切［图 6-14（b）］，此时竖向主应力σ_1=σ_3+$\Delta\sigma_1$。一般试样每产生 0.3%～0.4%的轴向应变 ε_1 时，测记轴向力 $\Delta\sigma_1$ 和轴向位移读数各一次。当轴向力 $\Delta\sigma_1$ 出现峰值后，再继续剪切至少 3%～5%轴向应变 ε_1。当 $\Delta\sigma_1$ 无明显减少时，剪切至轴向应变达 15%～20%。在剪切过程中，还可以测定试样中的孔隙水压力 u。试验结束后，绘制试样的应力-应变

（$\Delta\sigma_1$-ε_1）曲线，如图 6-15 所示。图中曲线上的峰值应力（若无明显峰值点时，取 ε_1=15%的应力值）为该围压σ_3下的最大破坏偏差应力 $\Delta\sigma_{1f}$，则$\sigma_{1f}=\sigma_3+\Delta\sigma_{1f}$。此时，在$\sigma$-$\tau$ 坐标系中，以$\left(\dfrac{\sigma_{1f}+\sigma_3}{2},\ 0\right)$为圆心、$\Delta\sigma_{1f}$为直径所绘的圆即为极限应力圆，如图 6-16 所示。

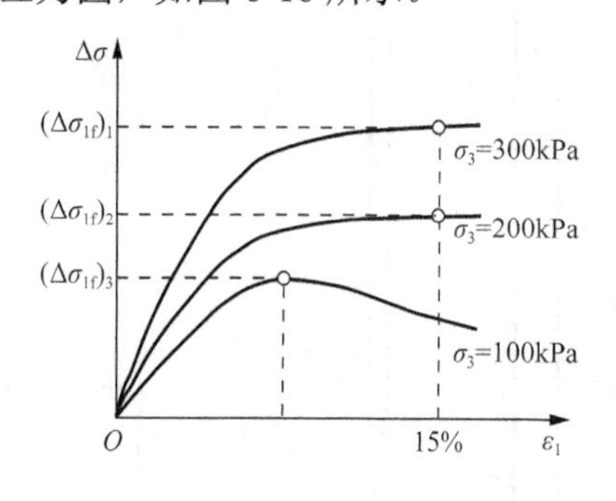

图 6-15　应力-应变曲线

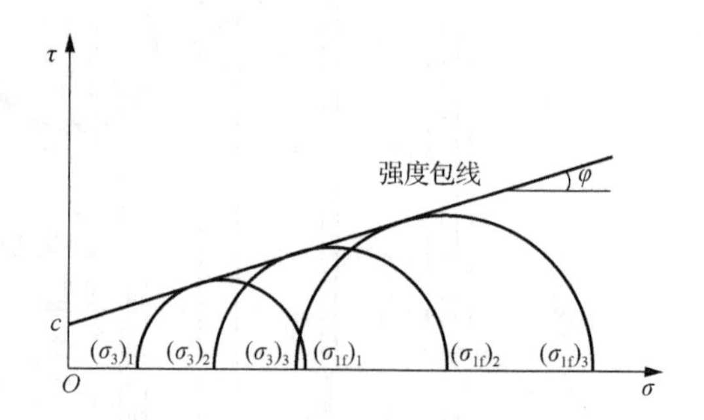

图 6-16　极限应力圆与强度包线

通常同一种土用 3～4 个试样，分别在不同的恒定周围压力σ_3下进行试验，测得剪切破坏时的最大偏差应力 $\Delta\sigma_{1f}$（图 6-15）。分别绘制并形成一组极限应力圆，求取此组应力圆的公切线，该线即为土的强度包线，其在纵轴上的截距为土的黏聚力 c，与横轴的夹角为内摩擦角 φ，如图 6-16 所示。扫描二维码 6-2，将三轴压缩试验的实测数据填入，可得土的抗剪强度包线及黏聚力 c、内摩擦角 φ。

二维码 6-2

2）试验类型

根据排水条件不同，三轴压缩试验可分为不固结不排水剪试验、固结不排水剪试验、固结排水剪试验三种类型。

（1）不固结不排水剪试验。试样在施加周围压力σ_3和随后施加竖向偏差应力 $\Delta\sigma_1$ 直至剪切破坏的整个过程中，自始至终关闭排水阀，不允许土中水排出，即在施加周围压力和剪切力时引起的孔隙水压力均不发生消散，试样不发生排水固结。因此，开始加压直至试样剪坏的全过程中，土中含水率保持不变，这种试验就称为不固结不排水剪试验（undrained and unconsolidation shear test），简称 UU 试验，得出的抗剪强度指标记为 c_u、φ_u。UU 试验过程中，可连接孔隙压力传感器测定超静孔隙水压力。

若试验土样为饱和土，由于在试验过程中始终处于不排水状态，试样的体积不会发生改变，因此有效应力不变。剪切破坏时，不同围压下的同一组试件只能得到同一个有效应力圆（图 6-17 中虚线），且其直径与各个围压下总应力圆（图 6-17 中实线）的直径相等。试验所得的强度包线为与横轴平行的直线，可得试样的内摩擦角 φ_u=0，黏聚力$c_u=\tau_f=\dfrac{1}{2}(\sigma_1-\sigma_3)$，此时的$\tau_f$称为饱和土的不排水强度。不排水强度的大小取决于土体的结构及其所受的先期固结压力。结构性越强，先期固结压力越大，土的孔隙比越小，则不排水强度越大。

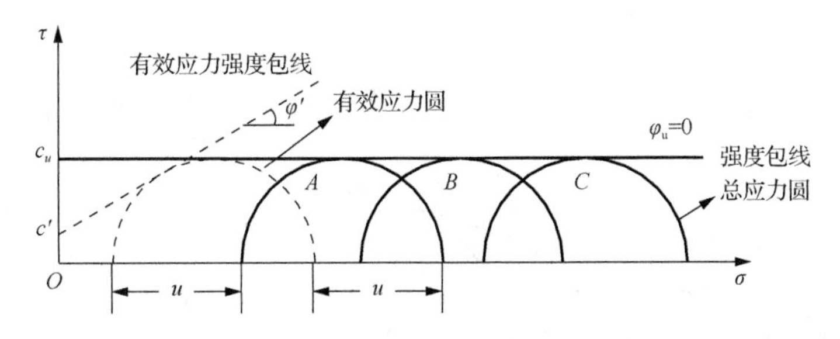

图 6-17　饱和土 UU 试验的应力圆及强度包线

需要强调的是，这里内摩擦角 $\varphi_u=0$ 并不意味着土体没有摩擦强度，而是通过这种试验方法无法测出摩擦强度，只能将其隐含于黏聚强度之中。当然，如果在试验中试样发生脆性破坏，具有明显的剪切破裂面，则可量测此破裂面与试样横截面（大主应力面）的夹角 $\alpha = 45° + \dfrac{\varphi'}{2}$，由此得到有效内摩擦角 φ'。作与 σ 轴成 φ' 角且与有效应力圆相切的直线，可得到有效应力强度包线（图 6-17 中虚线），其与纵轴的截距即为有效黏聚力 c'。

若试验土样为非饱和土，虽然试验过程中始终处于不排水状态，但由于试样孔隙中的气体可以被压缩或部分溶解于水中，试样的体积会有所减小，密度提高，剪切破坏时的极限应力圆直径将随之增大。因此，强度包线的起始段为曲线，直至土样受压变形至接近饱和，强度包线才趋于水平，如图 6-18 所示。

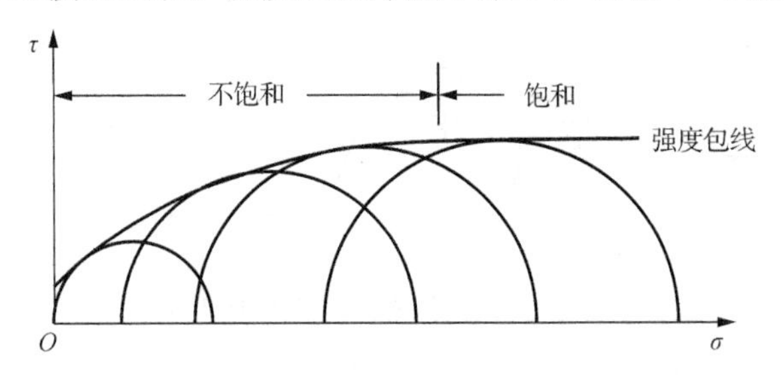

图 6-18　非饱和土 UU 试验的应力圆及强度包线

（2）固结不排水剪试验。试样在施加周围压力 σ_3 时打开排水阀，允许土中水排出，待固结稳定后关闭排水阀，然后施加竖向偏差应力 $\Delta\sigma_1$，使试样在不排水条件下受剪直至破坏，这种试验就称为固结不排水剪试验（undrained and consolidation shear test），简称 CU 试验。由于进行不排水剪切，饱和试样在剪切过程中没有产生体积变形。若试验中未量测孔隙水压力，试验结果可用总应力法整理，见图 6-19 实线应力圆与强度包线，得出的抗剪强度指标记为 c_{cu}、φ_{cu}。若量测了孔隙水压力，试验结果可用有效应力法整理，见图 6-19 虚线应力圆与强度包线，得出的抗剪强度指标记为 c'、φ'。一般来说，$\varphi_{cu}<\varphi'$。

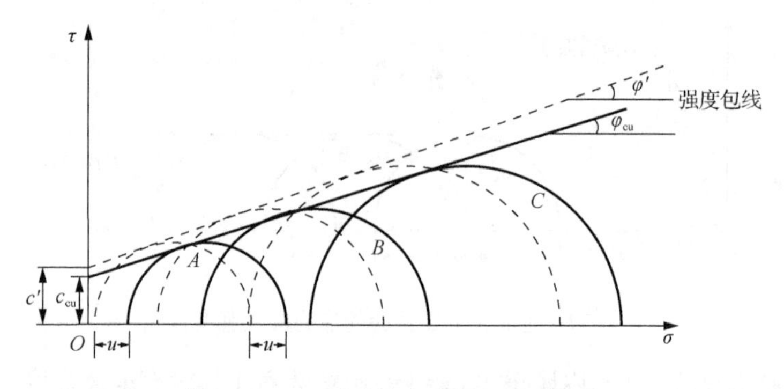

图 6-19　CU 试验的应力圆与强度包线

（3）固结排水剪试验。试样在施加周围压力σ_3时允许排水固结，待固结稳定后，再在排水条件下缓慢施加竖向偏差应力 $\Delta\sigma_1$ 至试样剪切破坏。整个试验过程中，排水阀始终打开，试样一直处于充分排水状态，实际上就是使试验过程中土中孔隙水压力完全消散为零，这种试验就称为固结排水剪试验（drained and consolidation shear test），简称 CD 试验。测得的抗剪强度指标记为 c_d、φ_d，与有效应力指标 c'、φ' 一致，如图 6-20 所示。

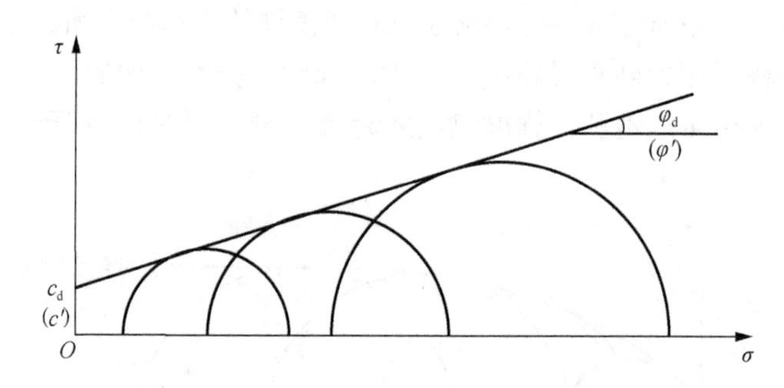

图 6-20　CD 试验的应力圆及强度包线

由此可见，对于同一种土，在不同的排水条件下进行试验，总应力抗剪强度指标 c、φ 完全不同；而有效应力抗剪强度指标 c'、φ' 不随试验方法改变而不同。

3）常规三轴压缩试验的优缺点

常规三轴压缩试验中，试样中的应力分布比较均匀，且能严格控制试样排水条件，量测孔隙水压力，分析土中有效应力的变化情况，但也存在如下的缺点：

（1）试验仪器复杂，操作技术要求高；

（2）忽略中主应力σ_2 的影响，试验在轴对称条件下进行，$\sigma_2=\sigma_3$，这可能与土体在复杂受力条件下的情况不符。

4）其他剪切试验仪

由于常规三轴压缩试验受力条件局限，为更好地模拟复杂的应力状态，现代的土工实验室还发展了一些新型的强度测定试验设备。

（1）平面应变试验仪。平面应变试验仪用以测定平面应变状态下土的剪切特性。此时，$\sigma_2 > \sigma_3$，因此测得的抗剪强度指标高于常规三轴压缩试验测得的指标。

（2）真三轴试验仪。真三轴试验仪是一种能独立施加三个方向主应力，并可独立测定三个主应力方向变形量的仪器，但仪器构造十分复杂，且有时难以完全避免三个方向的相互干扰，因此目前这种设备只用于研究性的试验中。

（3）空心圆柱扭剪试验仪。前面两种仪器虽然可用于比轴对称更复杂的应力状态，但是主应力的方向在试验过程中是固定的。空心圆柱扭剪试验仪除了能独立改变三个方向的应力σ_z（竖向应力），σ_r（径向应力）和σ_θ（圆周向应力）外，还可以施加剪应力使主应力的方向偏转任意角度，以模拟实际土体主应力的方向，因此可用于各向异性土力学性质的研究。

3. 无侧限抗压强度试验

无侧限抗压强度试验也称为无侧限压缩试验或单轴抗压强度试验，其仪器如图 6-21（a）所示。实际上，它是三轴压缩试验中周围压力σ_3=0 的一种特殊情况，因此现在常用三轴仪开展此类试验。试验时，在不加任何侧向压力的情况下，对圆柱体试样施加轴向压力 q［图 6-21（b）］，直至试样剪切破坏为止。试样破坏时的轴向压力用 q_u 表示，称为无侧限抗压强度。由于不施加周围压力，因此只能得到一个极限应力圆［图 6-21（c）］，难以得到强度包线。

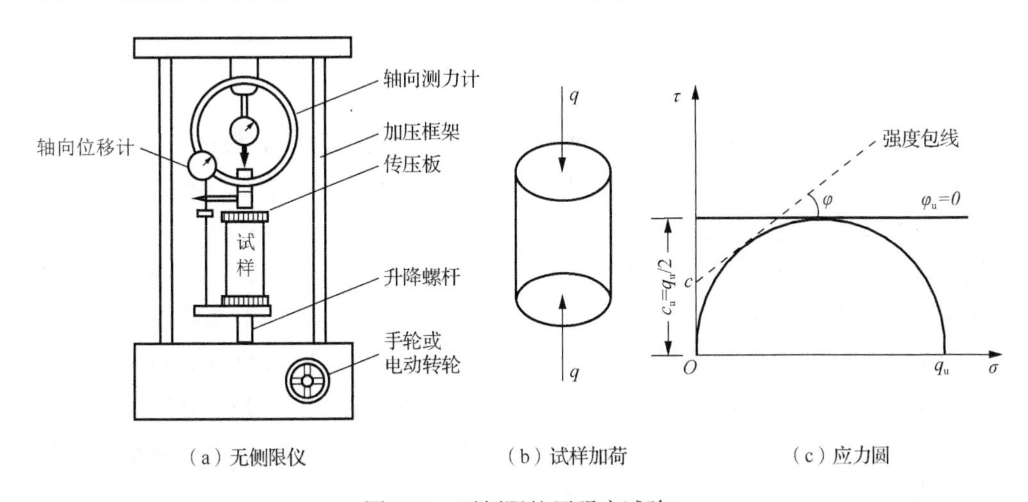

（a）无侧限仪　（b）试样加荷　（c）应力圆

图 6-21　无侧限抗压强度试验

若试样有明显的破裂面，可测得破坏时破裂面与横截面（大主应力面）的夹角$\alpha = 45° + \frac{\varphi}{2}$，因此 $\varphi=2\alpha-90°$。根据试验破坏时的应力状态（$\sigma_1=q_u$, $\sigma_3=0$），得

$$\sigma_1 = q_u = 2c\tan(45° + \frac{\varphi}{2}) \tag{6-11}$$

可得土的黏聚力为

$$c = \frac{q_u}{2\tan(45° + \frac{\varphi}{2})} \tag{6-12}$$

此时，试样的强度包线如图 6-21（c）中虚线所示。

饱和黏性土的三轴不固结不排水剪试验结果表明，其强度包线为一水平线，即$\varphi_u=0$。因此，对于饱和黏性土的不排水抗剪强度τ_f，就可利用无侧限抗压强度q_u得到，如图 6-21（c）所示，即

$$\tau_f = c_u = \frac{q_u}{2} \tag{6-13}$$

无侧限抗压强度试验除了可以测定饱和黏性土的抗剪强度指标外，还可用于测定黏性土的灵敏度S_t和土体的构度指标m_u。需要注意的是，由于取样过程中土样受到扰动，原位应力被释放，用此试验方法测得的不排水强度并不能够完全代表土样的原位不排水强度，一般低于原位不排水强度。

6.2.2 现场试验方法

1. *原位直剪试验*

对于粗颗粒土，可进行原位直剪试验，也称为大剪试验，其装置如图 6-22（a）所示，所用设备多数比较笨重，一般可由试验单位根据需要自己生产。大剪试验装置一般仅有上盒，无下盒，剪切面积不宜小于 0.3m^2，高度不宜小于 20cm 或为最大土粒粒径的 4～8 倍，剪切面开缝应为最小粒径的 1/4～1/3。将修整好的试样顶面放上盖板，周边套上剪切盒；施加法向压力P，用百分表量测法向变形量［图 6-22（b）］。法向变形量相对稳定（变形量每小时小于 0.01mm）后，分级施加剪切压力 T，观察周围土的变形情况，当剪切变形急剧增长或剪切变形量达试样尺寸的 1/10 时，认为土体已经破坏，试验停止。原位直剪试验数据分析的过程与室内直剪试验类似，在此不再赘述。

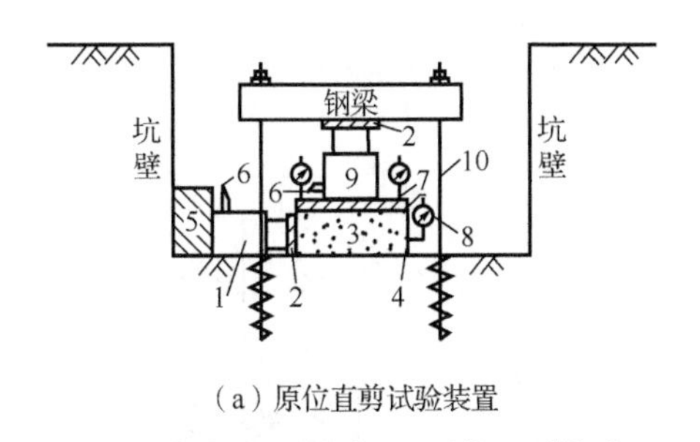

（a）原位直剪试验装置

1-切向千斤顶；2-刚性垫板；3-试体；4-剪切盒；
5-刚性垫块；6-接液压泵；7-加载盖板；
8-位移计；9-法向千斤顶；10-反力地锚

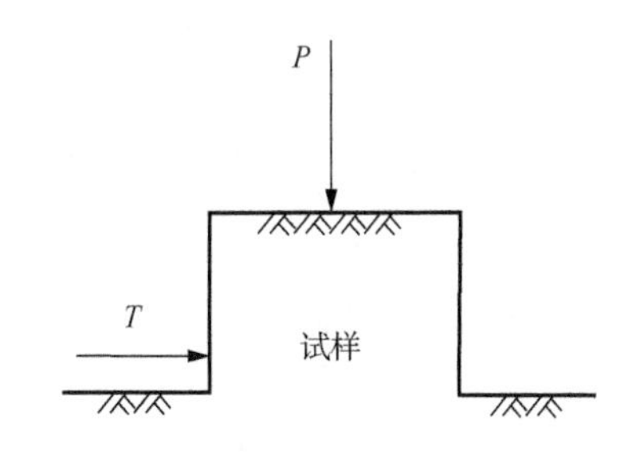

（b）原位直剪试验试样

图 6-22　原位直剪试验

2. 十字板剪切试验

十字板剪切试验是一种土的抗剪强度原位测试方法，这种试验方法适用于在现场测定饱和黏性土的原位不排水抗剪强度，特别适用于均匀饱和软黏土。

十字板剪切试验采用的试验装置主要是十字板剪力仪，如图 6-23（a）所示，通常由十字板、扭力装置和量测装置三部分组成。试验时，先把套管打到要求的测试深度以上 0.75m，将套管内的土清除；再通过套管将安装在钻杆下的十字板压入土中至测试的深度；由地面上的扭力装置对钻杆施加扭矩，使埋在土中的十字板扭转，直至土体剪切破坏。

剪切破坏后，破坏面为十字板旋转所形成的圆柱面，如图 6-23（b）所示。设土体剪切破坏时所施加的扭矩为 M_{max}，则它应该与剪切破坏圆柱面（包括侧面和上下底面）上土的抗剪强度所产生的抵抗力矩相等，即

$$\begin{aligned}M_{\max} &= \pi D H \tau_{fv} \times \frac{D}{2} + 2 \times \frac{\pi D^2}{4} \tau_{fh} \times \left(\frac{2}{3} \times \frac{D}{2}\right) \\ &= \frac{\pi D^2 H}{2} \tau_{fv} + \frac{\pi D^3}{6} \tau_{fh}\end{aligned} \tag{6-14}$$

式中，D 为十字板宽度；H 为十字板高度；τ_{fv} 与 τ_{fh} 分别为土体的竖直向抗剪强度与水平向抗剪强度。

天然状态的土体具有各向异性，但为简化计算，假定土体为各向同性体，认为竖直向抗剪强度 τ_{fv} 与水平向抗剪强度 τ_{fh} 相同，即 $\tau_{fv}=\tau_{fh}$，并记作 τ_f，可得

$$\tau_f = \frac{6M_{\max}}{\pi D^2(3H + D)} \tag{6-15}$$

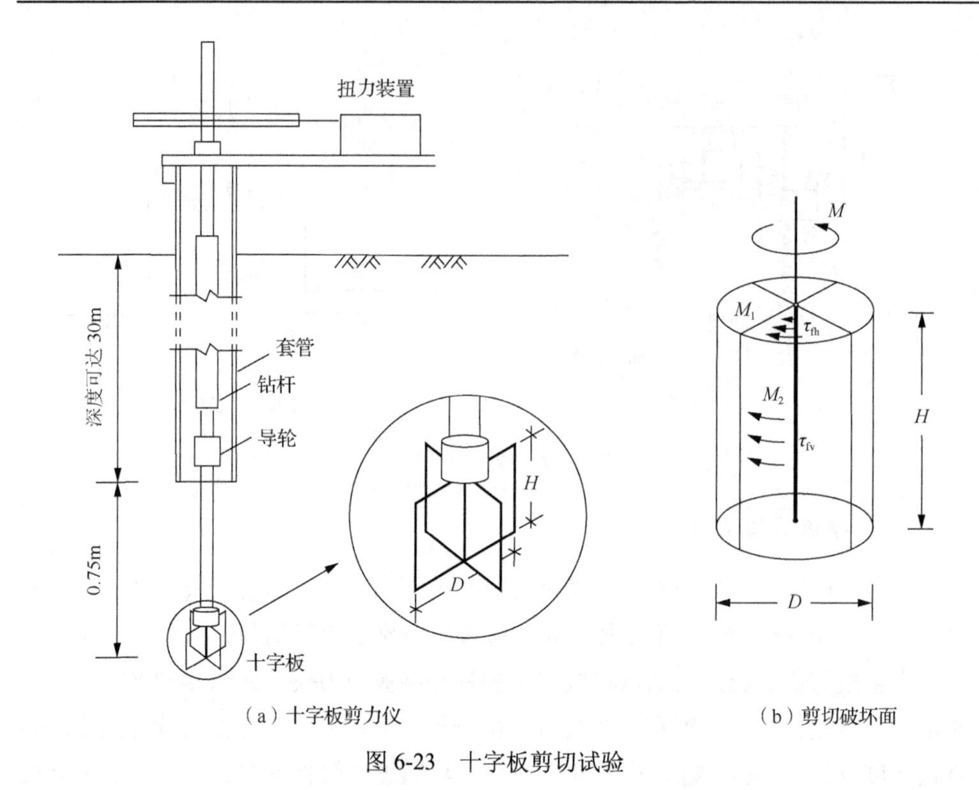

图 6-23　十字板剪切试验

采用两种不同尺寸的十字板测定同一深度处土体的抗剪强度，则可由式（6-14）得到τ_{fv}和τ_{fh}。

由于十字板剪切试验是直接在原位测试，不必取土样，土体所受的扰动较小，因此是一种比较能反映土体原位强度的测试方法，但如果在软土层中夹有薄层粉砂，则十字板试验结果可能会偏大。

6.3　土的各类抗剪强度指标及其应用

如前所述，在室内测试土体的抗剪强度时，通过直剪试验，可得到直剪试验抗剪强度指标；通过三轴压缩试验，可得到三轴压缩试验抗剪强度指标。在分析土的抗剪强度指标时，采用总应力分析可得总应力抗剪强度指标，采用有效应力分析可得有效应力抗剪强度指标。土的抗剪强度指标有峰值强度指标，也有残余强度指标。那么，在实际应用中，到底应该如何选用抗剪强度指标呢？下面对此进行介绍。

1. 三轴压缩试验抗剪强度指标与直剪试验抗剪强度指标

试验和工程实践都表明，土的抗剪强度与土受力后的排水固结状态有关。对同一种土，若剪切前试样的固结过程和剪切时试样的排水条件不同，试验所得出的抗剪强度指标就不同。对于具体工程问题，应尽可能根据现场条件决定实验室采用的试验方法，以获得合适的抗剪强度指标。在室内，三轴压缩试验可以控制排水条件，量测孔隙水压力，而直剪试验只能通过剪切速率的快慢来模拟实际的排水条件。不同的排水条件形成了不同的试验方法，所得的抗剪强度指标的适用条件就是不同的，详见表 6-1。

表 6-1　不同抗剪强度指标的适用条件

试验方法	指标	适用条件	稳定性验算的具体情况	
			地基	坝坡
不固结不排水剪或快剪	c_u、φ_u c_q、φ_q	地基土的透水性差或排水条件不良，建筑物施工速度较快	软土地基上快速施工	土坝快速施工，心墙未固结
固结不排水剪或固结快剪	c_{cu}、φ_{cu} c_{cq}、φ_{cq}	建筑物在工程竣工或使用阶段受到大量、快速的活荷载或新增荷载的作用，或地基等条件介于其他两种情况之间	固结完成后受快速荷载作用	正常运行期水位骤降
固结排水剪或慢剪	c_d、φ_d c_s、φ_s	地基土的透水性好，排水条件较佳，建筑物加荷速率较慢	地基透水性强施工较慢	稳定渗流期或正常运行期

在实际工程中，地基条件与加荷情况不一定非常明确。例如，加荷速度的快慢、土层的厚薄、荷载大小及加荷过程等都没有定量的界限值，而常规的直剪试验与三轴压缩试验在理想化的室内试验条件下进行，与实际工程之间存在一定的差异。因此，在选用抗剪强度指标前需要认真分析实际工程的地基条件与加荷情况，并结合类似工程的经验加以判断，选用合适的试验方法与抗剪强度指标。

实践中，有条件时或在重要工程中应优先采用三轴压缩试验抗剪强度指标。

2. 总应力抗剪强度指标与有效应力抗剪强度指标

由有效应力原理可知，孔隙水压力 u 本身不能产生抗剪强度。因此，在测定土体的抗剪强度指标时，最理想的是能准确地测定试样在剪切过程中的孔隙水压力 u 和总应力 σ 的变化，应用式（6-2）求取有效应力抗剪强度指标 c' 和 φ'。有效应力抗剪强度指标可最科学、最准确地反映土的抗剪强度实质，凡是可以确定（测量、计算）孔隙水压力 u 的情况，都应当使用有效应力抗剪强度指标 c' 和 φ' 进行实际工程的设计与分析，如采用固结排水（慢剪）抗剪强度指标。

然而，在很多情况下，往往受室内与现场设备等条件的限制，孔隙水压力 u 不易确定，不可能在所有工程中都采用有效应力强度分析方法。由于外荷载产生的总应力 σ 一般是已知的，因此在工程实践，如土石坝水位骤降、基础及建筑物快速施工等工程稳定性的分析中，采用较多的还是应用式（6-1）求得的土的总应力抗剪强度指标 c 和 φ，而不必测定土在剪切过程中 u 的变化。

3. 峰值强度指标与残余强度指标

不管是直剪试验所得的剪应力-剪切位移曲线，还是三轴压缩试验所得的应力-应变曲线，均有可能是软化型的，如图 6-24 所示。这类曲线的特点是有峰值点，对应的强度称为峰值强度。峰值点后，强度降低，最后稳定于某个值，这个值对应的强度称为残余强度。

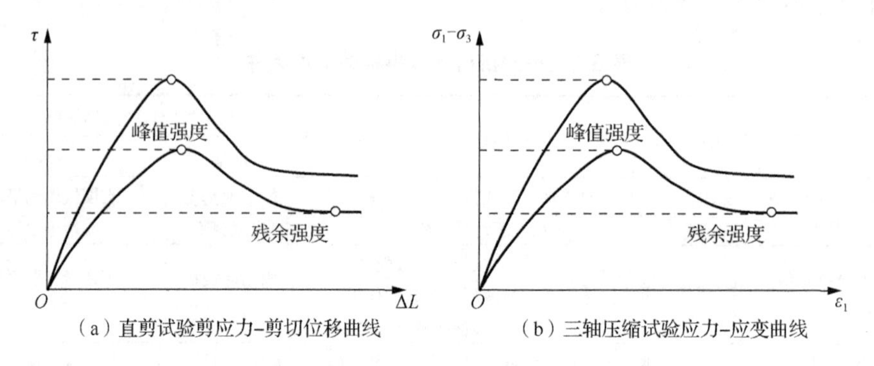

图 6-24　软化型曲线

利用峰值强度分析土的抗剪强度，所得的抗剪强度指标称为峰值强度指标。利用残余强度分析土的抗剪强度，所得的抗剪强度指标称为残余强度指标。一般工程中常用峰值强度指标来分析与土抗剪强度有关的问题，但在分析古滑坡问题或大变形问题时，须用残余强度指标进行分析，这是因为滑动面或土体产生大变形时，土体已经处于或达到了破坏阶段，其强度已明显小于峰值强度，应用残余强度分析的结果相对合理、安全。

例 6-3　对某种饱和黏性土进行三轴固结不排水剪试验，三个试样破坏时的大主应力、小主应力和孔隙水压力列于表 6-2 中，试用作图法确定土的抗剪强度指标 c_{cu}、φ_{cu} 和 c'、φ'。

表 6-2　例 6-3 固结不排水剪试验结果

试验	周围压力 σ_3/kPa	σ_1/kPa	u_f/kPa
试验 1	60	143	23
试验 2	100	220	40
试验 3	150	313	67

解　建立 σ-τ 坐标系，按比例绘出三个试验对应的总应力极限应力圆，作其公切线，绘出总应力强度包线，如图 6-25 中的实线圆和直线①，测得总应力抗剪强度指标 c_{cu}= 10kPa，φ_{cu}=18°。

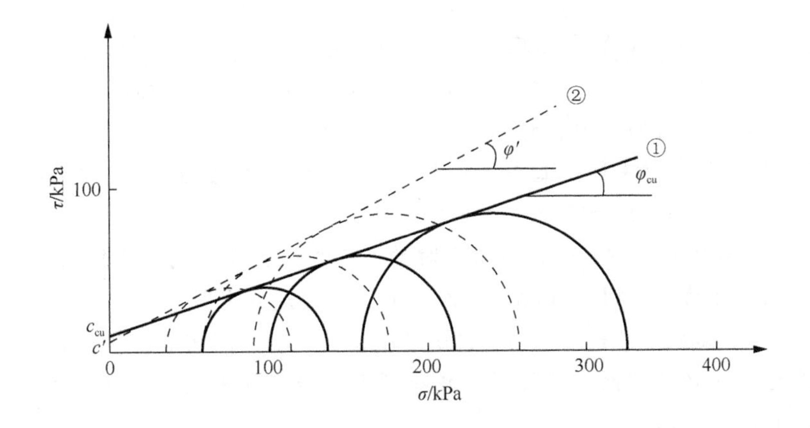

图 6-25　例 6-3 图

根据试验 1 结果得

$$\sigma_3' = \sigma_3 - u_f = 60-23=37\ (\text{kPa}),\quad \sigma_1' = \sigma_1 - u_f = 143-23=120\ (\text{kPa})$$

根据试验 2 结果得

$$\sigma_3' = \sigma_3 - u_f = 100-40=60\ (\text{kPa}),\quad \sigma_1' = \sigma_1 - u_f = 220-40=180\ (\text{kPa})$$

根据试验 3 结果得

$$\sigma_3' = \sigma_3 - u_f = 150-67=83\ (\text{kPa}),\quad \sigma_1' = \sigma_1 - u_f = 313-67=246\ (\text{kPa})$$

据此，按比例绘出三个试验对应的有效应力极限应力圆（此 3 个有效应力极限应力圆也可将总应力圆在水平轴上向左平移相应的 u_f 而得），如图 6-25 中的虚线圆。作其公切线，绘出有效应力强度包线，如图 6-25 中的虚线②。测得有效应力抗剪强度指标 c'=6kPa，φ'=27°。

习　　题

6-1　对某含水率较小的土样进行直剪试验，四个试样所受的法向应力、试验过程中剪应力的峰值和终值列于表 6-3 中，试用作图法分别求该土样的峰值强度指标与残余强度指标。

表 6-3　习题 6-1 直剪试验结果

法向应力/kPa	峰值剪应力/kPa	终值剪应力/kPa
100	99	28
200	151	44
300	201	69
400	249	90

6-2　有一土样受到的大主应力、小主应力分别为 σ_1、σ_3，刚好达到极限平衡状态。若此时在大主应力、小主应力方向同时增加相同的压力 $\Delta\sigma$，土体将处于何种状态？若减小相同的压力 $\Delta\sigma$，又会怎样呢？为什么？

6-3　现对某干砂样和黏土样分别进行直剪试验，发现当法向应力 σ= 200kPa 时，两试样均在剪应力 τ=125kPa 时剪坏，问：

（1）当 σ= 300kPa 时，两试样剪坏时的剪应力还会相同吗？为什么？

（2）此砂样的内摩擦角及此时的大、小主应力是多少？

6-4　对某黏性土样进行无侧限抗压强度试验，轴向压力 q=300kPa 时土样破坏，并产生明显的破裂面。经测量，该破裂面与竖直面的夹角为 33°，试计算该土样的抗剪强度指标。

6-5　已知地基土的 c=15kPa，φ=20°，若此地基中过 A 点的某面上剪应力 τ=120kPa，法向应力 σ=300kPa；过 B 点的某面上剪应力 τ=100kPa，法向应力 σ=200kPa，A、B 两点是否会沿相应剪应力的方向破坏？

6-6　建筑物下地基土中某点的应力为 σ_z=200kPa，σ_x=100kPa，τ_{xz}=40kPa。已知地基土的 c=20kPa，φ=25°，该点是否会剪破？若 σ_z、σ_x 不变，τ_{xz} 增加为 60kPa 时，又会怎样？

6-7　对某饱和黏土进行三轴固结不排水剪试验，测得四个试样破坏时的围压、轴向偏差压力及孔隙水压力如表 6-4 所示，试用总应力法与有效应力法通过作图法分别确定其抗剪强度指标。

表 6-4　习题 6-7 三轴固结不排水剪试验结果

围压 σ_3/kPa	轴向偏差压力 $(\sigma_1-\sigma_3)$/kPa	孔隙水压力 u/kPa
50	65	21
100	103	39
200	179	80
400	331	161

第7章 土 压 力

在土木、水利、交通等工程中，经常会设置挡土结构物来支撑墙后土体，这种用以保持土体稳定性的结构型式称为挡土墙。根据挡土墙结构型式可分为重力式、悬臂式和扶壁式等，墙体材料可由砖、石、素（钢筋）混凝土等材料组成，图 7-1 为几种典型的挡土墙。从图中不难看出，不论哪种形式的挡土墙，都要承受来自墙后填土的侧向压力，即土压力 E。研究结果表明，土压力的大小和分布除了与土的性质有关外，还与墙体的位移方向、位移量、位移形式、土体与结构物间的相互作用以及挡土结构物类型有关。土压力是进行挡土结构物断面设计及稳定性验算时考虑的主要荷载，因此，本章的主要内容是讨论挡土结构物上的土压力性质及土压力计算，包括土压力的大小、方向、分布和合力作用点等。

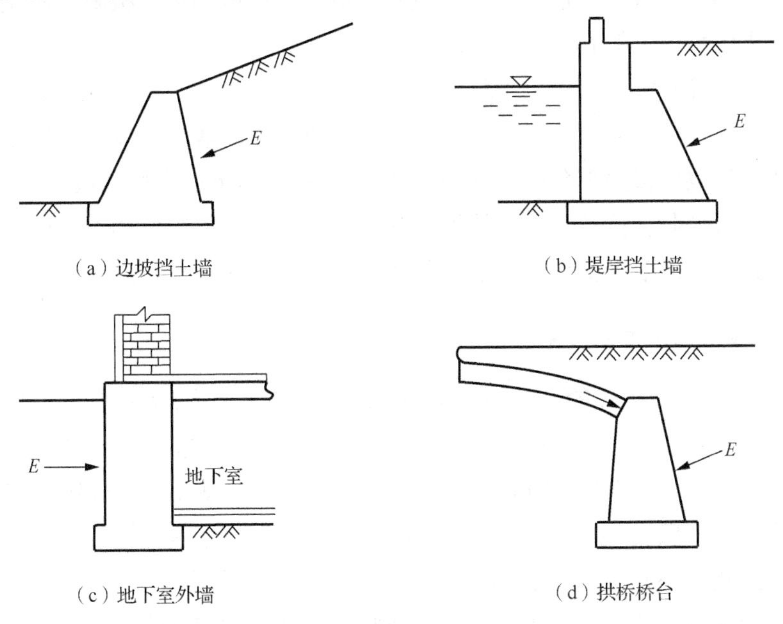

图 7-1 典型的挡土墙

7.1 土压力介绍

墙体位移是影响土压力的主要因素之一，墙体移动的方向和位移量决定了土压力的大小和性质。

1. 土压力的类型

根据挡土结构相对墙后土体的位移方向和大小，土压力可分为三种典型类型，即静止土压力、主动土压力和被动土压力。

1）静止土压力

当刚性挡土墙建立在坚实的地基上（如岩基），且挡土结构在墙后填土的推力下不发生任何位移，这时作用于墙背上的土压力称为静止土压力 E_0。例如，实际工程中地下室的外墙［图 7-1（c）］、涵洞侧壁等不产生位移的挡土构筑物所受的土压力，可近似看作静止土压力。

2）主动土压力

当挡土结构物发生背离土体方向的位移或转动时，墙后土体因侧面约束的放松而有下滑趋势，直至墙后土体达到主动极限平衡状态，作用在墙背上的土压力称为主动土压力 E_a。例如，边坡挡土墙等构筑物［图 7-1（a）、（b）］，当墙体发生远离土体的平移或转动达到某一数值时，墙后土体达到主动极限平衡状态时墙体所受的土压力可近似看作主动土压力。

3）被动土压力

当挡土墙在外力作用下向着土体方向移动或转动，墙后土体受到挤压，直至墙后土体达到被动极限平衡状态，此时作用在墙背上的土压力称为被动土压力 E_p。例如，拱桥所受荷载传递至桥台挡墙［图 7-1（d）］，当挡墙位移量足够大时，墙后土体达到被动极限平衡状态时墙体所受的土压力可近似看作被动土压力。

2. 位移与土压力的关系

E_a 和 E_p 是墙后土体的两种极限平衡状态对应的土压力，太沙基通过挡土墙模型试验，得出了墙后土压力与挡土墙之间的位移关系，见图 7-2。可以看出，当挡土墙为刚性且处于静止状态时，墙后土体不产生位移和变形，此时作用在墙背的土压力为静止土压力 E_0；当墙后土压力或外荷载过大使得墙体发生背离土体的位移，为阻止其下滑，土体内部潜在滑动面上剪应力增加，从而使作用在墙背上的土压力减少。当墙的平移或转动达到某一值时，滑动面上的剪应力等于土的抗剪强度，土压力降为最小值，此时作用在墙背上的土压力为主动土压力 E_a；当墙体发生向着土体的位移时，墙后土体有上滑趋势，为阻止其上滑，土体的抗剪阻力逐渐发挥作用，使得作用在墙背上的土压力增大，直到滑动面上的剪应力等于土的抗剪强度，土压力升为最大值，此时作用在墙背上的土压力为被动土压力 E_p。

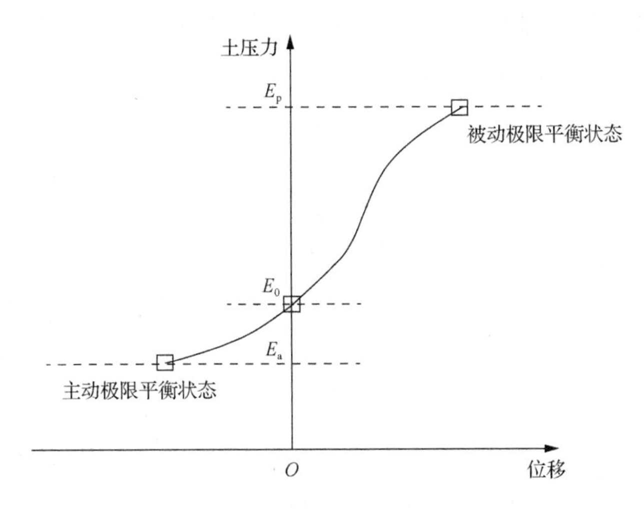

图 7-2　土压力与挡土墙位移的关系

一般来说，产生被动土压力所需的位移量比产生主动土压力所需的位移量要大得多。经验表明，产生主动土压力所需的位移量仅为 1‰H～5‰H（H 为墙高），而产生被动土压力所需的位移量大致要达到 1%H～5%H。当挡土墙相同，墙后填土也相同时，挡土墙所受的这三种典型土压力的大小关系为

$$E_a < E_0 < E_p \tag{7-1}$$

工程中，墙后填土未必处于极限平衡状态，加之挡土结构物的位移难以准确控制与计算，因此，土压力值一般位于这三种典型土压力之间，称为有限位移土压力，有学者对其进行了研究。

7.2　静止土压力计算

半无限空间土体中深度 z 处一点微元体的应力状态如图 7-3（a）所示，作用在该土单元上的主应力σ_v 和σ_h 分别为竖向自重应力σ_z 和水平自重应力σ_x。假设用一个墙背竖直光滑的刚性墙体代替该单元体左侧的土体，如图 7-3（b）所示，保持墙体静止不动，则土体无侧向位移，墙后土体的应力状态未发生改变，仍处于侧限应力状态。水平向应力由原来表示土体内部的力变为现在土与墙之间的力。此时，作用在挡土墙上的土压力为静止土压力。假定墙后为均质土体，则 z 深度处静止土压力强度的大小为

$$p_0 = K_0 \gamma z \tag{7-2}$$

式中，p_0为静止土压力强度，kPa；K_0为静止土压力系数；γ为墙后土的重度，kN/m³；z为计算点的深度，m。

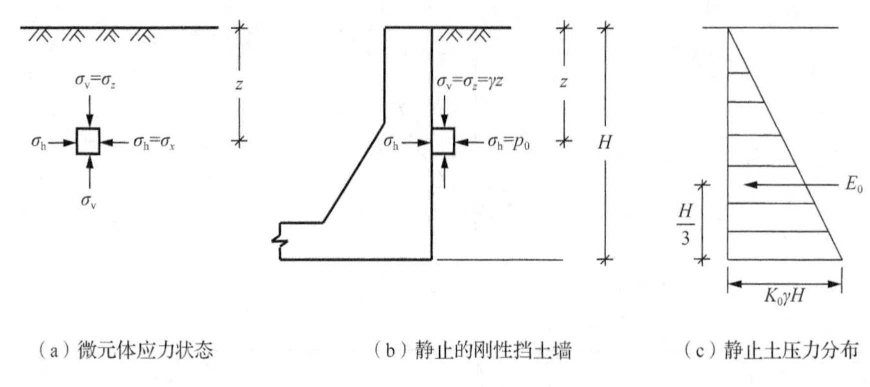

图 7-3　静止土压力计算（均质填土）

静止土压力系数K_0与土的性质、密实程度等因素有关，可由室内或现场试验来测定。对于砂土和正常固结黏土，也可采取以下半经验公式近似确定：

$$K_0=1-\sin\varphi' \tag{7-3}$$

式中，φ'为土的有效内摩擦角，(°)。

由式（7-2）可绘出静止土压力沿挡土墙背深度范围内的分布图形，见图 7-3（c），可知挡土墙所受的静止土压力沿墙背呈三角形分布，则单位长度挡土墙上总静止土压力的大小为

$$E_0=\frac{1}{2}K_0\gamma H^2 \tag{7-4}$$

式中，H为挡土墙墙高，m。

可见，土压力的大小为土压力分布图形的面积大小。静止土压力E_0水平指向挡土墙，其作用点位于墙底以上墙高的 1/3 处，如图 7-3（c）所示。

若墙后填土中有地下水［图 7-4（a）］，则在计算土压力时，地下水位以下土的重度取浮重度γ'，此时静止土压力分布规律如图 7-4（b）所示，单位长度墙体所受总静止土压力的大小为

$$E_0=\frac{1}{2}K_0\gamma H_1^2+K_0\gamma H_1H_2+\frac{1}{2}K_0\gamma' H_2^2 \tag{7-5}$$

式中，H_1、H_2分别为挡土墙后地下水位上、下填土的厚度，m。

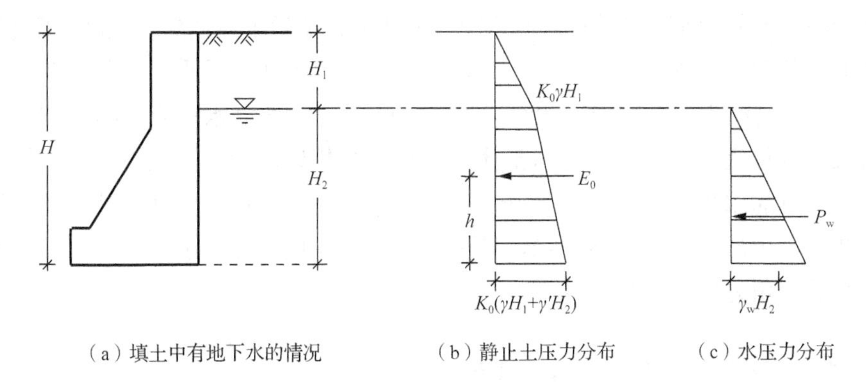

（a）填土中有地下水的情况　　（b）静止土压力分布　　（c）水压力分布

图 7-4　静止土压力计算（填土中有地下水）

静止土压力 E_0 的作用点位于分布图形的形心处，假设其距离墙底的高度为 h，则根据总力矩等于分力矩之和，可得

$$E_0 \cdot h = \frac{1}{2}K_0\gamma H_1^{\ 2} \cdot \left(H_2 + \frac{H_1}{3}\right) + K_0\gamma H_1 H_2 \cdot \frac{H_2}{2} + \frac{1}{2}K_0\gamma' H_2^{\ 2} \cdot \frac{H_2}{3} \tag{7-6}$$

将式（7-5）代入式（7-6），即可解得 h。

此外，在挡土墙设计时应考虑墙背水压力的影响。水压力沿墙背的分布如图 7-4（c）所示，墙背水压力 P_w 的大小为

$$P_w = \frac{1}{2}\gamma_w H_2^{\ 2} \tag{7-7}$$

7.3　朗肯土压力理论

朗肯土压力理论是著名的经典土压力理论之一，于 1857 年由英国学者朗肯提出。

7.3.1　基本假定及其原理

朗肯土压力理论假定挡土墙为刚性的，且墙背竖直、光滑，墙后填土面水平。在此条件下，朗肯通过分析半无限土体中一点的应力从弹性平衡状态发展为极限平衡状态的条件，提出了主动土压力和被动土压力的计算公式。

如图 7-5（a）所示，以某一刚性竖直光滑面 mn 代表挡土墙墙背，当挡土墙静止不动时，墙后土体处于弹性平衡状态。在离地表深度 z 处，土单元体的竖向应力为大主应力 $\sigma_1=\sigma_v=\gamma z$，水平应力为小主应力 $\sigma_3=\sigma_h=p_0$，应力圆为图 7-5（c）中的圆①。当 mn 面向外平移时，土体中的竖向应力 σ_v 保持不变，水平应力 σ_h 将

逐渐减小。当 *mn* 面位移至 *m'n'* 时［图 7-5（b）］，墙后土体达到了主动极限状态，土体的抗剪强度全部发挥，使得作用在墙上的土压力达到最小值，即主动土压力 E_a。在这个过程中，大主应力始终为不变的竖向应力σ_v，水平应力σ_h逐渐减小，应力圆的直径逐渐增大，直至与土体的强度包线相切，此时的应力圆②为极限应力圆，此时的水平应力σ_h为主动土压力强度 p_a。若 *mn* 面再继续向外移动，挡土墙将在主动土压力的作用下失稳，填土发生破坏，破裂面与水平面（大主应力作用面）的夹角为 45°+*φ*/2。

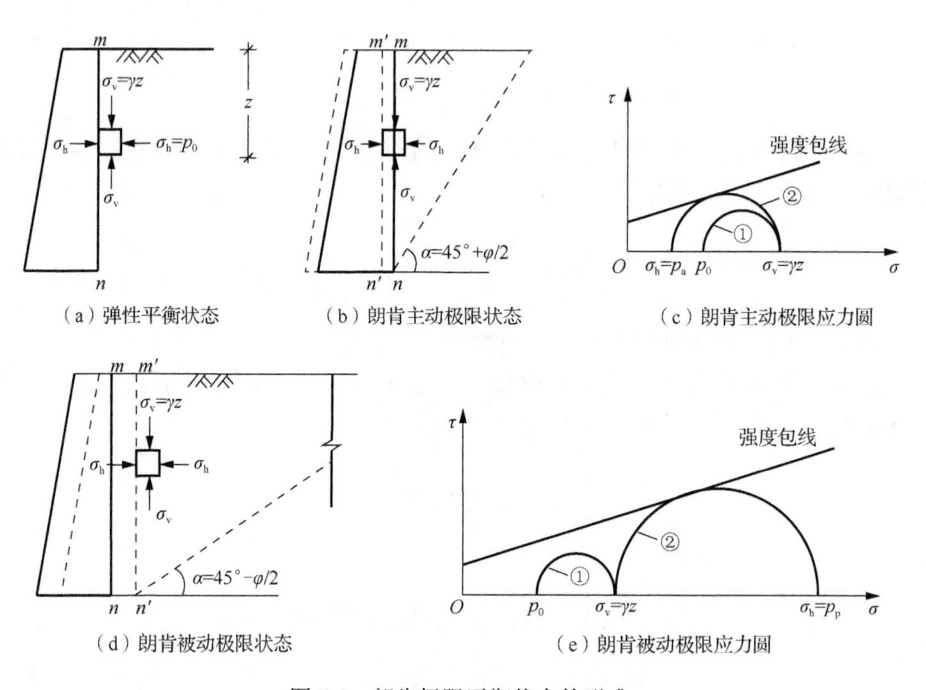

（a）弹性平衡状态　（b）朗肯主动极限状态　（c）朗肯主动极限应力圆

（d）朗肯被动极限状态　（e）朗肯被动极限应力圆

图 7-5　朗肯极限平衡状态的形成

若 *mn* 面在外力作用下向着土体方向移动［图 7-5（d）］，土体受到挤压，土中的σ_v始终保持不变，而σ_h将逐渐增大。当 *mn* 面位移至 *m'n'* 时，破裂面上剪应力增大到土的抗剪强度，墙后土体达到被动极限平衡状态。此时，作用在墙背上的土压力达到最大值，即被动土压力 E_p。在这个过程中，σ_h 逐渐增大并超过σ_v后，σ_v成为小主应力σ_3，σ_h代替σ_v成为大主应力σ_1；应力圆由圆①开始，直径先减小后增大，直至与土体的强度包线相切得到极限应力圆②［图 7-5（e）］，此时的水平应力σ_h 为被动土压力强度 p_p。若墙背在外力作用下继续向土体方向移动，填土将发生破坏，破裂面与水平面（小主应力作用面）的夹角为 45°−*φ*/2。

7.3.2　朗肯主动土压力

根据上述分析可知，当土体处于主动极限平衡状态时，$\sigma_1=\sigma_v=\gamma z$、$\sigma_3=\sigma_h=p_a$，将其代入土的极限平衡条件式（6-8），可得

$$\sigma_h=\sigma_v\tan^2\left(45°-\frac{\varphi}{2}\right)-2c\tan\left(45°-\frac{\varphi}{2}\right)\tag{7-8}$$

即挡土墙上的主动土压力强度 p_a 为

$$p_a=\gamma z\tan^2\left(45°-\frac{\varphi}{2}\right)-2c\tan\left(45°-\frac{\varphi}{2}\right)\tag{7-9}$$

令 $K_a=\tan^2\left(45°-\frac{\varphi}{2}\right)$，称为朗肯主动土压力系数，则土体为无黏性土时：

$$p_a=\gamma zK_a\tag{7-10}$$

土体为黏性土时：

$$p_a=\gamma zK_a-2c\sqrt{K_a}\tag{7-11}$$

如图 7-6（a）所示，墙高为 H 的挡土墙，若墙后土体为无黏性土，则由式（7-10）可知，主动土压力强度 p_a 与深度 z 成正比，沿墙高呈三角形分布，如图 7-6（b）所示。若墙后土体为黏性土，则由式（7-11）可知，主动土压力强度 p_a 由两部分组成，一部分是土体自重引起的土压力强度 γzK_a，另一部分是土体黏聚力引起的负压力强度 $2c\sqrt{K_a}$，两部分叠加后即为挡土墙所受的主动土压力强度。其分布图形见图 7-6（c），O 点的土压力强度为零，O 点以上部分为负值，说明由于墙后土体黏聚力的作用，墙背受到拉力作用，但实际上墙后土体受很小的拉力时就会与墙体分离，产生裂缝［图 7-6（d)］。因此，在计算主动土压力时，O 点以上可视为 0，则此时挡土墙仅在 O 点以下受三角形分布的土压力作用。土体表面至 O 点的距离 z_0 称为裂缝深度或临界深度，当填土面无荷载时，可令式（7-11）为零，求得

$$z_0=\frac{2c}{\gamma\sqrt{K_a}}\tag{7-12}$$

计算主动土压力分布图形的面积，可求得单位长度挡土墙上主动土压力的大小。当土体为无黏性土时：

$$E_a=\frac{1}{2}K_a\gamma H^2\tag{7-13}$$

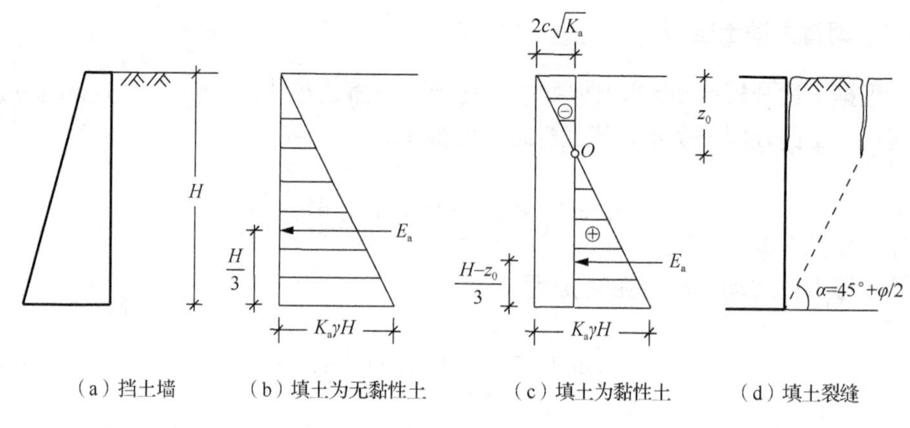

图 7-6　朗肯主动土压力分布

土体为黏性土时：

$$E_a=\frac{1}{2}(H-z_0)(\gamma HK_a-2c\sqrt{K_a})=\frac{1}{2}K_a\gamma H^2-2cH\sqrt{K_a}+\frac{2c^2}{\gamma} \tag{7-14}$$

朗肯主动土压力 E_a 水平指向挡土墙，其作用点位于土压力分布图形的形心处。图 7-6 中，填土为无黏性土和黏性土的主动土压力作用点分别位于距墙底 $H/3$ 和 $(H-z_0)/3$ 处。

7.3.3　朗肯被动土压力

由前述原理可知，当土体处于被动极限平衡状态时，$\sigma_1=\sigma_h=p_p$、$\sigma_3=\sigma_v=\gamma z$，将其代入土的极限平衡条件式（6-7），可得

$$\sigma_h=\sigma_v\tan^2\left(45°+\frac{\varphi}{2}\right)+2c\tan\left(45°+\frac{\varphi}{2}\right) \tag{7-15}$$

挡土墙上的被动土压力强度 p_p 为

$$p_p=\gamma z\tan^2\left(45°+\frac{\varphi}{2}\right)+2c\tan\left(45°+\frac{\varphi}{2}\right) \tag{7-16}$$

令 $K_p=\tan^2\left(45°+\frac{\varphi}{2}\right)$，称为朗肯被动土压力系数，则土体为无黏性土时：

$$p_p=\gamma zK_p \tag{7-17}$$

土体为黏性土时：

$$p_p=\gamma zK_p+2c\sqrt{K_p} \tag{7-18}$$

如图7-7(a)所示，墙高为H的挡土墙，若墙后土体为无黏性土，则由式(7-17)可知，被动土压力强度p_p与深度z成正比，沿墙高呈三角形分布，如图7-7（b）所示。若墙后土体为黏性土，则由式（7-18）可知，被动土压力强度p_p由两部分组成，一部分是土体自重引起的土压力强度$\gamma z K_p$，另一部分是土体黏聚力引起的土压力强度$2c\sqrt{K_p}$，两部分叠加后即为挡土墙所受的被动土压力强度，沿墙高呈梯形分布，如图7-7（c）所示。

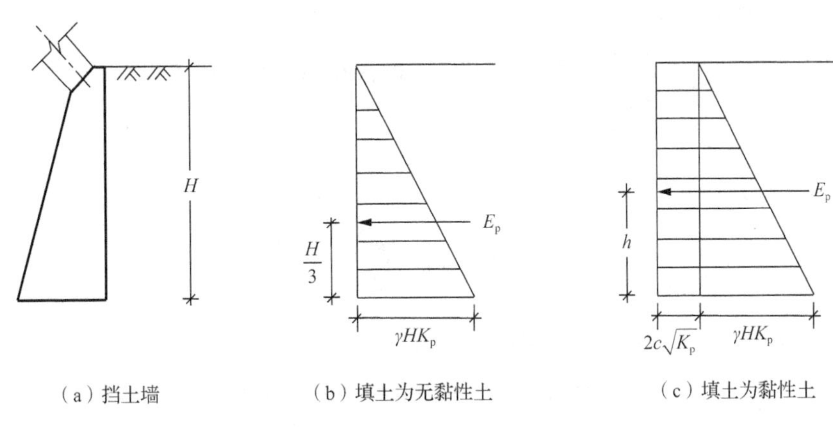

图7-7　朗肯被动土压力分布

计算被动土压力分布图形的面积，可求得单位长度挡土墙上被动土压力的大小。当土体为无黏性土时：

$$E_p=\frac{1}{2}K_p\gamma H^2 \tag{7-19}$$

土体为黏性土时：

$$E_p=\frac{1}{2}K_p\gamma H^2+2cH\sqrt{K_p} \tag{7-20}$$

朗肯被动土压力E_p水平指向挡土墙，其作用点位于土压力分布图形的形心处。图7-7中，填土为无黏性土时，被动土压力作用点距墙底$H/3$；填土为黏性土时，作用点距墙底的高度h可仿照7.2节，按照总力矩等于分力矩之和求得。

例7-1　某重力式挡墙填土表面水平，高H=9.0m，假设墙背竖直光滑，墙后填土为无黏性土，内摩擦角φ=25°，天然重度γ=19.0kN/m^3，试求作用于墙背的静止土压力、主动土压力及被动土压力，并绘制分布图。

解 （1）求静止土压力:

静止土压力系数

$$K_0 = 1 - \sin\varphi \approx 0.58$$

挡墙底部静止土压力强度

$$p_0 = \gamma H K_0 = 19.0 \times 9.0 \times 0.58 \approx 99.2\ (\text{kPa})$$

静止土压力

$$E_0 = \frac{1}{2} K_0 \gamma H^2 = \frac{1}{2} \times 0.58 \times 19.0 \times 9^2 \approx 446.3\ (\text{kN/m})$$

（2）求主动土压力:

主动土压力系数

$$K_a = \tan^2\left(45° - \frac{\varphi}{2}\right) \approx 0.41$$

挡墙底部主动土压力强度

$$p_a = \gamma H K_a = 19.0 \times 9.0 \times 0.41 \approx 70.1\ (\text{kPa})$$

主动土压力

$$E_a = \frac{1}{2} K_a \gamma H^2 = \frac{1}{2} \times 0.41 \times 19.0 \times 9^2 \approx 315.5\ (\text{kN/m})$$

（3）求被动土压力:

被动土压力系数

$$K_p = \tan^2\left(45° + \frac{\varphi}{2}\right) \approx 2.46$$

挡墙底部被动土压力强度

$$p_p = \gamma H K_p = 19.0 \times 9.0 \times 2.46 \approx 420.7\ (\text{kPa})$$

被动土压力

$$E_p = \frac{1}{2} K_p \gamma H^2 = \frac{1}{2} \times 2.46 \times 19.0 \times 9^2 \approx 1893.0\ (\text{kN/m})$$

根据以上计算结果，绘制静止土压力、主动土压力、被动土压力分布图，如图 7-8 所示。静止土压力、主动土压力、被动土压力均呈三角形分布，其作用点位于墙底以上 $H/3=3.0\text{m}$ 处。

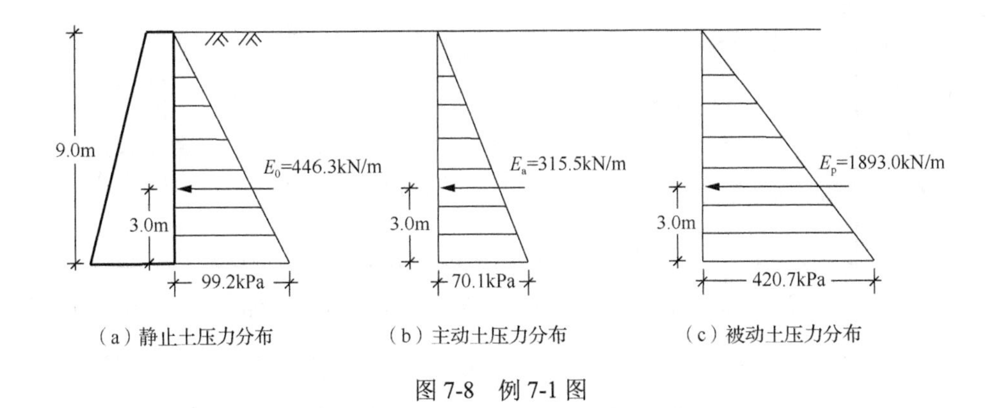

图 7-8 例 7-1 图

7.3.4 朗肯土压力理论的应用

上述朗肯土压力理论分析中，挡土墙后的土体为均质的，但实际工程中的土体往往是成层的，且常会存在地下水。接下来以填土均为无黏性土为例，介绍两种常见情况下主动土压力的计算方法，填土为黏性土时只要将相应计算式换为黏性土的即可。

1. 成层土的情况

一般情况下，墙后土体由不同厚度的水平土层组成，在计算墙背各点土压力时，应考虑填土性质不同（重度、黏聚力、内摩擦角）对土压力的影响。在计算成层土的土压力强度时，可先计算相应位置的自重应力，再将土压力强度公式中土的强度指标换成相应层的即可。

图 7-9 中，挡土墙后有两层无黏性土，厚度分别为 H_1 和 H_2，内摩擦角分别为 φ_1 和 φ_2，土体重度分别为 γ_1 和 γ_2。墙顶部 A 点位置处的主动土压力强度 $p_a=0$；过 B 点的土层交界面既是上层土的底面也是下层土的顶面。因此，在 B 点深度处，应按上、下层土的强度指标分别计算该位置的主动土压力强度 $p_{a上}$ 和 $p_{a下}$，具体如下：

$$p_{a上}=\gamma_1 H_1 K_{a1} \tag{7-21}$$

$$p_{a下}=\gamma_1 H_1 K_{a2} \tag{7-22}$$

式中，$K_{a1}=\tan^2\left(45°-\dfrac{\varphi_1}{2}\right)$ 和 $K_{a2}=\tan^2\left(45°-\dfrac{\varphi_2}{2}\right)$ 为分层界面处的朗肯主动土压力系数。

挡土墙底部 C 点位置处的主动土压力强度为

$$p_a=(\gamma_1 H_1+\gamma_2 H_2)K_{a2} \tag{7-23}$$

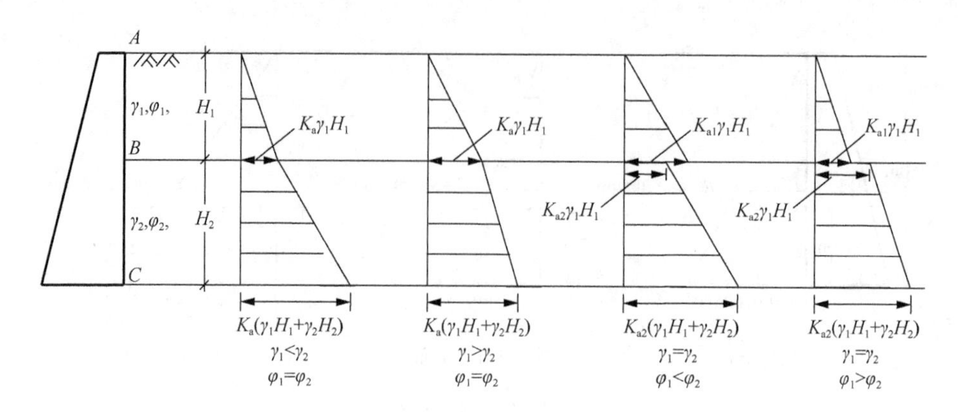

图 7-9　成层填土主动土压力分布的几种情况

根据以上分析，可绘制出不同情况下主动土压力的分布图。由于各土层性质的不同，重度γ、黏聚力 c、内摩擦角φ大小关系的不同，层面处会出现转折或突变的情况，如图 7-9 所示。

计算土压力图形的面积，可得主动土压力 E_a 的大小为

$$E_a=\frac{1}{2}\gamma_1H_1^2K_{a1}+\gamma_1H_1H_2K_{a2}+\frac{1}{2}\gamma_2H_2^2K_{a2} \tag{7-24}$$

主动土压力 E_a 水平指向挡土墙，作用点的位置可仿照 7.2 节，按照总力矩等于分力矩之和求取。

2. 有地下水的情况

如图 7-10（a）所示，挡土墙后填土中有地下水，在墙身范围内地下水位上、下土层厚度分别为 H_1 和 H_2，土体天然重度为 γ，浮重度为 γ'，内摩擦角为 φ，有效内摩擦角为 φ'。此时需要考虑地下水位以下的填土受浮力作用而使有效重量减少，从而引起土压力的减小，即在计算竖向应力时，水下填土部分应采用浮重度，但应注意在设计挡土墙时还应考虑水压力的影响。

墙顶部 A 点位置处的主动土压力强度 p_a=0；B 点位于地下水位处，需按地下水位上、下土的强度指标分别计算该位置的主动土压力强度 $p_{a上}$ 和 $p_{a下}$：

$$p_{a上}=\gamma H_1K_{a1} \tag{7-25}$$

$$p_{a下}=\gamma H_1K_{a2} \tag{7-26}$$

式中，$K_{a1}=\tan^2\left(45°-\dfrac{\varphi}{2}\right)$ 和 $K_{a2}=\tan^2\left(45°-\dfrac{\varphi'}{2}\right)$ 分别为地下水位上、下土的朗肯主动土压力系数。

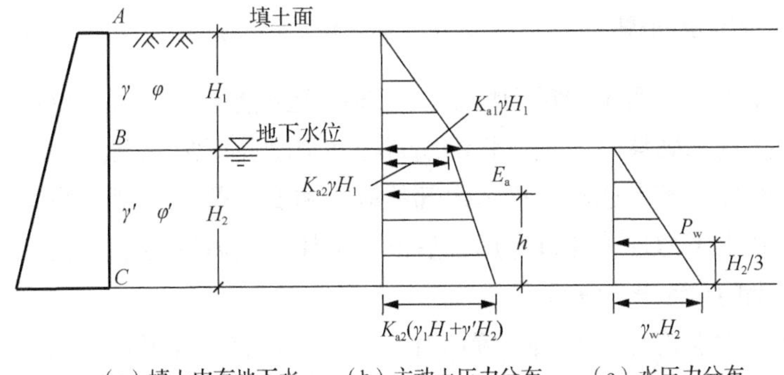

图 7-10　填土中有地下水的主动土压力和水压力分布

挡土墙底部 C 点位置处的主动土压力强度为

$$p_a=(\gamma H_1+\gamma' H_2)K_{a2} \tag{7-27}$$

实际上，在计算土压力时，填土中有地下水的情况类似于分层填土的情况。根据计算结果，可绘制出填土中有地下水时主动土压力的分布图［图 7-10（b)］，计算土压力图形的面积可得主动土压力 E_a 的大小为

$$E_a=\frac{1}{2}\gamma H_1^2K_{a1}+\gamma H_1H_2K_{a2}+\frac{1}{2}\gamma' H_2^2K_{a2} \tag{7-28}$$

水压力沿墙背的分布如图 7-10（c）所示，墙背水压力 P_w 为

$$P_w=\frac{1}{2}\gamma_w H_2^2 \tag{7-29}$$

主动土压力 E_a 水平指向挡土墙，作用点距墙底的高度 h 可仿照 7.2 节，按照总力矩等于分力矩之和求取。水压力作用点位于墙底以上 $H_2/3$ 处。

应注意，在进行挡土墙设计时，作用在墙背上的压力既有土压力又有水压力，压力为两者之和。

7.4　库仑土压力理论

1776 年，法国学者库仑提出了另一种土压力理论，根据墙后滑动土体处于极限平衡状态时的力系平衡条件，由滑动楔体的静力平衡关系得出了一种土压力计算方法。

7.4.1　基本假定及原理

库仑土压力理论假定墙后为均质各向同性无黏性土，当挡土墙向前或向后移动使墙后填土达到破坏时，填土将沿墙背面和滑动面下滑或上滑；滑动过程中破坏楔形体为刚体，不考虑滑动楔体内部的应力和变形条件；楔体整体处于极限平衡状态。库仑土压力理论通过考虑墙后滑动楔体的整体受力平衡条件，直接求出作用在墙背上的总土压力 E。

库仑土压力理论分析的挡土墙墙背可以是倾斜的，与竖直面的夹角为 α；也可以是粗糙的，与填土之间存在摩擦力，摩擦角为 δ；墙后填土面可以是倾斜的，与水平面的夹角为 β，如图 7-11 所示。当挡墙背离土体发生位移时，在填土内部会产生一个接近平面的主动滑动面 BC，见图 7-11（a）。反之，如果挡墙挤压填土，则会在墙后填土中产生被动滑动面 BC，见图 7-11（b）。滑动楔体 ABC 自重为 W，滑动时受到墙背的支撑力 E（其反作用力就是土压力）及滑动面 BC 下土体的反力 R。因此，计算库仑土压力时只要确定出主动、被动滑动面的形状和位置，假定滑动楔体为刚性，即可根据滑动楔体 ABC 在整体极限状态下的静力平衡条件确定主动土压力和被动土压力。

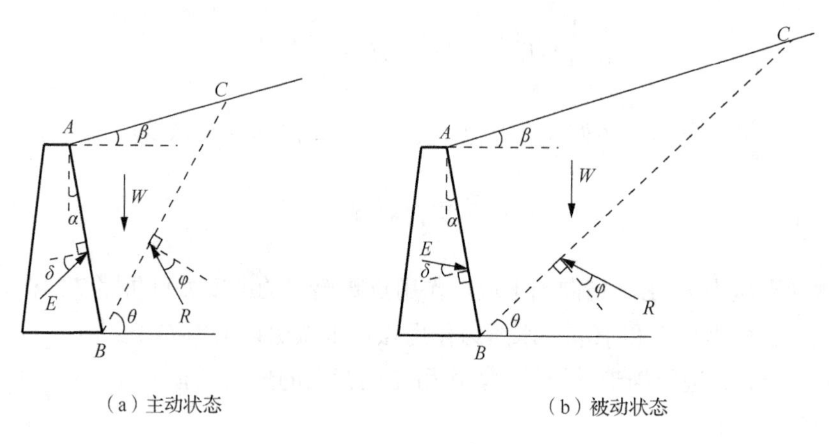

图 7-11　库仑土压力理论

7.4.2　库仑主动土压力

挡土墙墙高为 H，墙背与填土之间的摩擦角为 δ，各部分如图 7-12 所示，填土为无黏性土，其重度为 γ。当楔体 ABC 在土压力作用下发生离开填土方向的位移，处于极限平衡状态时，把滑动楔体 ABC 作为隔离体，考虑其静力平衡条件，作用在楔体 ABC 上的力如下。

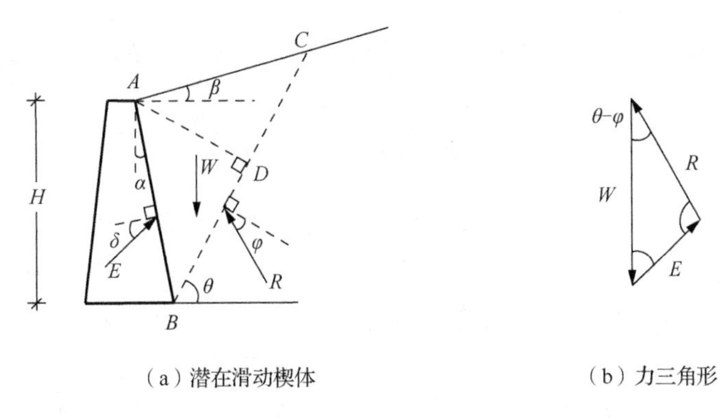

（a）潜在滑动楔体　　（b）力三角形

图 7-12　库仑主动土压力

1. 滑动楔体 ABC 的重力 W

根据正弦定理及滑动楔体的几何关系，可得

$$W = S_{\triangle ABC}\gamma = \frac{1}{2} \times \overline{BC} \times \overline{AD} \times \gamma \tag{7-30}$$

式中，$S_{\triangle ABC}$ 为剖面上滑动楔体的面积，m^2；$\overline{BC} = \dfrac{H\sin(90° + \beta - \alpha)}{\cos\alpha\sin(\theta - \beta)}$ 为滑动面的长度，m；$\overline{AD} = \dfrac{H\sin(90° + \alpha - \theta)}{\cos\alpha}$ 为滑动楔体在 BC 边上的高，m。

2. 滑动楔体 ABC 所受的反力 R

滑动面 BC 下土体的反力 R 等于 BC 面上楔体重力的法向分力与该面上摩擦力的合力，作用于滑动面上，与滑动面法线的夹角为土的内摩擦角 φ，当楔体下滑时，位于法线的下侧。

3. 墙背对滑动楔体 ABC 的支撑力 E

墙背支撑力与墙背 AB 法线方向的夹角为土与墙体材料之间的摩擦角 δ，该力与作用在挡墙上的土压力大小相等，方向相反。当楔体下滑时，该力位于法线下侧。

滑动楔体 ABC 处于整体极限平衡状态时，W、R、E 形成封闭的力三角形，内角可由图 7-12（a）中的几何关系分析得到，如图 7-12（b）所示。由正弦定理，可得

$$\frac{E}{\sin(\theta - \varphi)} = \frac{W}{\sin(90° + \alpha + \delta + \varphi - \theta)} \tag{7-31}$$

将式（7-30）代入式（7-31），可求得挡墙对下滑土体的支撑力为

$$E=\frac{1}{2}\gamma H^2\frac{\cos(\alpha-\beta)\cos(\theta-\alpha)\sin(\theta-\varphi)}{\cos\alpha^2\sin(\theta-\beta)\cos(\theta-\varphi-\delta-\alpha)} \tag{7-32}$$

式中，γ 为填土的重度，kN/m³；α 为墙背与竖直面的夹角，(°)，俯斜时取正号，仰斜时取负号；β 为填土面与水平面的夹角，(°)，在水平面以上为正，水平面以下为负；δ 为土与墙背材料之间的摩擦角，(°)，与墙面粗糙程度、土体性质等有关。γ、H、α、β、φ 及 δ 均为已知数，仅有 θ 是变量，因此，选定不同的 θ 角，可得到一系列相应的支撑力 E，即 E 为 θ 的函数。由于滑动面 BC 是假定的，因此 θ 值也是变化的。当 $\theta=\varphi$ 时，$E=0$；当 $\theta=90°+\alpha$，仍有 $E=0$。由此可见，当 θ 在 φ～$90°+\alpha$ 变化时，将会存在一个极大值 E_{max}。支撑力 E 的反作用力就是土压力，土压力越大，块体向下滑动的可能性越大，产生极大值 E_{max} 的滑动面即为实际发生的滑动面，对应的土压力值即为所求的主动土压力 E_a。

将式（7-32）对 θ 求一阶导数，并令 $\frac{dE}{d\theta}=0$，可解得与 E_{max} 对应的填土破坏角 θ_{max}，代入式（7-32），整理后可得库仑主动土压力 E_a 的表达式为

$$E_a=\frac{1}{2}K_a\gamma H^2 \tag{7-33}$$

式中，K_a 为库仑主动土压力系数，其表达式为

$$K_a=\frac{\cos^2(\varphi-\alpha)}{\cos^2\alpha\cos(\alpha+\delta)\left[1+\sqrt{\dfrac{\sin(\varphi+\delta)\sin(\varphi-\beta)}{\cos(\alpha+\delta)\cos(\alpha-\beta)}}\right]^2} \tag{7-34}$$

二维码 7-1

扫描二维码 7-1，将 α、β、φ 及 δ 填入，可得库仑主动土压力系数 K_a。当墙背竖直、光滑且填土面水平，即 α、β、δ 为 0 时，库仑主动土压力系数可变换为朗肯主动土压力系数。

关于土压力强度沿墙高的分布形式，令 $z=H$，可通过对式（7-33）求导得出，即

$$p_a=\frac{dE_a}{dz}=\frac{d}{dz}\left(\frac{1}{2}K_a\gamma z^2\right)=K_a\gamma z \tag{7-35}$$

值得注意的是，式（7-35）这种分布形式只表示土压力的大小。主动土压力 E_a 作用点在距墙底 $H/3$ 处，作用方向仍在墙背法线上方并与法线夹角为 δ 或与水平线夹角为 $\alpha+\delta$，如图 7-13 所示。

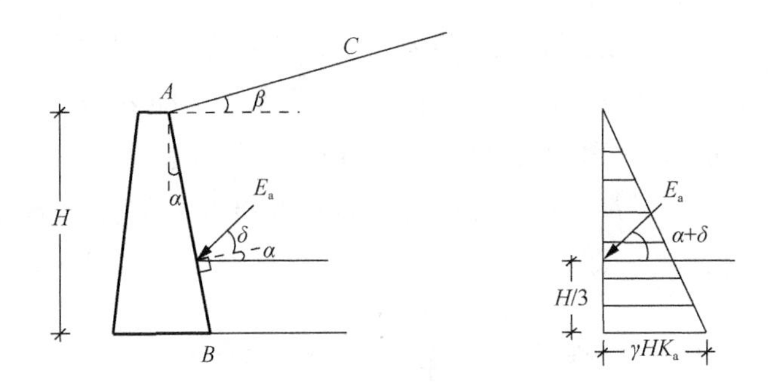

图 7-13　库仑主动土压力分布

7.4.3　库仑被动土压力

当挡土墙在外力作用下挤压墙后土体，楔体 ABC 沿滑动面 BC 向上隆起而处于极限平衡状态时，作用在楔体上力的三角形如图 7-14 所示。

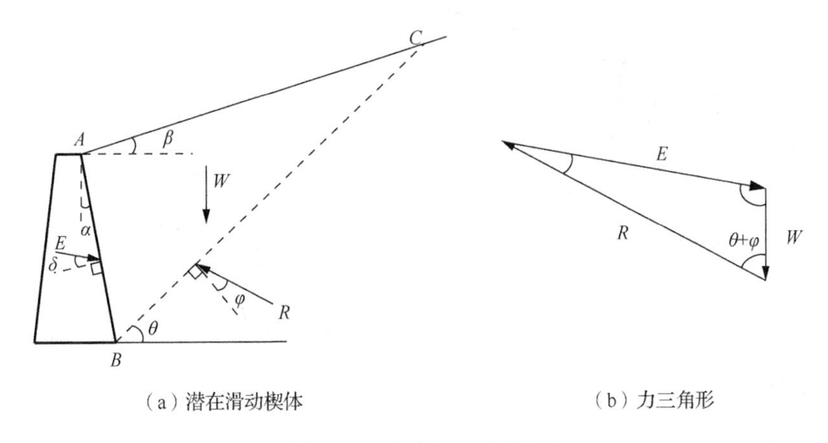

（a）潜在滑动楔体　　（b）力三角形

图 7-14　库仑被动土压力

同理，可根据滑动楔体的静力平衡条件计算挡土墙所受的被动土压力 E_p 为

$$E_p = \frac{1}{2} K_p \gamma H^2 \tag{7-36}$$

式中，K_p 为库仑被动土压力系数，其表达式为

$$K_p = \frac{\cos^2(\varphi + \alpha)}{\cos^2 \alpha \cos(\alpha - \delta) \left[1 - \sqrt{\dfrac{\sin(\varphi + \delta)\sin(\varphi + \beta)}{\cos(\alpha - \delta)\cos(\alpha - \beta)}} \right]^2} \tag{7-37}$$

二维码 7-2

扫描二维码 7-2，将 α、β、φ 及 δ 填入，可得库仑被动土压力系数 K_p。当墙背竖直、光滑且填土面水平，即 α、β、δ 为 0 时，库仑被动土压力系数可退化为朗肯被动土压力系数。

令 $z=H$，关于被动土压力强度沿墙高的分布形式，可通过对式（7-36）求导得出，即

$$p_p = \frac{\mathrm{d}E_p}{\mathrm{d}z} = \frac{\mathrm{d}}{\mathrm{d}z}\left(\frac{1}{2}K_p \gamma z^2\right) = K_p \gamma z \tag{7-38}$$

同样，式（7-38）这种分布形式只表示被动土压力的大小。被动土压力 E_p 作用点在距墙底 $H/3$ 处，作用方向在墙背法线下方并与法线夹角为 δ 或与水平线夹角为 $\delta-\alpha$，如图 7-15 所示。

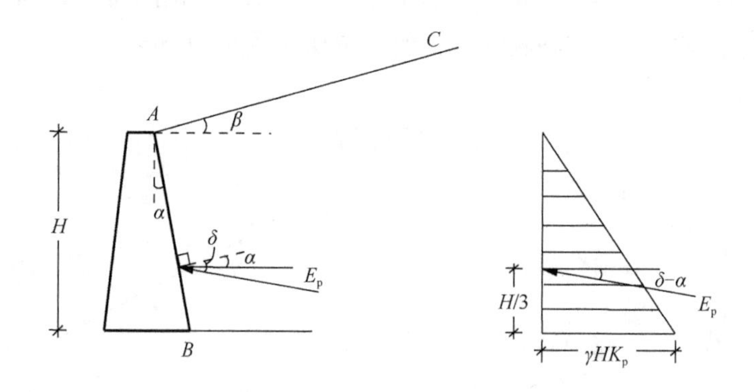

图 7-15　库仑被动土压力分布

7.4.4　图解法

由前文内容可知，库仑土压力计算公式适用于 $c=0$ 的无黏性土，且要求填土面为平面。若填土为黏性土，或填土面不是平面，而是任意折线或曲线形状时，上述方法就存在一定的局限性，需采用图解法求解。

1. 库尔曼图解法

库尔曼于 1875 年提出了图解法，适用于任意有摩擦的挡土墙，以及填土或荷载不规则的情况，在工程上土压力的计算问题中得到了广泛的应用。

根据库仑土压力理论，当墙后填土达到极限平衡状态时，土体将沿着某一平面滑动，此时作用在滑动土体上的三个力 W、R、E 构成力三角形如图 7-12（b）所示。滑动土体重力方向向下，墙背支撑力 E 的方向已知（与竖直方向夹角为 $90°-\alpha-\delta$），滑动土体重量 W 的大小和破裂面下土体反力 R 的方向与破裂面位置有

关。若能够假定一系列破坏面，分别得出相应的力三角形，则可直接作图确定相应的 E 值，所有 E 值中的最大值为主动土压力 E_a。库尔曼图解法的挡土墙及填土条件如图 7-16 所示，具体求解步骤如下。

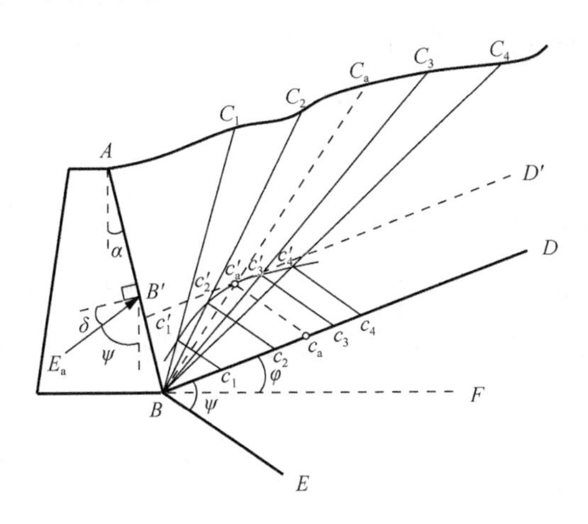

图 7-16　库尔曼图解法计算主动土压力

步骤 1：绘制挡土墙和填土的示意图。

步骤 2：确定 ψ 值，$\psi=90°-\alpha-\delta$，其中，α 为挡土墙相对于竖直墙面的倾角，δ 为墙面摩擦角。

步骤 3：过墙角 B 点做辅助线 BD，与水平线成 φ 角；同时再作辅助线 BE，使得与 BD 线夹角为 ψ。

步骤 4：试画滑动楔体，假定任意滑动面 BC_1、BC_2、BC_3、…、BC_n。

步骤 5：找出楔体 ABC_1、ABC_2、ABC_3、…、ABC_n。

步骤 6：确定土体重量 W，单位延米上的挡土墙后填土重量为

$$W_1 = S_{ABC_1} \times \gamma \times 1$$
$$W_2 = S_{ABC_2} \times \gamma \times 1$$
$$W_3 = S_{ABC_3} \times \gamma \times 1$$
$$\vdots$$
$$W_n = S_{ABC_n} \times \gamma \times 1$$

步骤 7：选取合适的荷载大小，按一定的比例在 BD 线上截取 Bc_1 代表 W_1，自 c_1 点作 BE 的平行线交滑动面于 c_1'点，则△Bc_1c_1' 为滑动土体 ABC_1 的闭合力三角形，c_1c_1' 的长度就等于滑动面为 BC_1 时的土压力 E_1。

步骤 8：以此类推，绘制步骤 6 所得的 W_2、W_3、…、W_n；同时画出与 BE 线平行的 c_2c_2'、…、c_nc_n'。

步骤 9：连接 c_1'、c_2'、c_3'、…、c_n'，画一条光滑曲线，这条曲线即为库尔曼线。

步骤 10：作该曲线与 BD 平行的切线 $B'D'$，得切点 c_a'，过切点作平行于 BE 的线，则线段 c_ac_a' 的长度为所求的主动土压力 E_a。

步骤 11：延长 Bc_a' 并与填土面交于 C_a，BC_a 即为真正的滑动面，ABC_a 即为真正的滑动楔体。

2. 黏性填土土压力的图解法

库仑土压力理论是基于无黏性土推导的，若把黏性土的黏聚力也作为外力的一部分纳入力多边形，则可将图解法推广到黏性填土的情况，如图 7-17 所示。

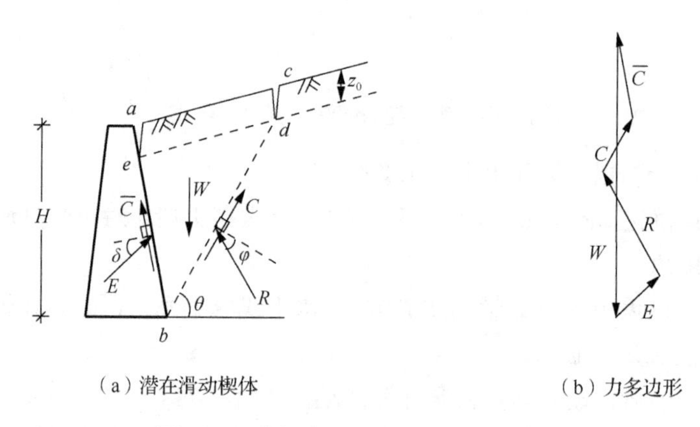

(a) 潜在滑动楔体　　(b) 力多边形

图 7-17　图解法求黏性土主动土压力

假定破裂面为 bdc，作用在滑动体上的力如下：

（1）滑动楔体 $aebdc$ 的重量 W；

（2）墙背对填土的支撑力 E；

（3）沿墙背 be 的总黏聚力 $\overline{C}=\overline{c}\cdot\overline{be}$，其中 $\overline{c}$ 为墙与填土接触面上单位面积黏聚力，方向沿接触面；

（4）破裂面 bd 上的反力 R；

（5）破裂面 bd 上的总黏聚力 $C=c\cdot\overline{bd}$，其中 c 为填土的黏聚力，方向沿破裂面 bd；

上述 5 个力的作用方向均已知，且 W、$\overline{C}$、C 的大小也已知，根据力系平衡时力多边形闭合的条件，可确定 E 的大小，如图 7-17（b）所示。

用与无黏性土类似的方法，试算多个破裂面，根据矢量 E 与 R 的交点的轨迹，画出一条光滑曲线，得到的最大 E 值即为主动土压力 E_a。

7.4.5　朗肯土压力理论和库仑土压力理论对比

朗肯和库仑两种土压力理论都是计算土压力问题的简化方法，它们的基本假定、分析方法与适用条件各有不同，在应用时必须注意针对实际情况合理选择，否则将会造成不同程度的误差。下面将从分析方法和适用条件等方面对比两种土压力理论。

1. 分析方法

朗肯与库仑土压力理论计算出的土压力均为墙后土体处于极限平衡状态下的主动土压力 E_a 与被动土压力 E_p，但两者在分析方法上存在着较大的差别。朗肯土压力理论是从研究土中一点的极限平衡应力状态出发，首先求出的是作用在竖直墙背上的土压力强度 p_a 或 p_p，然后计算出总土压力 E_a 和 E_p，因此朗肯土压力理论属于极限应力法。库仑土压力理论则是通过分析墙背和滑动面之间土楔体的整体极限平衡状态，采用静力平衡条件，先求出作用在墙背上的总土压力 E_a 和 E_p，需要时再计算出土压力强度 p_a 或 p_p，因此库仑土压力理论属于滑动楔体法。

2. 墙背条件

朗肯土压力理论假设墙背竖直、光滑，因而适用范围受到限制，并且该理论忽略了墙背与填土之间摩擦力的影响，使得计算的主动土压力偏大，而被动土压力偏小。库仑土压力理论考虑了墙背与土体之间的摩擦力，并适用于墙背倾斜的情况。

3. 填土条件

朗肯土压力理论的填土可为黏性土或无黏性土，假设填土面为水平面，在复杂的填土表面须做较多的假定，对于成层地基计算较为方便。库仑土压力理论假定填土为无黏性土，因此，在计算填土为黏性土时的主动土压力时，不能直接采用库仑土压力理论计算，而应采用库尔曼图解法。

综合来说，朗肯土压力理论在理论上比较严密，但只能得到如本章所介绍的理想简单边界条件下的解答，在应用上受到限制。库仑土压力理论显然是一种简化理论，但能适用于较为复杂的实际边界条件，且在一定范围内能得出比较满意的结果，因此应用更广泛。

7.5　工程中常见的土压力计算

实际工程中遇到的土压力计算往往比较复杂，有时不能简单地采用前文介绍的朗肯与库仑土压力理论求解，需要采用某种近似方法简化处理，本节介绍几种工程中常见问题的近似方法。

7.5.1　局部均布荷载作用下的土压力计算

1. 均布荷载分布在墙后某一宽度范围内

假设填土表面作用的均布荷载只分布在一定的宽度范围内，如图 7-18 所示。自局部均布荷载起点 O 作两条直线 OC 与 OD，与水平线夹角分别为 φ 和 $45°+\varphi/2$，与墙背相交于 C 点和 D 点；再自局部均布荷载终点 O' 作直线 $O'E$，与水平线夹角为 $45°+\varphi/2$，交墙背于 E 点。假设墙背 C 点以上和 E 点以下土压力完全不受表面均布荷载的影响，D 点和 E 点之间土压力按全部连续均布荷载的情况计算，C 点和 D 点之间则按线性变化，即可得出沿墙背 AB 上的主动土压力分布，如图 7-18（a）所示。

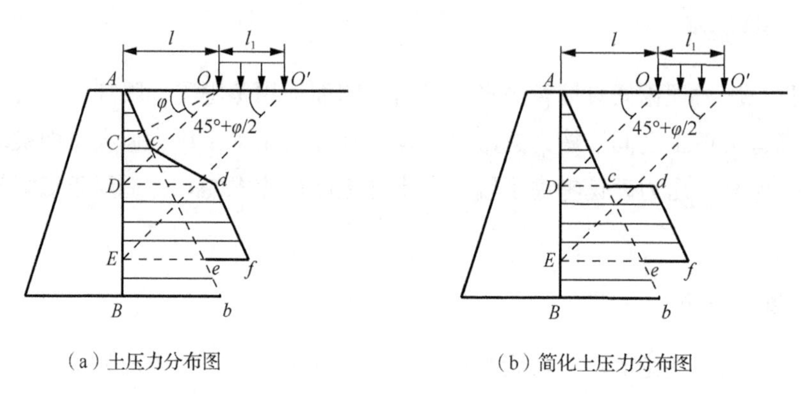

（a）土压力分布图　　（b）简化土压力分布图

图 7-18　局部宽度范围分布均布荷载时的主动土压力

为简化计算，还可不考虑 C 点和 D 点之间的直线过渡段，认为 D 点以上和 E 点以下不计入表面均布荷载的影响，D 点和 E 点之间则考虑全部连续均布荷载的影响，最终得到主动土压力分布，如图 7-18（b）中的阴影部分所示。

2. 均布荷载自墙后某一距离开始连续分布

假设填土表面的均布荷载从墙背后某一距离开始连续分布，如图 7-19 所示。从均布荷载起点 O 作两条辅助线 OC 与 OD，与水平线夹角分别为 φ 和 $45°+\varphi/2$，分别交墙背于 C 点和 D 点。假设墙背 C 点以上土压力不受表面连续均布荷载的影响，仅由填土的自重引起，D 点以下按全部连续均布荷载情况计算，C 点与 D 点之间则按线性变化，如此可得沿墙背面 AB 上的主动土压力分布，如图 7-19（a）所示。

为简化计算，还可不考虑 C 点和 D 点之间的直线过渡段，认为 D 点以上不计入表面均布荷载的影响，D 点以下则按全部连续均布荷载计算，最终得到主动土压力分布，如图 7-19（b）所示。

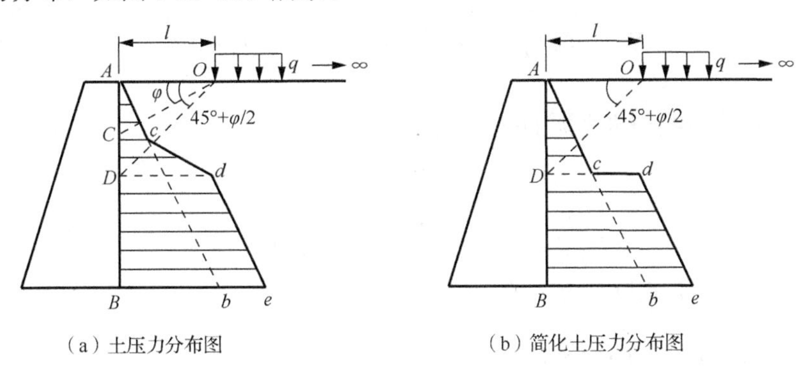

图 7-19　连续均布荷载时的主动土压力

7.5.2　坦墙墙背上的土压力

工程中，坦墙墙背常具有一定的倾斜度，可增加挡土墙的稳定性，甚至有时倾角做得比较大，如坦墙的墙背与竖直面夹角大于 $45°-\varphi/2$，如图 7-20 所示。此时，如果采用库仑土压力理论，由于滑动楔体不是沿着墙背面滑动，而是在填土

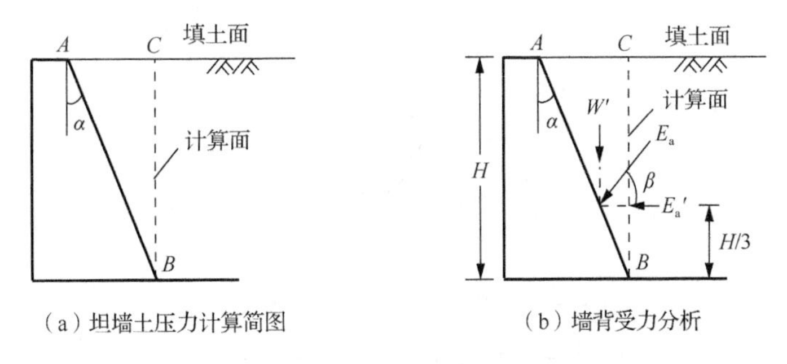

图 7-20　坦墙墙背上的土压力

中产生了第二滑动面，求解土压力问题就变得十分复杂。因此，对于墙背倾角较大的情况，工程设计中常采用朗肯土压力理论简化处理。具体计算方法简图如图 7-20 所示。

从墙踵 B 点作竖直线 BC 交填土面于 C 点。假设 BC 为光滑面，以 BC 面为墙背，按朗肯土压力理论计算作用在 BC 面上的主动土压力 E_a'。然后计算 BC 与墙背 AB 之间的土重，即

$$W' = \frac{1}{2}\gamma H \overline{AC} = \frac{1}{2}\gamma H^2 \tan\alpha \tag{7-39}$$

合成 E_a' 和 W' 可以得到作用在 AB 面上的主动土压力 E_a，表达式为

$$E_a = \sqrt{(E_a')^2 + (W')^2} = \frac{1}{2}\gamma H^2 \sqrt{{K_a}^2 + \tan^2\alpha} \tag{7-40}$$

设 E_a 的作用线与水平面的夹角为β，则

$$\tan\beta = \frac{W'}{E_a'} = \frac{\tan\alpha}{K_a} \tag{7-41}$$

E_a 的作用点位于墙底以上 $H/3$ 处。

7.5.3　折线形墙背上的土压力

为适应工程需要，如减小土压力、适应边坡形状等，常将挡墙背面做成折线形，如图 7-21 所示。对于此类折线形墙背上土压力的计算，一般采用延长墙背法，即墙背由两个不同倾角的平面 AB 和 BC 组成，先以 AB 面为墙背，计算作用在 AB 面上的土压力 E_1，大小分布见图中三角形阴影部分，方向与 AB 面法线方向夹角为 δ，作用点位于 B 点以上 $\overline{AB}/3$ 处。将 CB 延长至填土表面，交坡面于

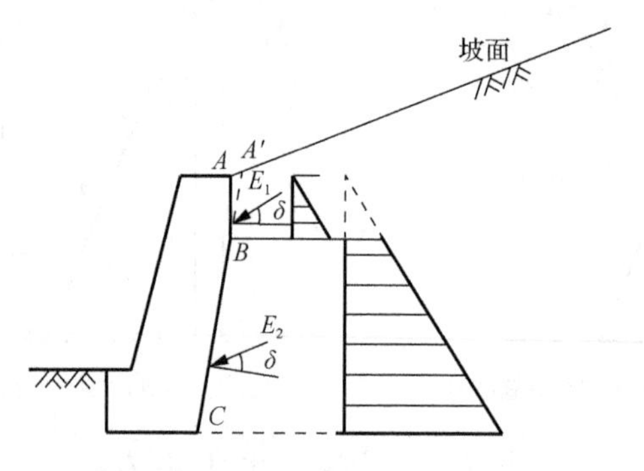

图 7-21　折线形墙背上的土压力

A'点，再以$A'BC$为墙背，计算作用在BC面上的土压力E_2，大小分布见梯形阴影部分，方向与$A'BC$面法线方向夹角为δ。最后将土压力E_1和E_2叠加，即可得总的土压力。

例7-2　如图7-22所示，某重力式挡土墙高H=6.0m，墙背倾角α=30°，墙后无黏性土重度γ=19kN/m^3，土体内摩擦角φ=30°，试采用朗肯土压力理论计算总主动土压力的大小、方向及作用点位置。

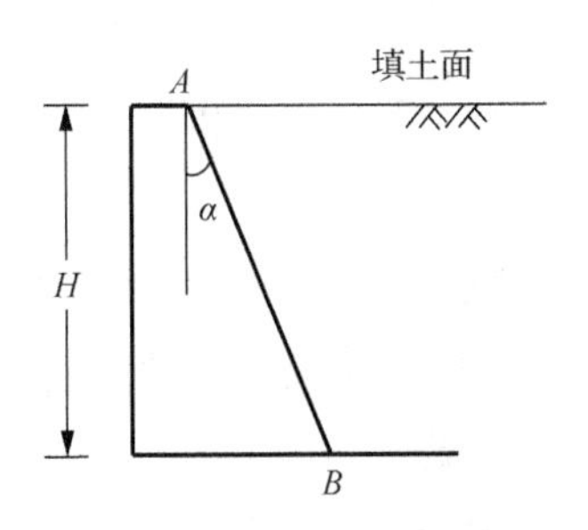

图7-22　例7-2图

解　自B点作竖直线BC与填土面交于C点，先由朗肯土压力理论计算作用在BC上的主动土压力，再计算BC与墙背AB之间填土的重量，最后计算作用在墙背上的总主动土压力大小，见图7-23。

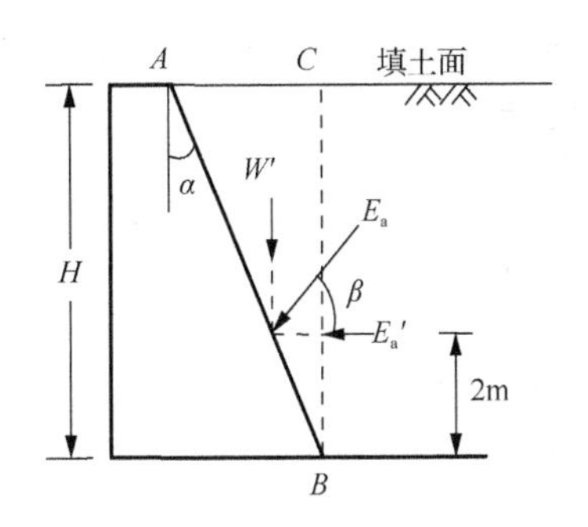

图7-23　例7-2挡土墙受力分析

$$K_a = \tan^2\left(45° - \frac{\varphi}{2}\right) = \tan^2\left(45° - \frac{30°}{2}\right) = \tan^2 30° = \frac{1}{3}$$

$$E_a' = \frac{1}{2}K_a\gamma H^2 = \frac{1}{2}\times\frac{1}{3}\times 19\times 6^2 = 114\ (\text{kN/m})$$

$$W' = \frac{1}{2}\gamma H^2 \tan\alpha = \frac{1}{2}\times 19\times 6^2 \times \tan 30° \approx 197.5\ (\text{kN/m})$$

作用在墙背上的总主动土压力为

$$E_a=\sqrt{(E_a')^2+(W')^2}\approx 228.0\ (\text{kN/m})$$

E_a作用在墙底以上 $H/3=2$m 处。

E_a的作用方向与水平面的夹角β为

$$\beta=\arctan\frac{W'}{E_a'}=60°$$

习　　题

7-1　某挡土墙高H=6m，墙背竖直光滑，填土面水平。填土为黏性土，c=20kPa，φ=12°，γ=19.0kN/m^3。求挡土墙背的主动土压力、静止土压力及被动土压力，并绘制土压力分布图及作用点的位置。

7-2　某挡土墙高H=5m，墙背竖直光滑，墙后填土面与水平面夹角β=10°，填土为无黏性土，c=0，φ=35°，γ=19.0kN/m^3，求墙背主动土压力大小，并绘制其分布图。

7-3　如图 7-24 所示，挡土墙高H=5m，墙背竖直光滑，填土面水平，作用有连续均布荷载q=20kPa，墙后填土的物理力学性质指标为第一层填土c_1=10kPa，φ_1=25°，γ_1=18kN/m^3，H_1=2m，第二层填土c_2=15kPa，φ_2=20°，γ_2=20kN/m^3，H_2=3m。试计算墙背所受的主动土压力。

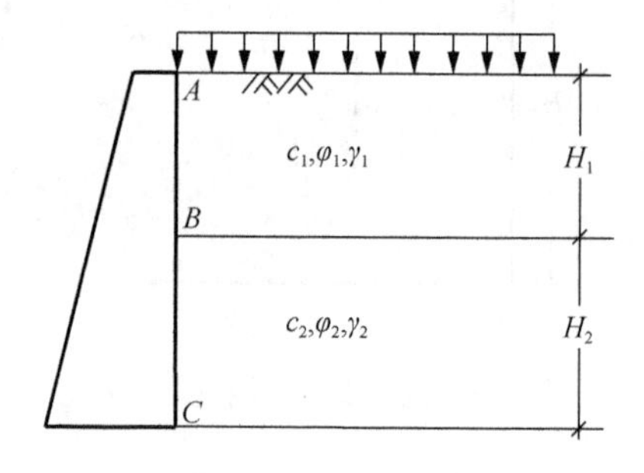

图 7-24　习题 7-3 图

7-4　如图 7-25 所示，某重力式挡土墙高H=6m，α=10°，β=15°，墙后为无黏性土，φ=35°，γ=18.0kN/m^3，分别假定墙后填土与墙背材料摩擦角δ=0 和$\delta=\varphi/2$，求作用于墙背上的总主动土压力的大小、方向及作用点。

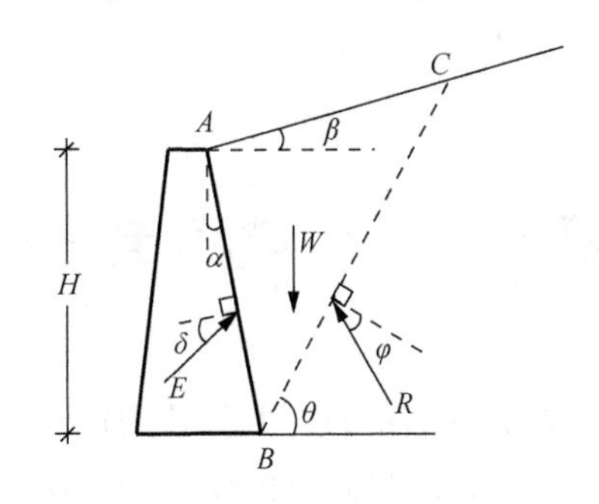

图 7-25　习题 7-4 图

7-5　某重力式挡土墙墙背倾角 α=15°，墙背与填土的摩擦角 δ=25°，填土面水平，γ=18.5kN/m^3，c=10kPa，φ=30°。试用库尔曼图解法求主动土压力的大小。

第8章　土坡稳定分析

土坡是具有倾斜坡面的土体，它的外形和各部位名称如图 8-1 所示。由自然地质作用形成的土坡，如山坡、江河湖海的岸坡等，称为天然土坡。由人工开挖或回填而形成的土坡，如基坑、渠道、土坝、路堤等的边坡，称为人工土坡。

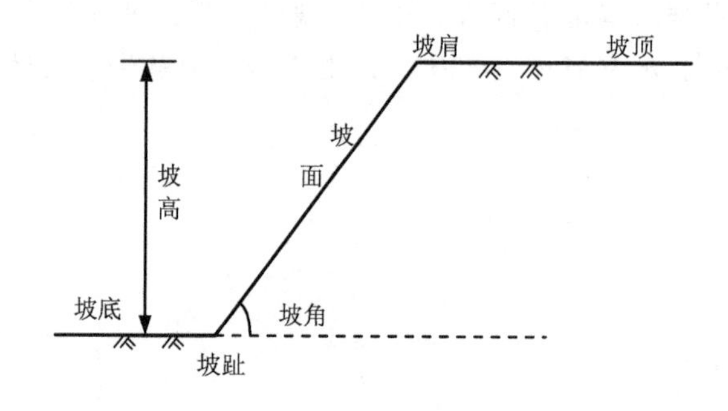

图 8-1　土坡外形和各部位名称

由于边坡表面倾斜，边坡土体受自重及渗透力等作用，在坡体内部会产生剪应力。如果剪应力大于土的抗剪强度，边坡将会产生剪切破坏。如果坡面内剪切破坏的面积很大，将发生一部分土体相对于另一部分土体的滑动，这一现象称为滑坡。滑坡常给工农业生产及人民生命财产带来巨大损失，甚至是毁灭性的灾难。

土坡的滑动失稳常常是在外界不利因素的影响下触发和加剧的，一般有以下几种原因。

（1）土坡受力状态发生变化。例如，在坡顶堆放土方、材料或修建建筑物使坡顶受荷，或降雨使土体自重增加，或打桩、车辆行驶、爆破、地震等引起的振动改变了原来的平衡状态。

（2）土体抗剪强度降低，如土体中含水率或孔隙水压力增加。

（3）静水压力的作用。例如，雨水或地表水流入土坡中的竖向裂隙，对土坡产生侧向压力，从而诱发土坡的滑动。

（4）地下水在土坝或基坑等边坡中的渗流常是边坡失稳的重要因素。

（5）坡脚挖方导致土坡高度或坡角增大。

滑坡的形式各种各样，大致可以分为平面滑坡和曲面滑坡。前者坡面的长度比滑坡深度相大很多，呈平面状滑动，如图 8-2（a）所示，在岩坡上有浅层残积土及强风化层时，常会出现这种情况。后者滑动面长度与滑坡深度大致相同，如图 8-2（b）所示。

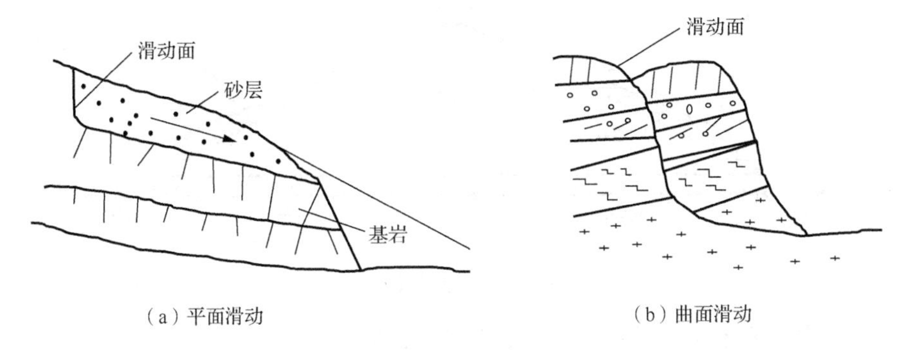

（a）平面滑动　（b）曲面滑动

图 8-2　滑坡的类型

对滑坡的实际调查表明，通常粗粒土中的滑坡深度浅，形状接近于平面，或者由两个以上的平面组成折线形滑动面。黏性土中的滑坡则深入坡体内。均质黏性土坡滑动面的形状按塑性理论分析，为对数螺旋曲面，接近于圆弧面，在计算中通常以圆弧面代替，如 1988 年的美国马歇尔溪坝滑坡（图 8-3）。

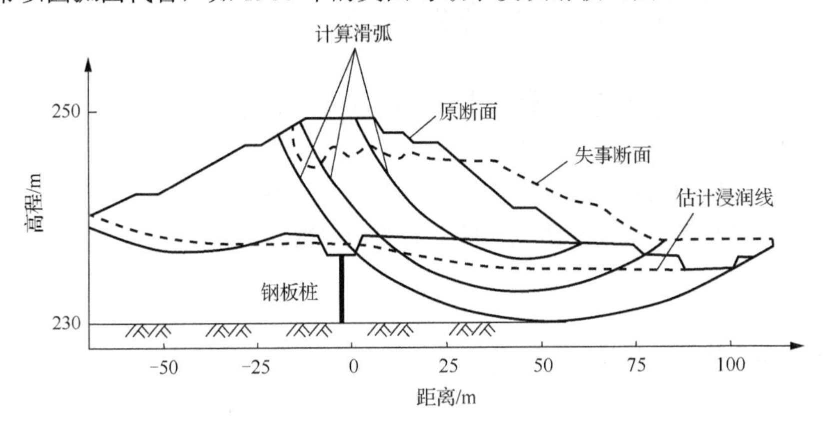

图 8-3　马歇尔溪坝滑坡

沟渠、土石坝、河堤、路堤等，都是人工土坡。其中，土石坝是常见的大型人工土坡，由于其采用当地材料填筑，有很强的变形适应性，能适应各种地形和地质条件，是近代大坝建筑中广泛采用的一种坝型。

高土石坝的土石方工程量巨大，因此选择安全而又经济合理的断面非常重要。图 8-4 为一座高 100m 的土坝简化剖面，如果上、下游坝坡比从 1∶2.5 减小到 1∶2.0，每延米断面可节省土方量 5000m^3，一公里坝长就可节省土方 500 万 m^3。这是一个巨大的工程量，是否能节省决定于边坡是否能保持稳定。因此，边坡稳定分析是土石坝设计中的一项很重要的内容。

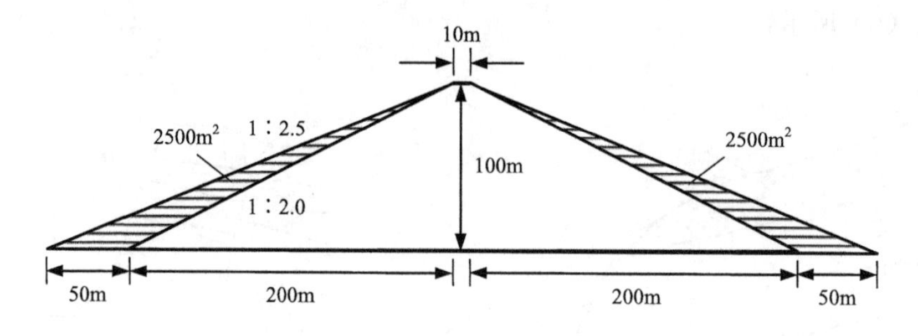

图 8-4　土坝简化剖面

土体剪切破坏的分析方法有极限平衡法、极限分析法和有限元法等。目前，工程实践中基本上采用极限平衡法进行边坡稳定分析。极限平衡法的一般步骤：先假定破坏是沿土体内某一确定的滑动面滑动，根据滑动土体的静力平衡条件和莫尔-库仑破坏准则，计算沿该滑动面滑动的可能性，即安全系数的大小，或破坏概率的高低；然后系统地选取多个可能的滑动面，用同样方法计算稳定安全系数或破坏概率。安全系数最低或破坏概率最高的滑动面就是最大可能性的滑动面。本章主要讨论极限平衡法在边坡稳定分析中的应用。

8.1　无黏性土坡的稳定分析

无黏性土坡的滑动面近似平面，一般采用直线滑动法分析其稳定性。下面分无渗流和有渗流两种情况介绍无黏性土坡的稳定性。

8.1.1　无渗流的均质土坡

对于均质的无黏性土坡，无论是干坡还是水下坡（完全在水位以上或完全在静水位以下），都不受渗透水流作用。这两种情况只要坡面上的土颗粒在重力作用下能够保持稳定，整个土坡就处于稳定状态。图 8-5 为一无渗流的均质无黏性土坡，坡角为 β，土体的内摩擦角为 φ。

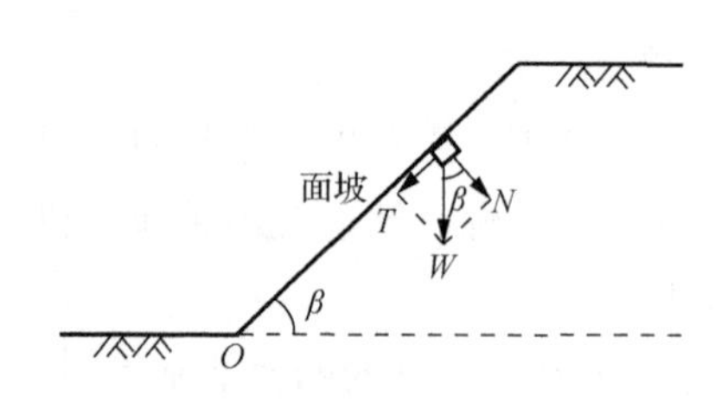

图 8-5　无渗流的均质无黏性土坡

现从坡面上取一微小土体单元来分析土坡的稳定条件。设微小土体单元的重量为 W，W 沿坡面方向的分力为滑动力 $T=W\sin\beta$；垂直于坡面的分力为正压力 $N=W\cos\beta$；正压力产生摩擦阻力，由于黏聚力为 0，仅有摩阻力阻抗土体下滑，称为抗滑力 R，其值为 $R=N\tan\varphi=W\cos\beta\tan\varphi$。定义无黏性土坡的稳定安全系数 F_s 为

$$F_s=\frac{抗滑力}{滑动力}=\frac{R}{T} \tag{8-1}$$

将 R、T 代入式（8-1）可得

$$F_s=\frac{R}{T}=\frac{W\cos\beta\tan\varphi}{W\sin\beta}=\frac{\tan\varphi}{\tan\beta} \tag{8-2}$$

可见，用式（8-2）计算的稳定安全系数与土的重度无关，与微单元的大小及在坡面上的位置均无关。很显然，砂堆坡体内部的稳定安全系数均大于坡面处的稳定安全系数，因此，式（8-2）计算的稳定安全系数 F_s，代表整个边坡的安全性。

当 $F_s=1$ 时，$\beta=\varphi$，β 称为天然休止角，其值等于砂在松散状态时的内摩擦角。如果是经过压密后的无黏性土，内摩擦角增大，稳定坡角也随之增大。

8.1.2　有渗流的均质土坡

如图 8-6 所示，土坡中存在地下水渗流作用且向坡外流出，渗流方向与水平面夹角为 θ，坡角为 β，土的内摩擦角为 φ。此时，在浸润线以下，下游坡内的土体除受重力作用外，还受渗透力的作用，因此会降低下游边坡的稳定性。在坡面上取微小土体 V 中的土骨架为隔离体，有效重量为 $W=\gamma'V$。沿渗流逸出方向产生的渗透力 $j=\gamma_w i$（i 为水力坡降），作用在土骨架上的总渗透力为 $J=jV=\gamma_w iV$。分析这块土骨架的稳定性，沿坡面的全部滑动力为

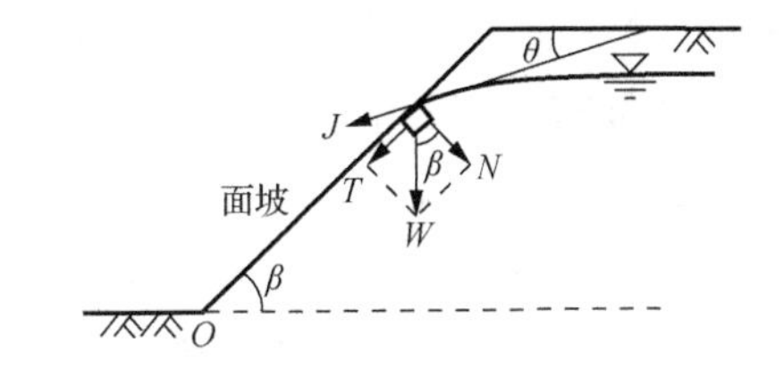

图 8-6　有渗流的无黏性土坡

$$T=\gamma'V\sin\beta+\gamma_w iV\cos(\beta-\theta) \tag{8-3}$$

坡面的正压力为

$$N=\gamma'V\cos\beta-\gamma_w iV\sin(\beta-\theta) \tag{8-4}$$

土体沿着坡面滑动的稳定安全系数为

$$F_s=\frac{N\tan\varphi}{T}=\frac{[\gamma'V\cos\beta-\gamma_w iV\sin(\beta-\theta)]\tan\varphi}{\gamma'V\sin\beta+\gamma_w iV\cos(\beta-\theta)}$$

即

$$F_s=\frac{[\gamma'\cos\beta-\gamma_w i\sin(\beta-\theta)]\tan\varphi}{\gamma'\sin\beta+\gamma_w i\cos(\beta-\theta)} \tag{8-5}$$

若水流在逸出段顺坡面流动，即 $\theta=\beta$，此时对应渗流路径 $\mathrm{d}l$ 的水头损失为 $\mathrm{d}h$，有

$$i=\frac{\mathrm{d}h}{\mathrm{d}l}=\sin\beta \tag{8-6}$$

代入式（8-5），得

$$F_{\mathrm{s}}=\frac{\gamma'\cos\beta\tan\varphi}{\gamma'\sin\beta+\gamma_{\mathrm{w}}\sin\beta}=\frac{\gamma'\cos\beta\tan\varphi}{\gamma_{\mathrm{sat}}\sin\beta}=\frac{\gamma'}{\gamma_{\mathrm{sat}}}\frac{\tan\varphi}{\tan\beta} \tag{8-7}$$

通常 $\dfrac{\gamma'}{\gamma_{\mathrm{sat}}}$ 约为0.5，由此可见，与式（8-2）比较，当逸出段发生顺坡渗流时，稳定安全系数约降低一半。因此，要保持同样的安全度，有渗流逸出时的土坡比没有渗流逸出时要平缓得多。为了使设计经济合理，工程上一般要在下游坝趾处设置棱体排水，使渗透水流不直接从下游坡面逸出。此时，下游坡面虽然没有浸润线逸出，但下游坡内、浸润线以下的土体仍然受渗透力的作用。这种渗透力主要是一种滑动力，它将降低浸润线以下通过的滑动面的稳定性。这时深层滑动面的稳定性可能比下游坡面的稳定性差，即危险的滑动面向深层发展。这种情况下，除了要按前述方法验算坡面的稳定性外，还应该用圆弧滑动法验算深层滑动的可能性。

当无黏性土坡为如图8-6所示的形式时，式（8-2）和式（8-7）只适用于处于坡面上的土体。由于受坡脚处应力状态的影响，土坡深处的滑动面不会平行于坡面，式（8-2）和式（8-7）将不再适用。当坡长与滑坡深度比值很大时［图8-2（a）］，可近似认为是无限长土坡。对于无限长无黏性土坡任何深度平行于坡面的滑动面，式（8-2）和式（8-7）都仍然是适用的。

例8-1　某均质无黏性土坡饱和重度 $\gamma_{\mathrm{sat}}=19.5\mathrm{kN/m^3}$，内摩擦角 $\varphi=30°$，要求这个土坡的稳定安全系数为1.5，试问在干坡或完全浸水情况下，以及坡面有顺坡渗流时其坡角应为多少？

解　干坡或完全浸水时，由式（8-2）可得

$$\tan\beta=\frac{\tan\varphi}{F_{\mathrm{s}}}=\frac{0.577}{1.5}\approx 0.385$$

$$\beta\approx 21.1°$$

有顺坡渗流时，由式（8-7）可得

$$\tan\beta = \frac{\gamma'}{\gamma_{\mathrm{sat}}}\frac{\tan\varphi}{F_{\mathrm{s}}} = \frac{9.5\times0.577}{19.5\times1.5} \approx 0.188$$

$$\beta \approx 10.6°$$

由计算结果可知，有渗流作用的土坡稳定坡角比无渗流作用的稳定坡角要小得多。

8.2　黏性土坡的稳定分析

黏性土的抗剪强度包括摩擦强度和黏聚强度两个部分，由于黏聚力的存在，黏性土坡不会像无黏性土坡一样沿坡面表层滑动或沿平面滑动，而是深入土体内部。根据土体极限平衡理论，可推导出均质黏性土坡的滑动面为对数螺旋曲面，接近于圆柱面，断面近似为圆弧形。观察现场滑坡体断面的形态，也与圆弧形相似。因此，在工程设计中常假定平面应变状态下的黏性土坡滑动面为圆弧面，建立在这一假定上的稳定分析方法称为圆弧滑动法，是极限平衡法的一种常用分析方法。

8.2.1　整体圆弧滑动法

1915 年，瑞典彼得森（Petterson）用圆弧滑动法分析边坡的稳定性，此后该方法在各国得到广泛应用，称为瑞典圆弧滑动法。

1. 基本原理与假定

该方法将土坡稳定性分析看做一个平面应变问题。图 8-7 为一个均质的黏性土坡，$\overset{\frown}{AC}$ 为滑动圆弧，O 为圆心，R 为半径。当滑动体绕圆心转动时，边坡失稳。此时把滑动土体视为一个刚体，滑动土体的重量 W 将使土体绕圆心 O 旋转，滑动力矩为 $M_{\mathrm{s}}= Wd$，d 为过滑动土体重心的竖直线与圆心 O 的水平距离。抗滑力矩 M_{R} 由两部分组成，一项是滑动圆弧 $\overset{\frown}{AC}$ 上黏聚力产生的抗滑力矩，其值 $M_{\mathrm{R1}}=c\cdot\overset{\frown}{AC}\cdot R$，$c$ 为土的黏聚力；另一项是滑动土体重量 W 在滑动面上的正应力所产生的抗滑力矩，这一抗滑力矩可由式（8-8）积分求得

$$M_{\mathrm{R2}} = \int_A^C \sigma_{\mathrm{n}} \tan\varphi R \mathrm{d}l \tag{8-8}$$

式中，σ_{n} 为法向应力。

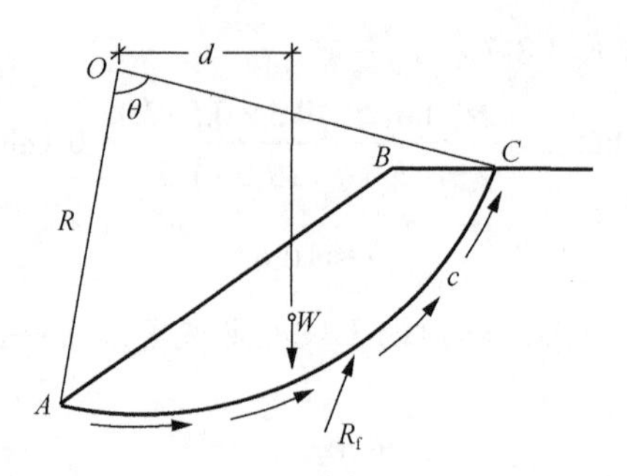

图 8-7　运用整体圆弧滑动法分析均质黏性土坡的稳定性

定义黏性土坡的稳定安全系数 F_s 为

$$F_s=\frac{\text{抗滑力矩}}{\text{滑动力矩}} \tag{8-9}$$

2. 计算方法

由于滑动面上各点的法向应力 σ_n 无法确定，这部分抗滑力矩也就无法直接积分求得。对于 $\varphi>0$ 的土，必须用条分法才能近似求得摩擦力产生的抗滑力矩。当 $\varphi=0$ 时，各点反力的方向必垂直于滑动面，即通过圆心 O，不产生抗滑力矩，抗滑力矩只有 $c\cdot\widehat{AC}\cdot R$ 一项。将 M_R、M_s 代入式（8-9），可得

$$F_s=\frac{M_R}{M_s}=\frac{c\cdot\widehat{AC}\cdot R}{Wd} \tag{8-10}$$

这就是整体圆弧滑动法计算边坡稳定安全系数的公式，它只适用于 $\varphi=0$ 的情况，即适用于不排水条件下的饱和软黏土。

8.2.2　条分法

为了将圆弧滑动法应用于 $\varphi>0$ 的黏性土坡，通常采用条分法。条分法一般是将滑动土体竖直分成若干土条，即将式（8-8）中的无限小弧长 dl 假设为有限弧长。把各土条当成不变形的刚体，滑动面为连续面，分别求作用于各土条上的力对圆心的滑动力矩和抗滑力矩，然后求土坡的稳定安全系数。

1. 基本原理与假定

该法将滑动土体分成若干土条，土条的两个侧面存在着条间的作用力，如图 8-8 所示。

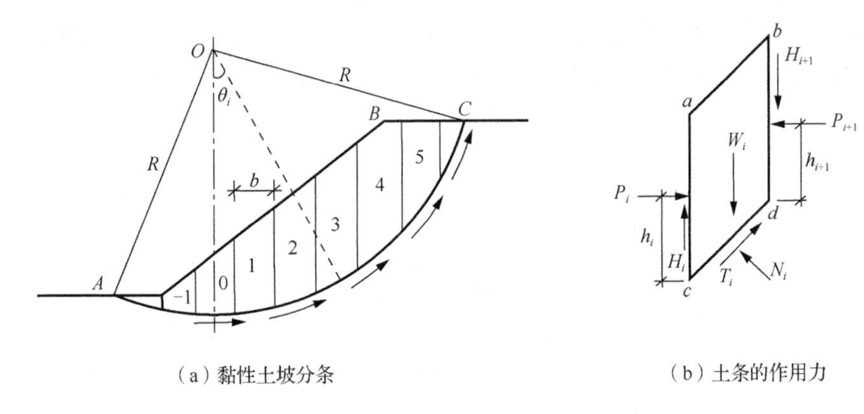

（a）黏性土坡分条　　（b）土条的作用力

图 8-8　黏性土坡稳定分析的条分法

任取其中第 i 条进行受力分析，作用在土条 i 上的力包括土条的重力 W_i，土条侧面 ac 和 bd 作用的法向力 P_i、P_{i+1}，切向力 H_i、H_{i+1}。法向力的作用点距弧段 $\overset{\frown}{cd}$ 两端的高度分别为 h_i、h_{i+1}，弧段 $\overset{\frown}{cd}$ 的长度为 l，其上作用着法向力 N_i 和切向力 T_i。T_i 包括黏聚阻力 c_il_i 和摩擦阻力 $N_i\tan\varphi_i$。由于土条的宽度不大，一般 W_i 和 N_i 可假设作用于弧段 $\overset{\frown}{cd}$ 的中点。该中点和圆心 O 点的连线与过 O 点的垂线间的夹角记为 θ_i。上述各物理量中，P_i、H_i、h_i 在分析前一土条时已经出现，可视为已知量，因此待定的未知量有 P_{i+1}、H_{i+1}、h_{i+1}、N_i、T_i 五个。

如果把滑动土体分成 n 个条块，则条块间的分界面有$(n-1)$个。界面上的未知量有 $3(n-1)$个，滑动面上力及作用点位置的未知量有 $3n$ 个，加上待求的稳定安全系数 F_s 这个未知量，共计未知量个数为 $6n-2$。每个土条可建立三个力的平衡方程和一个极限平衡方程，共可建立 $4n$ 个方程。很显然，除 $n=1$（不分条）外，建立的方程数总少于未知量的个数，属于超静定问题。目前有许多种条分法，差别在于采用不同的简化假定。这些简化假定大体上分为三种类型：

（1）不考虑条间作用力或仅考虑其中的一个分量，瑞典条分法属于此类；

（2）假定条间力的作用方向或规定 P_i 和 H_i 的比值，折线滑动面分析的推力传递法属于这一类；

（3）假定条块间力的作用位置，例如，规定 h_i 等于侧面高度的 1/2 或 1/3，普遍条分法属于这一类。

2. 瑞典条分法

瑞典条分法是条分法中最简单、最古老的一种。该法假定滑动面是一个圆弧面，并认为条块间的作用力对边坡的整体稳定性影响不大，可以忽略，或者说假定条块两侧的作用力大小相等，方向相反且作用于同一直线上，因此可以不予考虑。图 8-9 中取土条 i 进行受力分析，土条 i 的重力 W_i 沿该条滑动面的中点可分解为切向力 $T_{wi}=W_i\sin\theta_i$ 和法向力 $N_{wi}=W_i\cos\theta_i$。滑动面以下土体对该条反力的两个分量分别表示为 N_i 和 T_i。

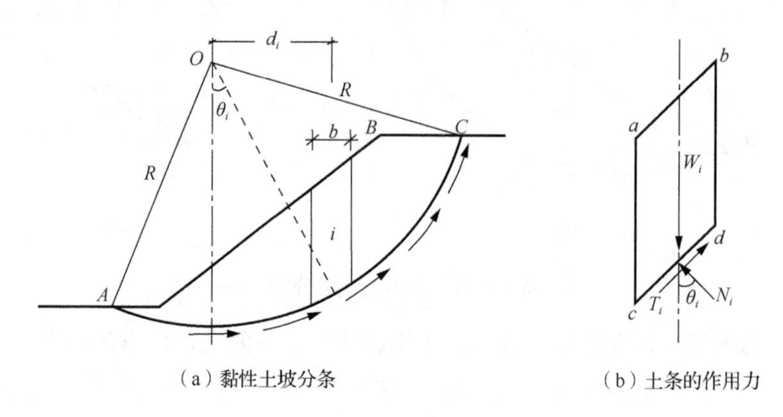

（a）黏性土坡分条　　（b）土条的作用力

图 8-9　瑞典条分法分析示意图

根据径向力的平衡条件，有

$$N_i = N_{wi} = W_i \cos\theta_i \tag{8-11}$$

再根据滑动面上的极限平衡条件，有

$$T_i = \frac{c_i l_i + N_i \tan\varphi_i}{F_s} \tag{8-12}$$

可见，式（8-12）中 $T_i \neq T_{wi}=W_i\sin\theta_i$，这是由于没有考虑土条的切向静力平衡，土条 i 所受的三个力（W_i、T_i、N_i）形成的力三角形一般不会闭合，即不满足静力平衡条件。

按照滑动土体的整体力矩平衡条件，土体产生的滑动力矩为

$$\sum W_i d_i = \sum W_i R \sin\theta_i \tag{8-13}$$

滑动面上的抗滑力矩为

$$\sum T_i R = \sum \frac{c_i l_i + W_i \cos\theta_i \tan\varphi_i}{F_s} R \tag{8-14}$$

由于滑动土体处于极限平衡状态时，滑动力矩等于抗滑力矩，式（8-13）与式（8-14）相等，有

$$\sum W_i R \sin\theta_i = \sum \frac{c_i l_i + W_i \cos\theta_i \tan\varphi_i}{F_s} R$$

即

$$F_s = \frac{\sum(c_i l_i + W_i \cos\theta_i \tan\varphi_i)}{\sum W_i \sin\theta_i} \tag{8-15}$$

如果用土条 i 重力 W_i 在滑动面的切向分力 T_{wi} 计算，产生的对圆心 O 的滑动力矩 $M_{si}=T_{wi}R$，用滑动面法向分力 N_{wi} 产生的摩阻力和黏聚力计算形成的抗滑力矩 $M_{Ri}=(c_i l_i+W_i\cos\theta_i\tan\varphi_i)/F_s$，再考虑滑动土体的整体力矩平衡条件，也可得到与式（8-15）完全相同的结果。

由此看来，瑞典条分法是忽略条间力影响的一种简化方法，只满足滑动土体整体力矩平衡条件，而不满足土条的静力平衡条件，这是它区别于其他条分法的主要特点。此法应用的时间很长，积累了丰富的工程经验，一般得到的稳定安全系数偏低，即偏于安全，目前仍然是工程上常用的方法。

3. 毕肖普法

毕肖普（Bishop）于 1955 年提出了一个考虑土条侧面作用力的土坡稳定分析方法，称为毕肖普法。从图 8-10（a）中圆弧滑动体内取土条 i 进行受力分析。作用在土条 i 上的力，除了重力 W_i 外，滑动面上有切向力 T_i 和法向力 N_i，条块的侧面分别有法向力 P_i、P_{i+1} 和切向力 H_i、H_{i+1}。若条块处于静力平衡状态，根据竖向力平衡条件 $\sum F_z = 0$，应有

$$\begin{aligned} W_i + \Delta H_i &= N_i \cos\theta_i + T_i \sin\theta_i \\ N_i \cos\theta_i &= W_i + \Delta H_i - T_i \sin\theta_i \end{aligned} \tag{8-16}$$

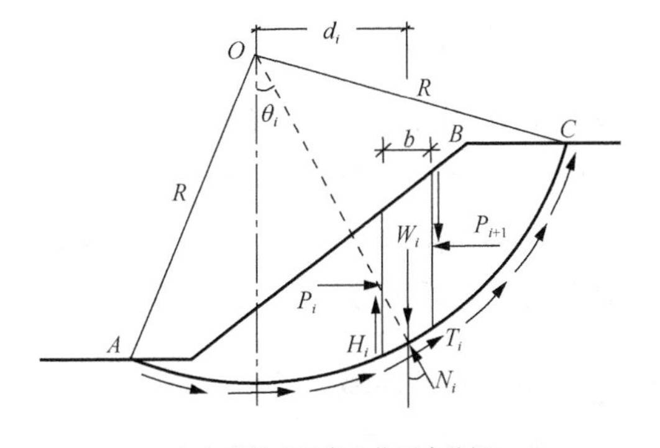

（a）黏性土坡条块作用力分析

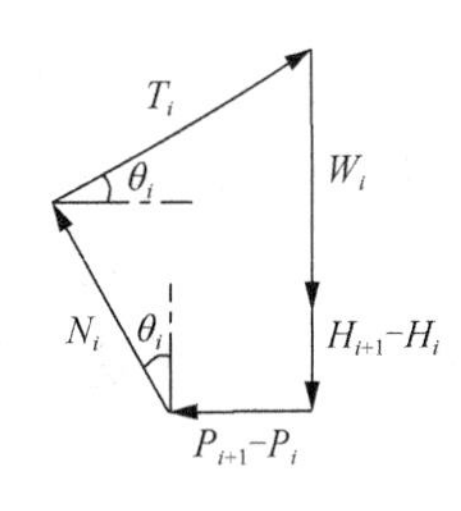

（b）土条i的力多边形

图 8-10　毕肖普法分析示意图

根据满足稳定安全系数为 F_s 时的极限平衡条件，将式（8-12）代入式（8-16），整理后得

$$N_i = \frac{W_i + \Delta H_i - \dfrac{c_i l_i}{F_s}\sin\theta_i}{\cos\theta_i + \dfrac{\sin\theta_i \tan\varphi_i}{F_s}} = \frac{1}{m_{\theta i}}(W_i + \Delta H_i - \frac{c_i l_i}{F_s}\sin\theta_i) \tag{8-17}$$

其中，

$$m_{\theta i} = \cos\theta_i + \frac{\sin\theta_i \tan\varphi_i}{F_s} \tag{8-18}$$

考虑整个滑动土体的整体力矩平衡条件，各土条的作用力对圆心力矩之和应为零。这时条间力 P_i 和 H_i 成对出现，大小相等，方向相反，相互抵消，对圆心不产生力矩。滑动面上的正压力 N_i 通过圆心，也不产生力矩。因此，只有重力 W_i 和滑动面上的切向力 T_i 对圆心分别产生滑动力矩和抗滑力矩，二者相等，即

$$\sum W_i d_i = \sum T_i R$$

代入式（8-12），得

$$\sum W_i R\sin\theta_i = \sum \frac{1}{F_s}(c_i l_i + N_i \tan\varphi_i)R$$

代入式（8-17），化简后得

$$F_s = \frac{\sum \dfrac{1}{m_{\theta i}}\left[c_i b_i + \left(W_i + \Delta H_i\right)\tan\varphi_i\right]}{\sum W_i \sin\theta_i} \tag{8-19}$$

这就是毕肖普法土坡稳定性的一般计算公式。式中 $\Delta H_i = H_{i+1} - H_i$，仍然是未知量。如果不引入其他的简化假定，式(8-19)仍然不能求解。毕肖普进一步假定 $\Delta H_i = 0$，实际上就是假定条块间只有水平力 P_i 而不存在切向力 H_i，或者假设两侧的切向力相等，即 $\Delta H = 0$。于是，式（8-19）进一步简化为

$$F_s = \frac{\sum \dfrac{1}{m_{\theta i}}(c_i b_i + W_i \tan\varphi_i)}{\sum W_i \sin\theta_i} \tag{8-20}$$

以上为简化毕肖普公式，式中参数 $m_{\theta i}$ 包含稳定安全系数 F_s。因此，不能直接求出稳定安全系数，而需要采用试算的办法，迭代求解 F_s。

与瑞典条分法相比，简化毕肖普法是在不考虑条块间切向力的前提下，满足力的多边形闭合条件［图 8-10（b)］，隐含着条块间有水平力的作用，虽然在公式中水平作用力未出现。简化毕肖普法的特点如下：

（1）满足整体力矩平衡条件；

（2）满足各条块力的多边形闭合条件，但不满足条块的力矩平衡条件；

（3）假设条块间作用力只有法向力没有切向力；

（4）满足极限平衡条件，由于考虑了条块间水平力的作用，得到的稳定安全系数较瑞典条分法略高一些。

很多工程计算表明，毕肖普法与严格的极限分析法（满足全部静力平衡条件的方法）计算结果甚为接近。由于计算不是很复杂，精度较高，所以是目前工程中很常用的一种方法。

4. 普遍条分法

普遍条分法适用于任意滑动面，不必规定圆弧滑动面，且适用于不均匀土体的情况。简布法为其中一种方法。土体内部滑动面一般发生在地基具有软弱夹层的位置［图 8-11（a)］，简布法假设条间力的作用位置，各土条满足所有的静力平衡条件和极限平衡条件，滑动土体的整体平衡条件自然也得到满足。从滑动土体 ABC 中取任意土条 i 进行受力分析，如图 8-11（b）所示。

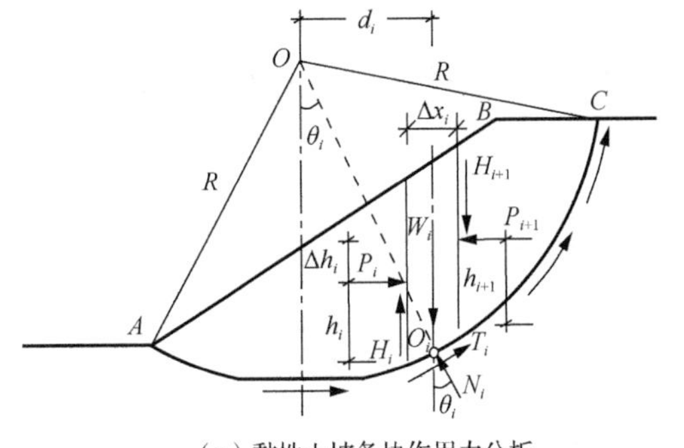

（a）黏性土坡条块作用力分析

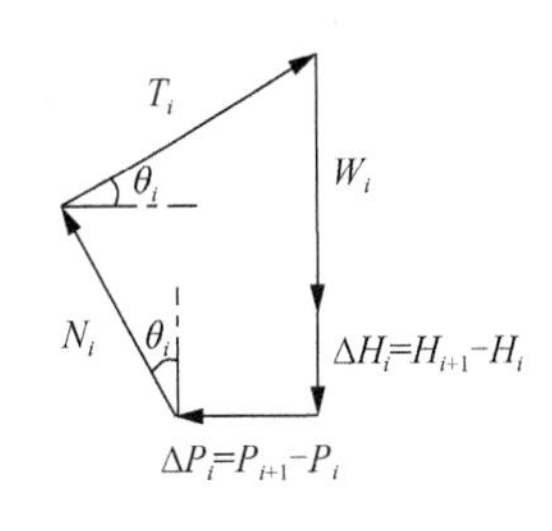

（b）土条的力多边形

图 8-11　普遍条分法分析示意图

按静力平衡条件 $\sum F_z=0$，得

$$W_i+\Delta H_i=N_i\cos\theta_i+T_i\sin\theta_i \tag{8-21a}$$

$$N_i\cos\theta_i=W_i+\Delta H_i-T_i\sin\theta_i \tag{8-21b}$$

由水平力平衡条件 $\sum F_x=0$，得

$$\Delta P_i=T_i\cos\theta_i-N_i\sin\theta_i \tag{8-22}$$

将式（8-21）代入式（8-22），整理后得

$$\Delta P_i = T_i\left(\cos\theta_i + \frac{\sin^2\theta_i}{\cos\theta_i}\right) - (W_i + \Delta H_i)\tan\theta_i \tag{8-23}$$

由式（8-21）得

$$N_i = \frac{1}{\cos\theta_i}(W_i + \Delta H_i - T_i\sin\theta_i) \tag{8-24}$$

将式（8-24）代入极限平衡条件 $T_i = \dfrac{c_i l_i + N_i\tan\varphi_i}{F_s}$，得

$$T_i = \frac{\dfrac{1}{F_s}\left[c_i l_i + \dfrac{1}{\cos\theta_i}(W_i + \Delta H_i)\tan\varphi_i\right]}{1 + \dfrac{\tan\theta_i\tan\varphi_i}{F_s}} \tag{8-25}$$

将式（8-25）代入式（8-23），可得

$$\Delta P_i = \frac{1}{F_s}\frac{\sec^2\theta_i}{1 + \dfrac{\tan\theta_i\tan\varphi_i}{F_s}}[c_i l_i\cos\theta_i + (W_i + \Delta H_i)\tan\varphi_i] - (W_i + \Delta H_i)\tan\theta_i \tag{8-26}$$

图 8-12 表示作用在土条侧面的法向力 P_i，显然有 $P_0=0$，$P_1=\Delta P_1$，$P_2=P_1+\Delta P_2=\Delta P_1+\Delta P_2$，以此类推，则有

$$P_i = \sum_{j=1}^{i}\Delta P_j \tag{8-27}$$

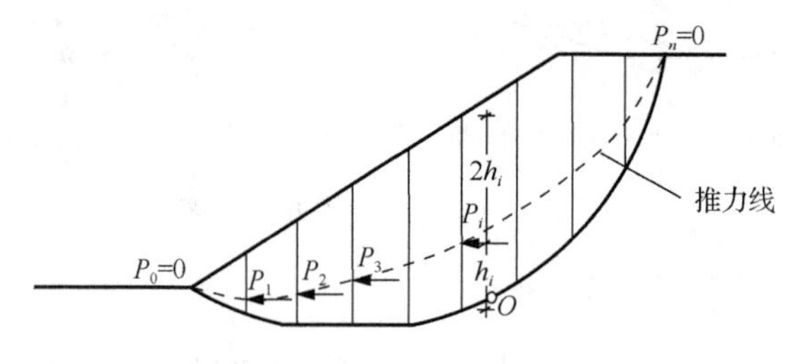

图 8-12　土条间的法向力

若全部条块总数为 n，则有

$$P_n = \sum_{i=1}^{n}\Delta P_i = 0 \tag{8-28}$$

将式（8-26）代入式（8-28），可得

$$\sum \frac{1}{F_s} \frac{\sec^2\theta_i}{1+\dfrac{\tan\theta_i \tan\varphi_i}{F_s}} [c_i l_i \cos\theta_i + (W_i + \Delta H_i)\tan\varphi_i] - \sum (W_i + \Delta H_i)\tan\theta_i = 0$$

整理后得

$$F_s = \frac{\sum [c_i l_i \cos\theta_i + (W_i + \Delta H_i)\tan\varphi_i] \dfrac{1}{\cos\theta_i(\cos\theta_i + \sin\theta_i \tan\varphi_i / F_s)}}{\sum (W_i + \Delta H_i)\tan\theta_i}$$

$$= \frac{\sum [c_i l_i \cos\theta_i + (W_i + \Delta H_i)\tan\varphi_i] \dfrac{1}{m_{\theta i}\cos\theta_i}}{\sum (W_i + \Delta H_i)\tan\theta_i} \tag{8-29}$$

式中，$m_{\theta i}$的表达式见式（8-18）。

简布法根据力的多边形闭合和极限平衡条件，从$\sum_{i=1}^{n}\Delta P_i = 0$得出稳定安全系数的表达式。显然，这些条件适用于任何形式的滑动面，而不仅限于圆弧面。然而，在式（8-29）中ΔH_i仍然是待定的未知量。简布法利用各土条的力矩平衡条件，从而整个滑动土体的整体力矩平衡也自然得到满足。

将作用在第 i 条上的力对条块滑弧段中点 O 取矩［图 8-11（a）］，并让$\sum M_O = 0$。假设重力 W_i 和滑弧段上的力 N_i 作用在土条中心线上，T_i 通过 O 点，均不产生力矩。假设条间力的作用点位置在土条侧面的 1/3 高度处，推力线如图 8-12 所示，有

$$H_i \frac{\Delta x_i}{2} + (H_i + \Delta H_i)\frac{\Delta x_i}{2} - (P_i + \Delta P_i)\left(h_i + \Delta h_i - \frac{1}{2}\Delta x_i \tan\theta_i\right) + P_i\left(h_i - \frac{1}{2}\Delta x_i \tan\theta_i\right) = 0$$

略去高阶微量，整理后得 $H_i\Delta x_i - P_i\Delta h_i - \Delta P_i h_i = 0$，即

$$H_i = P_i \frac{\Delta h_i}{\Delta x_i} + \Delta P_i \frac{h_i}{\Delta x_i} \tag{8-30}$$

其中，

$$\Delta H_i = H_{i+1} - H_i \tag{8-31}$$

式（8-30）表示条块间切向力与法向力之间的关系。

由式（8-26）～式（8-31）进行迭代法计算，可求得普遍条分法的边坡稳定安全系数。其步骤如下：

（1）假定ΔH_i=0，利用式（8-29），迭代求出第一次近似的稳定安全系数 F_{s1}；

（2）将 F_{s1} 和ΔH_i=0 代入式（8-26），求相应的ΔP_i（从 1 到 n）；

（3）利用式（8-27）求条块间的法向力 P_i（从 1 到 n）；

（4）将 P_i 和 ΔP_i 代入式（8-30）和式（8-31），求条块间的切向作用力 H_i（从 1 到 n）和 ΔH_i；

（5）将 ΔH_i 重新代入式（8-29），迭代求新的稳定安全系数 F_{s2}。

如果 $F_{s2}-F_{s1}>\varDelta$（$\varDelta$ 为规定的安全系数计算精度），令 $F_{s1}=F_{s2}$，重新按照上述步骤（2）～（5）进行第二轮计算。如此反复进行，直至 $F_{s(k)}-F_{s(k-1)}\leqslant\varDelta$。$F_{s(k)}$ 就是该假定滑动面的稳定安全系数。求解边坡真正的稳定安全系数还要计算很多滑动面，进行比较，找出最危险的滑动面，其稳定安全系数才是真正的安全系数，工作量巨大。一般可按照步骤（1）～（5）编制计算机程序，在计算机上进行求解。

除简布法之外，适用于任意滑动面的普遍条分法还有多种。它们多假设条间力的方向，例如，假设条间力的方向为常数，或者其方向为某种函数，或者条间力方向与滑动面倾角一致等。

例 8-2　某均匀黏性土坡高 H=25m，坡比 1∶2.0，土体参数为 γ=20kN/m^3，φ=26.6°，c=10kPa。圆弧滑动的圆心及半径如图 8-13 所示，半径 R=43.5m，试分别用瑞典条分法和简化毕肖普法验算该土坡的安全系数。

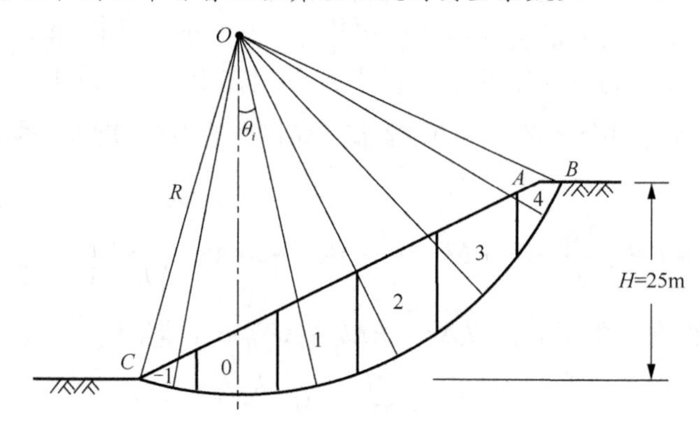

图 8-13　例 8-2 图

解　将滑动土体分为 6 个土条。0 号土条以过圆心 O 的垂线为对称轴，0 号土条左侧编负号，右侧编正号。分别计算各土条的重量 W_i、滑动面弧长 l_i 和土条中心线与竖向的夹角 θ_i。

（1）瑞典条分法：

具体见表 8-1，得安全系数 $F_s=\dfrac{\sum(c_i l_i+W_i\cos\theta_i\tan\varphi_i)}{\sum W_i\sin\theta_i}=\dfrac{631+3964}{3367}\approx1.36$。

表 8-1　瑞典条分法计算表

土条号	b_i /m	θ_i /（°）	W_i /kN	$\sin\theta_i$	$\cos\theta_i$	$W_i\sin\theta_i$ /kN	$W_i\cos\theta_i$ /kN	$W_i\cos\theta_i\tan\varphi_i$ /kN	l_i /m	c_il_i /kN
−1	7	−10.30	350	−0.179	0.984	−63	344	172	7.2	72
0	10	0	1500	0	1	0	1500	751	10.0	100
1	10	13.29	2250	0.230	0.973	517	2190	1097	10.2	102
2	10	27.37	2480	0.460	0.888	1140	2202	1103	11.2	112
3	10	43.60	2000	0.690	0.724	1379	1448	725	13.7	137
4	5.5	59.55	456	0.862	0.507	393	231	116	10.8	108
合计	—	—	—	—	—	3366	—	3964	—	631

（2）简化毕肖普法：

简化毕肖普法得到的稳定安全系数比瑞典条分法的高，根据 F_s 为 1.360，设初始稳定安全系数 F_{s1}=1.500，按简化毕肖普法计算，具体计算过程见表 8-2、表 8-3。

表 8-2　简化毕肖普法计算表 1

土条号	$\sin\theta_i$	$\cos\theta_i$	$\sin\theta_i\tan\varphi_i$	$\sin\theta_i\tan\varphi_i/F_s$	$m_{\theta i}$	$W_i\sin\theta_i$ /kN	c_ib_i /kN	$W_i\tan\varphi_i$ /kN	$(c_ib_i+W_i\tan\varphi_i)/m_{\theta i}$
−1	−0.179	0.984	−0.090	−0.060	0.924	−63	70	175	265
0	0	1.000	0	0	1.000	0	100	751	851
1	0.230	0.973	0.115	0.077	1.050	517	100	1127	1168
2	0.460	0.888	0.230	0.153	1.042	1140	100	1242	1288
3	0.690	0.724	0.345	0.230	0.954	1379	100	1002	1154
4	0.862	0.507	0.432	0.288	0.795	393	55	228	357
合计	—	—	—	—	—	3366	—	—	5083

稳定安全系数 $F_s=\dfrac{\sum\dfrac{1}{m_{\theta i}}(c_ib_i+W_i\tan\varphi_i)}{\sum W_i\sin\theta_i}=\dfrac{5083}{3366}\approx 1.512$，$F_s$−$F_{s1}$=1.510−1.500=0.010，误差较大，令 F_{s1}=1.510，进行第二次迭代计算，如表 8-3 所示。

表 8-3　简化毕肖普法计算表 2

土条号	$\sin\theta_i$	$\cos\theta_i$	$\sin\theta_i\tan\varphi_i$	$\sin\theta_i\tan\varphi_i/F_s$	$m_{\theta i}$	$W_i\sin\theta_i$ /kN	c_ib_i /kN	$W_i\tan\varphi_i$ /kN	$(c_ib_i+W_i\tan\varphi_i)/m_{\theta i}$
−1	−0.179	0.984	−0.090	−0.059	0.925	−63	70	175	265
0	0	1.000	0	0	1.000	0	100	751	851
1	0.230	0.973	0.115	0.076	1.049	517	100	1127	1169
2	0.460	0.888	0.230	0.152	1.041	1140	100	1242	1290
3	0.690	0.724	0.345	0.229	0.953	1379	100	1002	1156
4	0.862	0.507	0.432	0.286	0.793	393	55	228	357
合计	—	—	—	—	—	3366	—	—	5088

由表可得 F_s 为 1.512，$F_s-F_{s1}=0.002$，误差较小，故稳定安全系数 $F_s=1.512$。

8.2.3　最危险滑动面的确定方法

前述为滑动面已确定的稳定安全系数的计算方法，但这一稳定安全系数并不一定表示边坡的真正稳定性，因为滑动面是任意取的，假设一个滑动面，就可以计算其相应的稳定安全系数。真正代表边坡稳定程度的稳定安全系数应当是所有稳定安全系数中的最小值。对应最小稳定安全系数的滑动面称为最危险滑动面，是最可能的滑动面。

确定最危险圆弧滑动圆心位置和半径，在边坡稳定分析中的工作量很大，确定普遍条分法最危险滑动面位置的工作量更大。目前，人们已经发展了很多搜索最危险滑动面位置的方法，包括直接搜索的方法、解析方法及各种不确定性的方法。不确定性方法包括随机搜索方法、优化方法以及遗传算法、神经网络、蚂蚁算法等仿生学的方法。随着计算机技术的发展，在短时间完成大量的计算已经不难，在这方面已经有不少计算程序可供使用。费伦纽斯（Felenius）提出的经验方法，在简单土坡的工程计算中有一定使用价值。

费伦纽斯认为，对于均匀黏性土坡，最危险滑动面一般通过坡脚。在 $\varphi=0$ 整体圆弧法的边坡稳定分析中，最危险圆弧圆心 O 为图 8-14 中 β_1 和 β_2 的交点。β_1 和 β_2 的值与坡角 β 的大小关系，可查表 8-4。

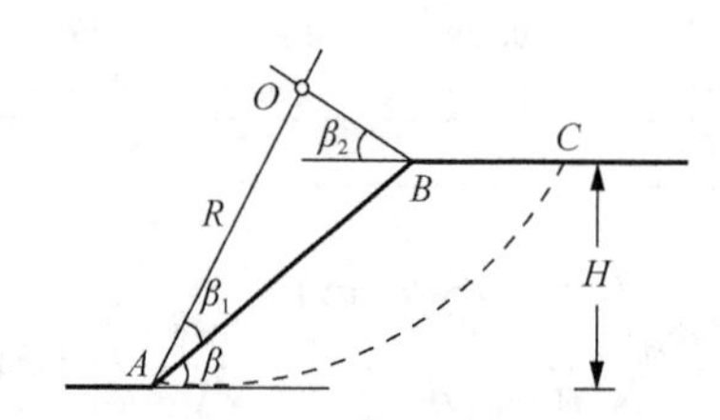

图 8-14　最危险圆弧滑动圆心的确定（$\varphi=0$）

表 8-4　不同坡角的 β_1、β_2 值

坡角 β	坡比	β_1/（°）	β_2/（°）
60°	1∶0.58	29	40
45°	1∶1.0	28	37
33°41′	1∶1.5	26	35
26°34′	1∶2.0	25	35
18°26′	1∶3.0	25	35
14°02′	1∶4.0	25	36
11°19′	1∶5.0	25	39

对于 $\varphi>0$ 的土坡，先按上述 $\varphi=0$ 的情况确定圆心 O 的位置，最危险圆弧滑动面的圆心位置可能在图 8-15 中 DO 延长线段上。DO 线的位置按图 8-15 中所示的方法确定。在 DO 延长线上取圆心 O_1、$O_2\cdots$，通过 A 点分别作圆弧 $\widehat{AC_1}$、$\widehat{AC_2}\cdots$，并求出相应的稳定安全系数 F_{s1}、$F_{s2}\cdots$。用适当比例尺的线段长度标在相应圆心点上，并连成稳定安全系数 F_s 随圆心位置的变化曲线。曲线的最低点即为圆心在 DO 延长线上时稳定安全系数的最小值，但是真正的最危险圆弧滑动面圆心并不一定在 DO 延长线上。通过这个最低点，作 DO 延长线的垂线 FG，在 FG 线与 DO 延长线交点的前后再定几个圆心 O_1'、$O_2'\cdots$，用类似步骤确定圆心在 FG 线上的最小安全系数的圆心 O'，这个圆心 O' 才是通过坡脚滑出时的最危险圆弧滑动面的圆心。

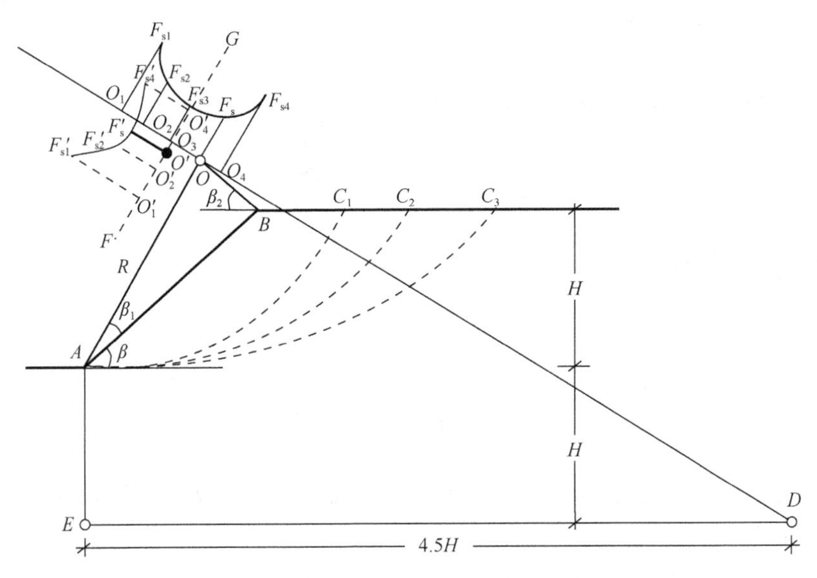

图 8-15　最危险圆弧滑动面圆心的经验确定方法（$\varphi>0$）

当地基土层性质比填土较弱，或者边坡填土种类不一、强度互异时，最危险滑动面不一定从坡脚滑出，这时寻找最危险滑动面位置就更为繁琐。对于非均质的、边界条件较为复杂的土坡，用上述方法寻找最危险滑动面的位置将是十分困难的。

8.3　土坡稳定分析的其他情况及方法

8.3.1　复合滑动面的土坡

当土坡下面存在软弱或疏松夹层时，滑动面可能不完全是圆弧形，其中一部

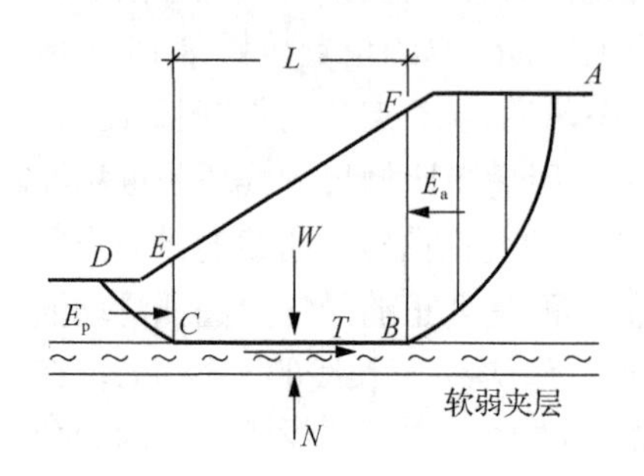

图 8-16　复合滑动面稳定分析

分会沿着夹层面滑动，见图 8-16。

工程中常用 $BCEF$ 作为脱离体，分析复合滑动面的稳定性，假定滑动面为 $ABCD$，其中 AB 和 CD 为圆柱面，BC 为通过软弱土层的平面。在不考虑 BF 面与 CE 面上切向力的前提下，脱离体 $BCEF$ 所受的力有：

（1）土体 ABF 对 $BCEF$ 的推力 E_a；

（2）土体 CDE 对 $BCEF$ 的抗滑力 E_p；

（3）土体自重 W 及 BC 面上的反力 N，且 $W=N$；

（4）BC 面上的抗滑阻力 T。

以式（8-32）定义土坡的稳定安全系数：

$$F_s=\frac{抗滑力}{滑动力}=\frac{E_p+T}{E_a} \tag{8-32}$$

抗滑阻力 T 为

$$T=cL+W\tan\varphi \tag{8-33}$$

土体自重为

$$W=\gamma V \tag{8-34}$$

式中，c 和 φ 分别为软弱夹层的黏聚力与内摩擦角；L 为 BC 的长度，m；W 为脱离体 $BCEF$ 的重量，kN。

E_a 和 E_p 可用条分法逐条推求。在计算中隐含了这样的假设，BF 面和 CE 面同时达到主动和被动极限平衡状态，且 BC 面上发挥了土的抗剪强度。实际上，三种状态所需的变形是不一致的，因此复合滑动面的稳定分析只是一种近似计算。此外，和圆弧滑动分析类似，为求得最小稳定安全系数，还需假设不同的 BC 面和 $ABCD$ 面位置进行计算比较。当夹层中存在孔隙水压力时，还应考虑孔隙水压力对滑动力的影响。对于形状比较复杂的非圆弧滑动面，其计算步骤比较复杂，可用其他方法计算。

8.3.2　稳定渗流期的土坡

稳定渗流是指某段地层中的地下水位差不随时间变化的渗流状态。对于土石坝，坝体内施工期间由填筑土体产生的超静孔隙水压力已经全部消散，水库长期蓄水，上下游水位差在坝体内已形成稳定渗流，坝体内的渗流流网得以唯一确定，而且不随时间而变化。这种情况下，坝体内各点的孔隙水压力均能由流网确定。因此，原则上应该用有效应力法分析而不用总应力法，稳定渗流期的孔隙水压力也属于静孔隙水压力，较容易确定。

将土骨架与孔隙流体（水与气）看作一整体，取隔离体进行力的平衡分析。例如，从图 8-17 的滑动土体 *ABC* 内取出条块 *i* 进行分析。

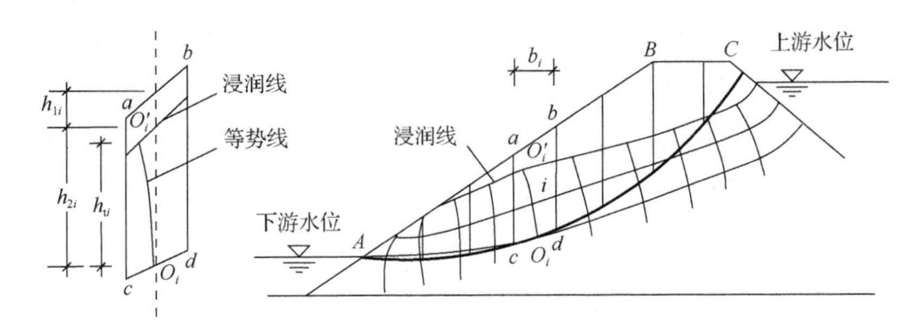

图 8-17　渗流期分析（取土体为隔离体）

将土骨架与孔隙流体当成一个整体，因此浸润线以上的土重度为压实土的重度 γ_1，浸润线以下的土体处于饱和状态，取饱和重度 γ_{sat}。土条 *i* 处于渗流场中，弧 $\overset{\frown}{AC}$ 受水压力 P_{wi} 的作用。水压力值用如下方法确定。通过弧段 $\overset{\frown}{cd}$ 的中点 O_i 作等势线与浸润线交于 O_i'。O_iO_i' 的竖直高度 h_{ti} 即为 $\overset{\frown}{cd}$ 段上的平均渗压水头。作用于 $\overset{\frown}{cd}$ 段上的总水压力 $P_{wi}=\gamma_w h_{ti} l_i$，$l_i$ 为弧段 $\overset{\frown}{cd}$ 的长度。土条 *i* 的重量 $W_i=(\gamma_1 h_{1i}+\gamma_{sat} h_{2i})b_i$，$h_{1i}$ 和 h_{2i} 分别为浸润线以上和以下的条块高度，b_i 为土条的宽度。弧面 $\overset{\frown}{cd}$ 上的切向滑动力为 $W_i\sin\theta_i$，弧面上的总法向力为 $W_i\cos\theta_i$，有效法向力为 $W_i\cos\theta_i-\gamma_w h_{ti} l_i$。则采用土体有效强度计算的圆弧稳定安全系数为

$$F_s=\frac{\sum\left[c_i'l_i+(W_i\cos\theta_i-\gamma_w h_{ti}l_i)\tan\varphi_i'\right]}{\sum W_i\sin\theta_i} \tag{8-35}$$

在瑞典条分法中，在考虑土条径向力的平衡时，忽略了土条两侧孔隙水压力的不同，用式（8-35）计算可能会产生较大的偏差。由于毕肖普法考虑土条竖向力的平衡，土条两侧孔隙水压力不同不会产生影响；其他考虑条间力的计算方法也不会产生这个问题。

8.3.3　有限元法

1. 滑动面应力法

从瑞典条分法到普遍条分法，基本思路都是把滑动土体分割成有限宽度的土

条，把土条当成刚体，根据静力平衡条件求得滑动面上力的分布，从而可计算出稳定安全系数。因为土体的变形并非刚体，用分析刚体的办法不满足变形协调条件，所以计算出的稳定安全系数不可能是真实的。有限元法的滑动面应力法就是把土坡当成变形体，按照土的变形特性，计算出土坡内的应力分布，然后引入圆弧滑动面概念，验算滑动土体的整体抗滑稳定性。

将土坡划分成许多单元体，如图 8-18 所示。通过有限元法计算出每个单元的应力、应变和每个节点的节点力和位移。这种计算方法目前已经成为土石坝应力变形分析的常用方法，有各种现成的程序可供使用。图 8-19 为一座土坝用有限元法分析所得竣工时坝体的剪应变分布图，可以清楚地看出坝坡在重力作用下剪切变形的轨迹类似于滑弧面。

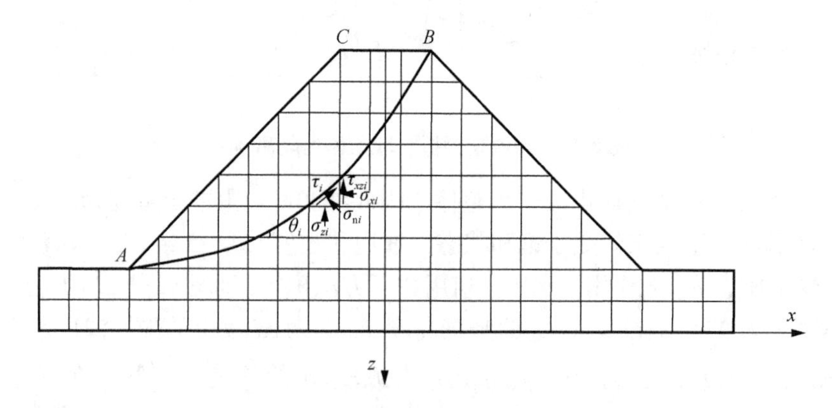

图 8-18　土坝的有限元网格和滑动面示意图

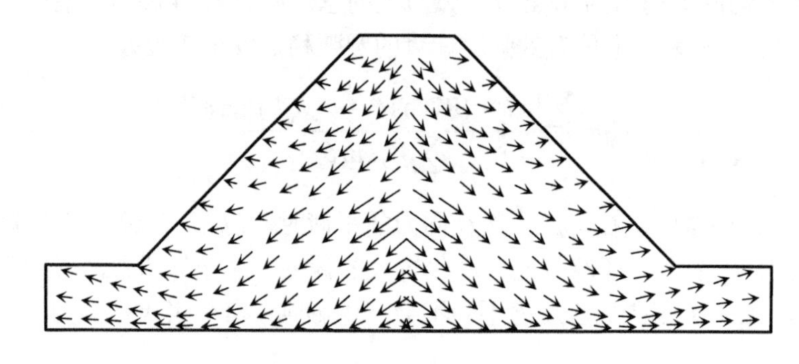

图 8-19　某坝竣工后的剪应变分布示意图

计算出土坡内部单元体的应力后，再引入圆弧滑动面的概念，图 8-18 中表示一个可能的圆弧滑动面。把滑动面划分成若干小弧段 Δl_i，小弧段 Δl_i 上的应力用弧段中点的应力表示，其值可以使用有限元法应力分析，由弧段中点所在单元的应力确定，表示为σ_{xi}、σ_{zi}、τ_{xzi}。小弧段 Δl_i 与水平线的夹角为 θ_i，作用在弧段上的法向应力和剪应力分别为

$$\sigma_{\mathrm{n}i}=\frac{1}{2}(\sigma_{xi}+\sigma_{zi})-\frac{1}{2}(\sigma_{xi}-\sigma_{zi})\cos 2\theta_i+\tau_{xzi}\sin 2\theta_i \tag{8-36}$$

$$\tau_i=-\tau_{xzi}\cos 2\theta_i-\frac{1}{2}(\sigma_{xi}-\sigma_{zi})\sin 2\theta_i \tag{8-37}$$

根据莫尔-库仑强度理论，该点土的抗剪强度为

$$\tau_{\mathrm{f}i}=c_i+\sigma_{\mathrm{n}i}\tan\varphi_i \tag{8-38}$$

分别求出滑动面上所有小弧段的剪应力和抗剪强度后，累加得到沿着滑动面的总剪切力$\sum_{i=1}^{n}\tau_i\Delta l_i$和抗剪力$\sum_{i=1}^{n}\tau_{\mathrm{f}i}\Delta l_i$，边坡稳定安全系数为

$$F_{\mathrm{s}}=\sum_{i=1}^{n}(c_i+\sigma_{\mathrm{n}i}\tan\varphi_i)\Delta l_i\Big/\sum_{i=1}^{n}\tau_i\Delta l_i \tag{8-39}$$

显然，这种分析方法的优点是把边坡稳定分析与坝体的应力和应变分析结合起来。这时，滑动土体自然满足静力平衡条件，不必如条分法那样引入人为假定。当边坡接近失稳时，滑动面通过的大部分土单元处于临近破坏状态，这时用有限元法分析边坡内的应力和变形所需要的土的基本特性（如变形特性、强度特性等）将变得十分复杂，计算中也会出现一些困难，要提出一种适用的土的本构模型也很不容易。

2. 强度折减法

强度折减法是将土的抗剪强度除以折减系数 F_{r}，直接用于有限元计算的一种方法。如果计算的土坡正好失稳破坏，所用的折减系数就等于土坡的稳定安全系数。土的强度折减公式为

$$\tau_{\mathrm{r}}=\frac{\tau_{\mathrm{f}}}{F_{\mathrm{r}}}=\frac{\sigma\tan\varphi+c}{F_{\mathrm{r}}}=\frac{\sigma\tan\varphi}{F_{\mathrm{r}}}+\frac{c}{F_{\mathrm{r}}}=\sigma\tan\varphi_{\mathrm{r}}+c_{\mathrm{r}} \tag{8-40}$$

由此可得

$$\varphi_{\mathrm{r}}=\arctan\frac{\tan\varphi}{F_{\mathrm{r}}},\quad c_{\mathrm{r}}=\frac{c}{F_{\mathrm{r}}}$$

式中，参数 φ_{r} 和 c_{r} 分别为折减后的土体内摩擦角和黏聚力。可将其用于有限元计算的本构模型中，将折减系数 F_{r} 从 1.0 逐渐增大，最后达到整体失稳时的折减系数就等于稳定安全系数，即 $F_{\mathrm{r}}=F_{\mathrm{s}}$。

8.4 滑坡的防治

在边坡稳定分析中，从土体的强度指标到计算方法，很多因素都无法确定。因此，如果计算得到的稳定安全系数等于 1 或稍大于 1，并不表示边坡的稳定性可得到可靠的保证。稳定安全系数必须满足一个基本的要求，称为容许安全系数。容许安全系数值是以过去的工程经验为依据并以各种规范的形式确定的。因为采用不同的抗剪强度试验方法和不同的稳定性分析方法得到的稳定安全系数差别甚大，所以在应用规范给定的容许安全系数时，一定要注意它所规定的试验方法和计算方法。当土坡的稳定安全系数小于相应的容许安全系数时，边坡很可能发生失稳。失稳的原因是假想滑动面上剪应力增加或抗剪强度减小，因此，可从减小剪应力和提高抗剪力两方面采取措施，防治滑坡。

1. 排水和防渗

在坡顶和坡面设置排水沟，防止地表水渗入土坡或浸入坡顶裂缝中，必要时应采取表面防渗措施，如用灰土或混凝土护面提高黏性土压实度。对存在渗透稳定性影响的土坡（如堤坝)，应设置斜墙或心墙，在下游坝底设置水平排水体以降低浸润线，或在渗流出逸的坡面设贴坡排水体，在坡脚设棱体排水。

2. 支挡加固

根据滑动力的不同，采用重力式挡土墙或抗滑桩支护。对土坡下地基为软土的情况，可采用地基处理措施提高抗剪强度，如排水固结、振冲碎石桩等，地基处理的方法详见基础工程等课程。

3. 减载措施

在坡顶或接近坡肩处的坡面采取减载措施，在不影响土坡功用的前提下，减小该区域土方量，如减小坡比，或采用轻质填料。如果坡顶有建筑物，应尽量远离坡肩等。

4. 反压措施

反压措施应在坡脚附近进行，在该处增加填方量形成反压平台。反压平台有两个作用，一是增加土重即增加了抗滑力，二是增加了滑弧的长度，也就增加了抗滑力。工程实践中常用的放缓坡比或在坡面设置平台的措施，实质上是减载措施和反压措施的综合。

5. 坡面防护

边坡坡面防护应根据工程区域气候、水文、地形、地质条件，材料来源及使用条件，采取工程防护和植物防护相结合的综合处理措施，采用草皮、砌石或混凝土护面等防止坡面风化及坡脚的冲蚀，降低滑坡可能性。

以上滑坡的防治措施选用应根据工程地质、水文地质条件，以及设计和施工的情况，分析可能产生滑坡的主要原因。例如，两边陡峭的山坡一边出现缓坡或坡积层，说明这里曾发生过滑坡，古滑坡常因坡顶加载而再次滑动。在水文地质条件上，坡脚处是否有泉水出露，是否会经受洪水冲蚀；在岩土性质上，土坡和地基中是否有软弱夹层，如果软弱夹层富含蒙脱石、滑石和绿泥石等矿物成分，也极易形成滑坡。滑坡的初期监测中出现裂缝开展、地表变形、草木倾倒等滑坡迹象后，应尽早采取防护和整治措施。

习　　题

8-1　某砂土土坡坡高 H=10m，土重度 γ=19.0kN/m^3，内摩擦角 φ=35°，试计算土坡稳定安全系数 F_s=1.3 时的坡角 β 值。

8-2　某砂砾土坡饱和重度 γ_{sat}=21.0 kN/m^3，内摩擦角 φ=32°，坡比为 1∶3。试问在干坡或完全浸水时，其稳定安全系数为多少？当有顺坡向渗流时土坡还能保持稳定吗？若坡比改成 1∶4，其稳定性又如何？

8-3　无限黏性土坡如图 8-20 所示，坡角 β=20°，土的重度 γ=16.0kN/m^3，c=15kPa，φ=20°，土与基岩之间的摩擦角 δ=15°，c=10kPa，求土坡处于临界状态（F_s=1.0）时，土坡的坡高 H 为多少？

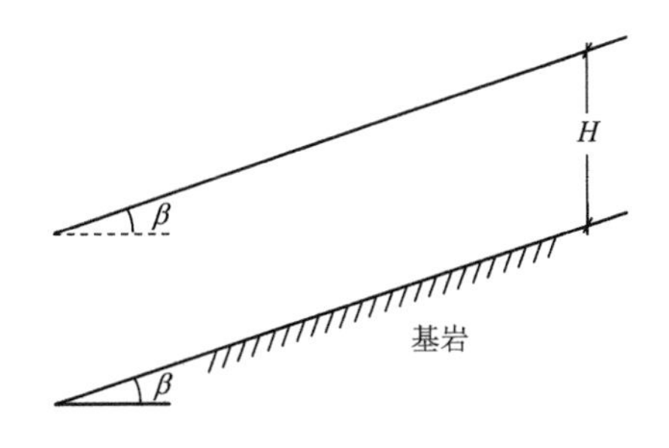

图 8-20　习题 8-3 图

8-4 无限土坡如图 8-21 所示，地下水沿坡面方向渗流。坡高 H=4m，坡角 β=20°，土粒比重 G_s=2.65，孔隙比 e=0.70，与基岩接触面的摩擦角 δ=20°，c=10kPa，求土坡沿界面滑动的稳定安全系数 F_s。

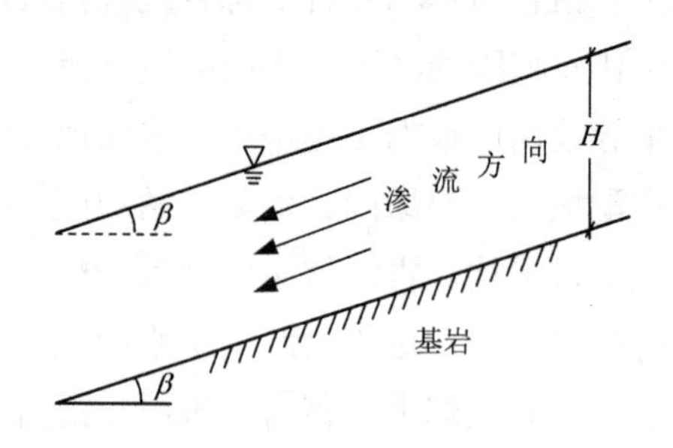

图 8-21 习题 8-4 图

8-5 有一均质黏土边坡，高 20m，坡比为 1∶2，土的重度 γ=20kN/m^3，内摩擦角 φ=20°，黏聚力 c=10kPa，假设滑动面圆弧半径为 50m，并假设滑动面过坡脚，试用瑞典条分法计算这一滑动面对应的稳定安全系数。

8-6 条件同习题 8-5，试用简化毕肖普法计算相应滑动面的稳定安全系数，并与习题 8-5 的结果对比，分析瑞典条分法与简化毕肖普法计算结果的差异。

第9章　地基承载力

建筑物荷载通过基础传递至地基，其内部应力发生变化，从而对地基提出以下两个方面要求，即变形要求和稳定要求。建筑物荷载通过基础作用于地基，使得地基土发生压缩变形，进而使得建筑产生沉降量或沉降差，通过土的变形特性及沉降变形计算得到的地基沉降量或沉降差，如果超过了建筑物的允许变形，则会导致建筑物发生不同程度的破坏甚至毁坏。当地基承受上部建筑物荷载作用时，地基内部土体的剪应力增加，当荷载增加直至土体内部，剪应力达到土的抗剪强度时，则会超过地基的承载能力，从而使得地基发生剪切破坏，上部建筑物因承载能力不足而发生失稳滑动甚至坍塌。因此，在进行地基基础设计时，必须考虑地基如下两个条件：

（1）建筑物基础的沉降量或沉降差必须处于建筑物所允许的沉降量或沉降差范围之内；

（2）建筑物的基底压力必须处于地基土允许的承载能力之内，对于一些特殊的建（构）筑物，如堤坝、水闸、码头等，还应满足抗渗、防冲刷等特殊要求。

地基承受荷载的能力称为地基承载力。影响地基承载力的因素有很多，如地基土的性质、基础尺寸和形状等。确定地基承载力的方法主要包括静荷载试验或其他原位试验方法、理论计算方法和规范法。通过前述章节的学习，已经掌握了地基土的沉降变形计算及抗剪强度理论，本章基于土的抗剪强度理论和极限平衡原理，主要介绍地基承载力的确定方法和基本应用。

9.1　地基失稳过程和破坏模式

9.1.1　地基失稳特征曲线

静荷载试验研究和工程实例表明，地基承载力不足而使地基土发生失稳破坏的实质是持力层地基发生了剪切破坏。通过静荷载试验（浅层平板荷载试验）向地基土施加竖向荷载，可绘制出各级荷载和对应荷载下的地基沉降量关系曲线，通常称为 p-s 曲线，如图 9-1（a）所示。通过 p-s 曲线将地基的剪切破坏过程分为三个阶段：弹性压密阶段、局部塑性剪切阶段、整体剪切破坏阶段。

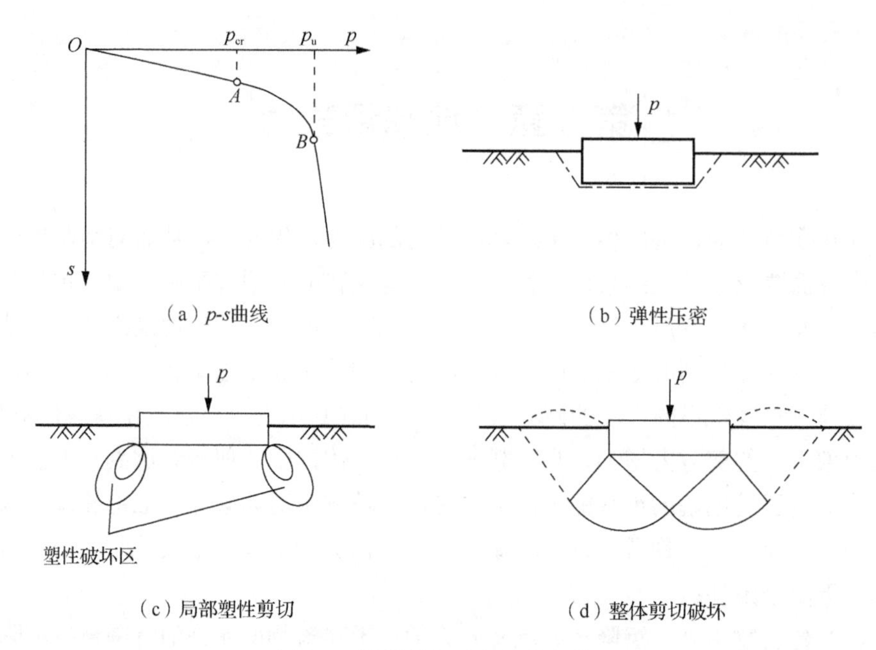

（a）p-s曲线　（b）弹性压密

（c）局部塑性剪切　（d）整体剪切破坏

图 9-1　地基剪切破坏过程和特征

当基础荷载较小时，基底压力 p 也较小，基础沉降量 s 随 p 的增加近似呈线性变化关系，如图 9-1（a）中 p-s 曲线中 OA 段所示，地基土处于弹性变形阶段，地基内任一点均未达到极限平衡状态，地基土状态如图 9-1（b）所示。此时，A 点为地基内土体由弹性阶段进入塑性阶段的临界点，对应的基底压力称为临塑荷载，记为 p_{cr}。当荷载 $p>p_{cr}$ 时，地基土在基础边缘首先达到极限平衡状态，地基的 p-s 曲线见图 9-1（a）中的 AB 段。随着 p 的增大，地基内部塑性区范围逐渐增大，于是地基内部开始出现弹性区和塑性区并存的现象，见图 9-1（c）。p-s 曲线上 B 点地基土体达到极限状态，对应的荷载为极限荷载（极限承载力），记为 p_u。此时，基础下地基的滑动边界范围内的全部土体都处于塑性破坏状态，地基丧失稳定，塑性区的范围逐渐增大，见图 9-1（d）。临塑荷载 p_{cr} 代表着土体由弹性进入塑性阶段，极限荷载 p_u 则标志着地基土从局部剪损破坏阶段进入整体破坏阶段，地基完全丧失承载能力。详细的分析和计算方法将在后续章节阐述。

9.1.2　竖向荷载下的地基破坏模式

竖向荷载作用下，地基通常因为承载力不足而发生剪切破坏，地基的破坏模式可根据荷载-位移（p-s）曲线及地基滑动破坏情况分为整体剪切破坏、局部剪切破坏和冲剪破坏三种，如图 9-2 所示。

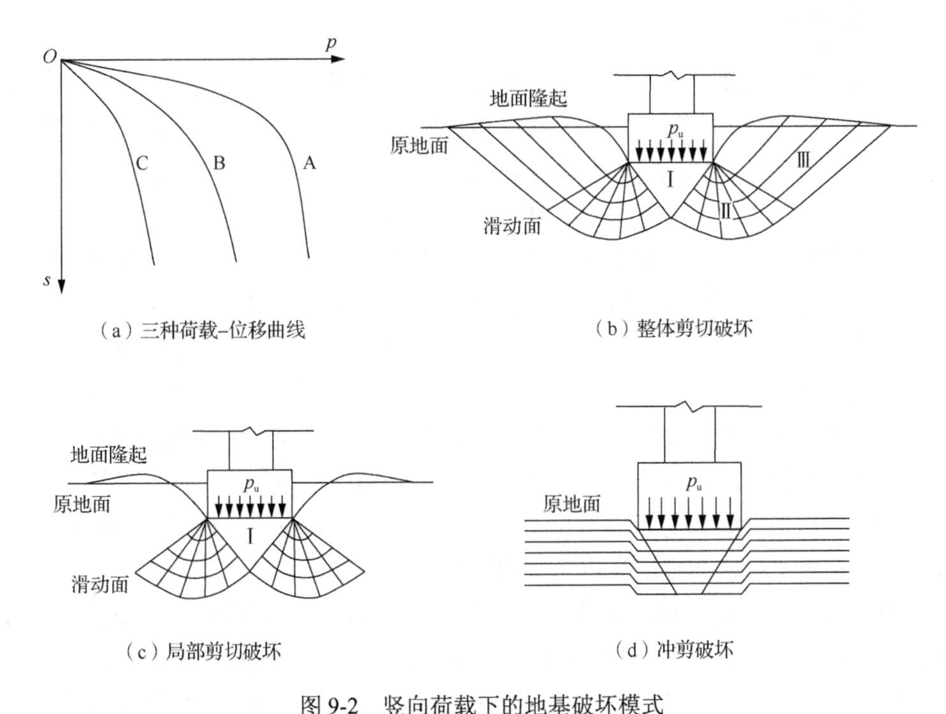

（a）三种荷载–位移曲线

（b）整体剪切破坏

（c）局部剪切破坏

（d）冲剪破坏

图 9-2　竖向荷载下的地基破坏模式

1. 整体剪切破坏

地基内部发生剪切破坏具有连续的滑动面，该破坏形式称为整体剪切破坏，*p-s* 曲线如图 9-2（a）中的曲线 A 所示。地基从压密到失稳的整个过程，这种 *p-s* 曲线是载荷试验中最常见的，较易建立理论计算模型。当作用在基础上的荷载达到土体抗剪强度时，地基土发生剪切破坏。随着荷载的增加，塑性变形区由基础角点向两侧地表延伸，最终贯通为连续的破坏面，基础急剧下沉、倾斜，同时基础两侧地基土产生显著的隆起。此时，地基发生整体剪切破坏，破坏模式见图 9-2（b）。

2. 局部剪切破坏

局部剪切破坏为介于整体剪切破坏和冲剪破坏之间的一种破坏形式，基础下方土体的剪切破坏从基础边缘开始，随着 p 的增大，塑性区范围逐渐扩大。随着 p 的进一步增大，塑性区限制在一定范围内，不会形成延伸至地表的连续破坏面，基础两侧地基发生轻微隆起，如图 9-2（c）所示。地基发生局部剪切破坏时的 *p-s* 曲线如图 9-2（a）中的曲线 B 所示，曲线转折点不明显。

3. 冲剪破坏

当基础下部地基土比较软弱时，竖向荷载作用下，地基土发生较大的压缩变形，使基础发生连续下沉。由于基础几乎是垂直下切，基础两侧土体不发生隆起，地基土沿基础两侧产生垂直的剪切破坏面，称为冲剪破坏。*p-s* 曲线如图 9-2（a）中的曲线 C 所示，曲线无明显转折点，其破坏模式见图 9-2（d）。

工程实际中可能产生哪种形式的破坏，取决于多种因素甚至各个因素的综合作用，如基础型式、埋深及地基土的性质，尤其是土的压缩性。一般而言，较坚硬或密实的土，具有较低的压缩性，通常发生整体剪切破坏。对于压缩性较大的软弱黏土或松砂土地基，通常出现冲剪破坏。发生局部剪切破坏的土层性质和压缩性介于整体剪切破坏和冲剪破坏之间。此外，破坏模式还受基础埋置深度的影响。当土质比较坚硬、密实，基础埋深不大时，通常将出现整体剪切破坏；随着基础埋深的增加，局部剪切破坏和冲剪破坏变得更为常见。当砂土中基础埋深过大时，即使砂土很密实也不会出现整体剪切破坏现象。

由于局部剪切破坏和冲剪破坏的特征比较复杂，目前还少有通过理论方法得出的地基承载力计算公式，实际工程也很少选择松软土层作为地基持力层。因此，目前地基承载力的理论计算方法主要是采用整体剪切破坏模式作为计算模型，从而得到地基极限承载力的计算公式。

9.1.3　倾斜荷载下的地基破坏模式

地基上布置有挡水和挡土结构时，除承受竖向荷载 p_v 外，还会承受水平荷载 p_h 的作用，此时，地基承受的荷载为 p_v 与 p_h 的共同作用，即倾斜荷载。当倾斜荷载较大使得地基发生失稳时，往往会存在两种破坏形式，如图 9-3 所示。

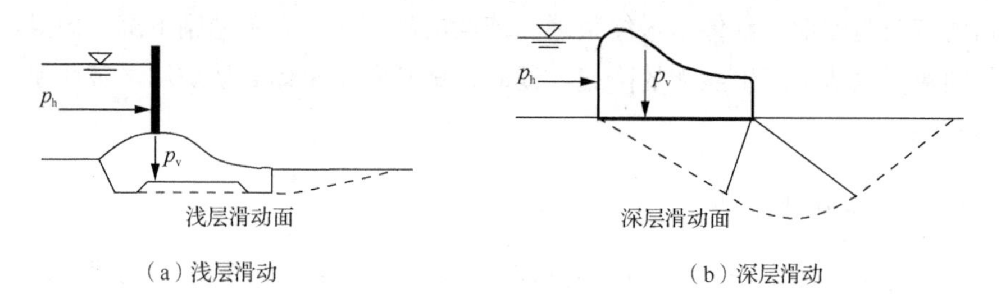

（a）浅层滑动　　（b）深层滑动

图 9-3　倾斜荷载下的地基破坏模式

1）浅层滑动

当水平荷载 p_h 过大时，地基土可能发生沿基底表面的浅层滑动，如图 9-3（a）所示，浅层滑动是挡水或挡土结构物常见的失稳模式。

2）深层滑动

当竖向荷载 p_v 远远大于水平荷载 p_h 时，随着组合荷载的共同作用而发生的地基破坏面往往会向地基内部延伸，此时表现出来的失稳形式为深层滑动，如图 9-3（b）所示。

9.2 浅基础的地基极限承载力

地基所能承受的最大基底压力称为极限承载力，记为 p_u。工程中为保证建筑物的安全，通常在求出地基极限承载力后除以稳定安全系数，以确保地基具有足够的安全储备，称为地基的容许承载力[p]，其表达式为

$$[p] = p_u / F_s \tag{9-1}$$

式中，[p]为地基容许承载力，kPa，可作为设计值使用；p_u 为地基的极限承载力，kPa；F_s 为稳定安全系数，一般取 2～3。

下面将重点讲述浅基础的地基承载力计算方法。一般认为，当基础的埋深 d 小于 5m，或埋深 d 大于 5m 但小于等于基础宽度 b 时，称为浅基础；当基础埋深 d 大于 5m 或大于基础宽度 b 时，称为深基础。通常工程中常见的条形基础、筏板基础、箱型基础等都可视为浅基础，而沉井、沉箱、墩基础、桩基础等则属于深基础。当基础宽度 b 和埋深 d 都较大，但仍有 $d \leqslant b$，此时也可视为深基础。

计算浅基础地基极限承载力的方法有两种：一是根据已知的边界条件和土体的极限平衡原理进行求解；二是通过假定极限荷载作用下的地基滑动面形状，根据土体的静力平衡条件进行求解。由于两种方法的假定不同，因此推导出的公式也有所不同。本节仅介绍几种常见的计算方法。

9.2.1 普兰特尔极限承载力公式

1920 年，普兰特尔（Prandtl）根据塑性理论，研究了刚性冲模压入无质量的半无限刚塑性介质，当浅基础地基达到塑性极限平衡状态时，根据地基土达到破坏时的滑动面形状推导了地基的极限承载力公式。

普兰特尔极限承载力计算公式推导时基于以下三个假定：

（1）基底以下地基土为无重介质，即基础以下地基土重度 $\gamma=0$；

（2）基础底面为完全光滑的平面，即基础与地基之间无摩擦，因此基底压力垂直于地表；

（3）对于基础埋深 d 小于基础宽度 b 的浅基础，可近似认为基础位于地基表面，滑动面仅延伸至这一假定的地基表面。

设竖向集中荷载作用于无限长条形、底面光滑的刚性基础上，当刚性基础下

方地基发生塑性变形时，塑性区范围形成连续的滑动面而处于极限平衡状态，地基受极限承载力 p_u 的作用，地基滑动面形状如图 9-4（a）所示，呈轴对称分布。基底塑性区可分为五部分，其中Ⅰ区为朗肯主动区，Ⅲ区为朗肯被动区，Ⅱ区为过渡区。滑动面为 $ABEF$，其中 AB 和 EF 为直线段，与基底水平面的夹角分别为 $45°+\varphi/2$ 和 $45°-\varphi/2$，BE 为对数螺旋线，其方程为 $r=r_0 e^{\theta\tan\varphi}$。浅基础两侧土产生的荷载为 $q=\gamma_0 d$，d 为基础埋置深度。

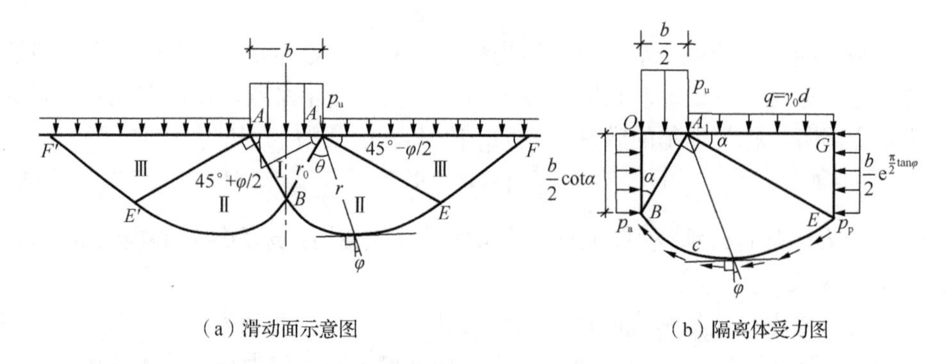

（a）滑动面示意图　　（b）隔离体受力图

图 9-4　普兰特尔极限承载力

取 $OBEG$ 为隔离体，受力情况如图 9-4（b）所示，根据作用于其上的力对 A_1 点的力矩平衡条件可求得极限承载力 p_u。

（1）OA_1 面（基底面）上极限承载力 p_u 对 A_1 点的力矩为

$$M_1 = p_u \frac{b}{2} \cdot \frac{b}{4} = \frac{1}{8} p_u b^2 \tag{9-2}$$

（2）OB 面上的主动土压力对 A_1 点的力矩为

$$M_2 = (p_u \cdot \tan^2\alpha - 2c \cdot \tan\alpha) \cdot \frac{b}{2}\cot\alpha \cdot \frac{b}{4}\cot\alpha = \frac{1}{8} p_u b^2 - \frac{1}{4} b^2 c \cdot \cot\alpha \tag{9-3}$$

（3）EG 面上的被动土压力对 A_1 点的力矩为

$$\begin{aligned} M_3 &= (\gamma_0 d \cot^2\alpha + 2c \cdot \cot\alpha) \cdot \frac{b}{2} \cdot e^{\frac{\pi}{2}\tan\varphi} \cdot \frac{b}{4} \cdot e^{\frac{\pi}{2}\tan\varphi} \\ &= \frac{1}{8} \cdot \gamma_0 d b^2 e^{\pi\tan\varphi} \cot^2\alpha + \frac{1}{4} \cdot b^2 c e^{\pi\tan\varphi} \cot\alpha \end{aligned} \tag{9-4}$$

（4）A_1G 面上超载对 A_1 点的力矩为

$$M_4 = \gamma_0 d \frac{b}{2} e^{\frac{\pi}{2}\tan\varphi} \cot\alpha \cdot \frac{b}{4} e^{\frac{\pi}{2}\tan\varphi} \cot\alpha = \frac{1}{8} \cdot \gamma_0 d b^2 e^{\pi\tan\varphi} \cot^2\alpha \tag{9-5}$$

（5）BE 面上土的黏聚力 c 对 A_1 点的力矩为

$$M_5=\int_0^l c\cdot \mathrm{d}s\cdot r\cos\varphi=\int_0^{\pi/2} cr^2\mathrm{d}\theta$$
$$=\int_0^{\pi/2} c\left(\frac{b}{2}\mathrm{e}^{\theta\tan\varphi}\cdot\csc\alpha\right)^2\mathrm{d}\theta=\frac{1}{8}b^2c\frac{\csc^2\alpha}{\tan\varphi}(\mathrm{e}^{\pi\tan\varphi}-1) \tag{9-6}$$

由于 BE 面上反力 F 的作用线正好通过对数螺旋线的重心点 A_1，因此对 A_1 点的力矩为零。

根据力矩平衡条件 $\sum M=M_1+M_2-M_3-M_4-M_5=0$，将式（9-2）～式（9-6）代入该平衡条件，其中 $\alpha=45°-\varphi/2$，整理可得普兰特尔极限承载力计算公式为

$$p_\mathrm{u}=cN_c+qN_q \tag{9-7}$$

式中，c 为土体黏聚力，kPa；q 为基础两侧的超载，kPa；N_c、N_q 为地基承载力系数，是与土体内摩擦角 φ 有关的无量纲系数，其表达式分别为

$$N_q=\mathrm{e}^{\pi\tan\varphi}\tan^2\left(45°+\frac{\varphi}{2}\right) \tag{9-8}$$

$$N_c=(N_q-1)\cot\varphi \tag{9-9}$$

式（9-7）为条形基础的普兰特尔极限承载力理论解，其滑动面较符合实际，但因假定基底以下土体自重为零（$\gamma=0$），若基础放置在无黏性土（$c=0$）的地基表面（$d=0$），由式（9-7）得出的地基极限承载力为零，这显然是不合理的。这是由于实际工程中地基土不可能是无重度的，且基底与土体之间存在摩擦力，所以需要做出更合理的假定，从而得到适用于普遍应用的极限承载力公式。

9.2.2　太沙基极限承载力公式

考虑基底面实际上往往是粗糙的，太沙基（Terzaghi）在推导极限承载力计算公式时，假定如下。

（1）中心荷载下条形基础置于均质地基上，地基破坏形式为整体剪切破坏。

（2）基础底面粗糙，即考虑基础底面与地基土之间的摩擦力。因此，基底以下三角楔体的土体将随基础一起移动，且处于弹性平衡状态，这个楔体称为弹性楔体。此时，地基塑性区可分为五部分，其中Ⅰ区为弹性楔体区，如图 9-5（a）中的Ⅰ区 ABA 所示。当地基达到破坏并出现连续滑动面时，弹性楔体的边界 AB 为滑动面的一部分，AB 与水平面的夹角为 ψ，ψ 与基底面的粗糙程度有关，$\varphi\leqslant\psi\leqslant45°+\varphi/2$。当基底完全粗糙时，$\psi=\varphi$。滑动体内与弹性楔形体连接的为径向剪切区，记为Ⅱ区，径向剪切区边界 BC 滑动面按照对数螺旋线变化，曲线方

程为$r=r_0e^{\theta\tan\varphi}$。Ⅲ区为朗肯被动区，边界 CD 为直线，C 点处对数螺旋线的切线与水平线夹角为$45°-\varphi/2$。

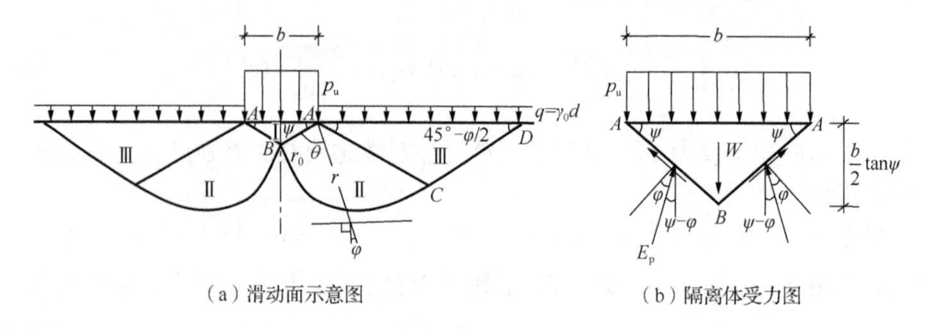

图 9-5　太沙基极限承载力计算

（3）当基础埋置深度为 d 时，将基底面以上基础两侧土体看作均布超载，记为$q=\gamma_0 d$。

设竖向集中荷载作用于无限长条形、底面粗糙的刚性基础上，根据上述假设，取弹性楔体 ABA 为隔离体求地基的极限承载力 p_u，如图 9-5（b）所示。弹性楔体受到如下力的作用。

（1）弹性楔体的自重，方向竖直向下：

$$W=\frac{1}{4}\gamma b^2\tan\psi \tag{9-10}$$

（2）基底面 AA 上的极限荷载，方向竖直向下，总竖向荷载 P_u 等于地基的极限承载力 p_u 与基础宽度 b 的乘积，即

$$P_u=p_u\cdot b \tag{9-11}$$

（3）弹性楔体两侧边界 AB 上的总黏聚力 $c_{总}$与边界面平行，表示为

$$c_{总}=c\cdot\overline{AB}=\frac{cb}{2\cos\psi} \tag{9-12}$$

（4）弹性楔体两侧边界 AB 上的反力 E_p，与边界面的法线方向为 φ。

将以上各力在竖直方向建立平衡方程可得

$$P_u=2E_p\cos(\psi-\varphi)+cb\tan\psi-\frac{1}{4}\gamma b^2\tan\psi \tag{9-13}$$

由以上公式可知，承载力的大小取决于 AB 与水平面的夹角 ψ 和 AB 上的反力 E_p，需要做大量的试算，工程中并不常用。

当基底完全粗糙时，$\psi=\varphi$，则式（9-13）可改写为

$$P_{\mathrm{u}}=2E_{\mathrm{p}}+cb\tan\varphi-\frac{1}{4}\gamma b^{2}\tan\varphi \tag{9-14}$$

为求得反力 E_{p}，太沙基将弹性楔体的边界 AB 视作挡土墙，分三步求解 E_{p}：

（1）假定 $\gamma=0$，$c=0$，求由两侧超载 q 引起的反力 $E_{\mathrm{p}q}$；

（2）假定 $\gamma=0$，$q=0$，求由黏聚力 c 引起的反力 $E_{\mathrm{p}c}$；

（3）假定 $q=0$，$c=0$，求由滑动土体的重度 γ 引起的反力 $E_{\mathrm{p}\gamma}$；

利用叠加原理得到反力 E_{p}：

$$E_{\mathrm{p}}=E_{\mathrm{p}q}+E_{\mathrm{p}c}+E_{\mathrm{p}\gamma} \tag{9-15}$$

将式（9-15）代入式（9-14）并结合式（9-11），可得太沙基的极限承载力公式为

$$p_{\mathrm{u}}=cN_{c}+qN_{q}+\frac{1}{2}\gamma bN_{\gamma} \tag{9-16}$$

式中，N_q、N_c、N_γ 为地基承载力系数，它们都是无量纲的系数，仅与土的内摩擦角 φ 有关。

$$N_{c}=(N_{q}-1)\cot\varphi \tag{9-17a}$$

$$N_{q}=\frac{\mathrm{e}^{\left(\frac{3\pi}{2}-\varphi\right)\tan\varphi}}{2\cos^{2}\left(45^{\circ}+\frac{\varphi}{2}\right)} \tag{9-17b}$$

式（9-16）是其他各类地基极限承载力计算方法的统一表达式。不同计算方法的差异表现在地基承载力系数 N_c、N_q、N_γ 的数值上。太沙基并未给出 N_γ 的显式计算公式，为实用给出了图 9-6 中的曲线，用于查取各地基承载力系数。

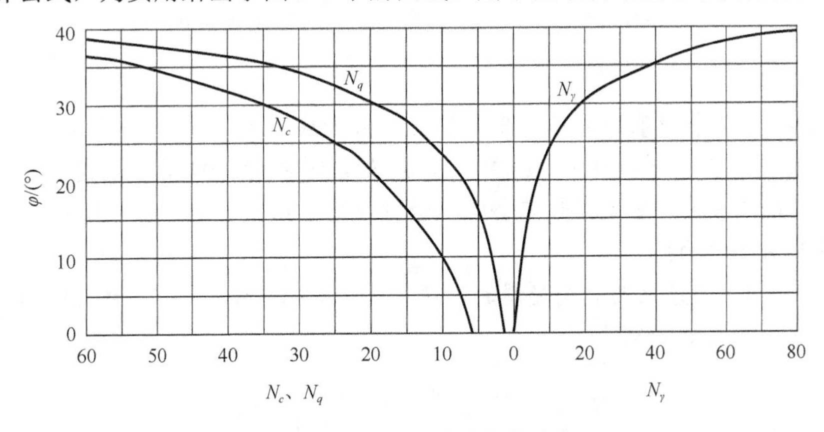

图 9-6　太沙基地基承载力系数

当基底完全光滑时，ψ=45°+φ/2，三角楔形体将不再是弹性楔体，而是与Ⅱ区和Ⅲ区同时达到塑性极限平衡状态，此时，除$\gamma \neq 0$以外，其余假定与普兰特尔解答一致，地基承载力系数N_q、N_c的表达式与式（9-8）和式（9-9）相同，N_γ采用下面的半经验公式表示，即

$$N_\gamma = 1.8(N_q - 1)\tan\varphi \tag{9-18}$$

以上太沙基极限承载力计算公式是基于地基破坏形式为整体剪切破坏推导的，适用于压缩性较低的土。对于地基土比较疏松、压缩性较大的情况，地基发生局部剪切破坏时的地基承载力计算，太沙基建议作如下修正来计算地基承载力，令

$$c^* = \frac{2}{3}c, \quad \tan\varphi^* = \frac{2}{3}\tan\varphi \tag{9-19}$$

则用于局部剪切破坏形式的地基极限承载力公式为

$$p_{\mathrm{u}} = c^* N_c^* + \gamma_0 d N_q^* + \frac{1}{2}\gamma b N_\gamma^* \tag{9-20}$$

式中，N_q^*、N_c^*、N_γ^*为修正后的地基承载力系数。

以上求解针对条形基础，属于二维平面问题，对于方形、圆形基础，必须考虑其空间效应，太沙基建议计算修正的地基极限承载力的公式如下。

（1）整体剪切破坏：

圆形基础　$p_{\mathrm{u}} = 1.2cN_c + \gamma_0 dN_q + 0.6\gamma bN_\gamma$　（b为直径）　（9-21）

方形基础　$p_{\mathrm{u}} = 1.2cN_c + \gamma_0 dN_q + 0.4\gamma bN_\gamma$　（9-22）

（2）局部剪切破坏：

圆形基础　$p_{\mathrm{u}} = 1.2c^* N_c^* + \gamma_0 dN_q^* + 0.6\gamma bN_\gamma^*$　（b为直径）　（9-23）

方形基础　$p_{\mathrm{u}} = 1.2c^* N_c^* + \gamma_0 dN_q^* + 0.4\gamma bN_\gamma^*$　（9-24）

例 9-1　某条形基础置于均质地基上，基础底宽b=6.0m，埋深d=2.0m，地基土的抗剪强度指标c=5kPa，φ=25°，地基土重度γ=19.0kN/m^3，设稳定安全系数F_{s}=2.0。假定基底完全光滑和完全粗糙两种状态，试通过太沙基极限承载力公式求地基容许承载力。

解　（1）当基底为完全光滑时，通过式（9-8）、式（9-9）、式（9-18）可求得地基承载力系数分别为

$$N_q = \mathrm{e}^{\pi\tan 25°}\tan^2\left(45° + \frac{25°}{2}\right) \approx 10.7$$

$$N_c = (N_q - 1)\cot\varphi = (10.7 - 1) \times \cot 25° \approx 20.8$$

$$N_\gamma = 1.8(N_q - 1)\tan\varphi = 1.8 \times (10.7 - 1)\tan 25° \approx 8.1$$

因此，地基极限承载力为

$$\begin{aligned} p_u &= 5 \times N_c + 19.0 \times 2.0 \times N_q + \frac{1}{2} \times 19.0 \times 6.0 \times N_\gamma \\ &= 5 \times 20.8 + 19.0 \times 2.0 \times 10.7 + \frac{1}{2} \times 19.0 \times 6.0 \times 8.1 \\ &= 972.3\ (\text{kPa}) \end{aligned}$$

地基容许承载力 $[p] = p_u / F_s = 971.0 / 2.0 = 486.15(\text{kPa})$

（2）当基底完全粗糙时，通过图 9-6 可查得地基承载力系数分别为 N_c=25.1，N_q=12.7，N_γ=10.0，地基极限承载力为

$$\begin{aligned} p_u &= 5 \times N_c + 19.0 \times 2.0 \times N_q + \frac{1}{2} \times 19.0 \times 6.0 \times N_\gamma \\ &= 5 \times 25.1 + 19.0 \times 2.0 \times 12.7 + \frac{1}{2} \times 19.0 \times 6.0 \times 10.0 \\ &= 1178.1(\text{kPa}) \end{aligned}$$

因此，地基容许承载力 $[p] = p_u / F_s = 1178.1 / 2.0 = 589.05(\text{kPa})$

9.2.3　极限承载力的修正

以上普兰特尔和太沙基极限承载力公式，都是在条形基础受中心竖直荷载并忽略基础两侧土的抗剪强度影响的条件下得到的。在工程实践中，可能经常遇到非条形基础、倾斜或偏心荷载作用等情况。针对这些情况，迈耶霍夫、汉森和魏锡克提出了修正的极限承载力公式，一般表示为

$$p_u = cN_c s_c d_c i_c g_c b_c + qN_q s_q d_q i_q g_q b_q + \frac{1}{2}\gamma b N_\gamma s_\gamma d_\gamma i_\gamma g_\gamma b_\gamma \tag{9-25}$$

式中，s_c、s_q、s_γ 为相应于基础形状修正的修正系数；d_c、d_q、d_γ 为相应于考虑埋深范围内的深度修正系数；i_c、i_q、i_γ 为相应于荷载倾斜的修正系数；g_c、g_q、g_γ 为相应于地面倾斜的修正系数；b_c、b_q、b_γ 为相应于基础底面倾斜的修正系数；N_c、N_q、N_γ 为地基承载力系数，其中 N_q、N_c 用式（9-8）和式（9-9）计算，N_γ 的表达式不尽相同，汉森和太沙基（基底完全光滑）均用式（9-18）表示，迈耶霍夫建议用 $N_\gamma = (N_q - 1)\tan 1.4\varphi$ 表示，而魏锡克建议用 $N_\gamma = 2(N_q + 1)\tan\varphi$ 表示。

上述各修正系数均可通过查表获取，具体请参阅相关著作与规范。

9.3　地基承载力的确定

我国《建筑地基基础设计规范》（GB 50007—2011）是基于正常使用极限状态进行设计的，设计中采用容许承载力。确定承载力的方法有在强度试验基础上的公式计算法、现场原位试验法和经验方法。这些方法确定只是容许承载力的初值，还要通过沉降计算最后确定设计取值。

9.3.1　按照塑性区范围确定地基承载力

假定地基土为均质半无限体，表面受一条形均布竖向荷载 p 作用，如图 9-7 所示。由式（4-52）可知，基底附加压力 p_0 引起的地基中 M 点的附加大、小主应力分别为

$$\Delta\sigma_1=\frac{p-\gamma_0 d}{\pi}(2\beta+\sin 2\beta) \tag{9-26}$$

$$\Delta\sigma_3=\frac{p-\gamma_0 d}{\pi}(2\beta-\sin 2\beta) \tag{9-27}$$

式中，p 为基底压力，kPa；d 为基础埋深，m；γ_0 为基底以上土的加权平均重度，kN/m^3；2β 为任意点 M 到均布条形荷载两端点的夹角，rad。

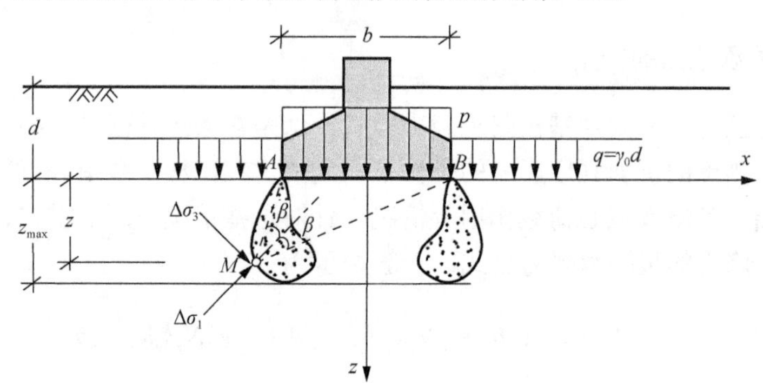

图 9-7　条形均布荷载下地基中的主应力

附加大、小主应力的方向为条形基础两侧角点与 M 点连线所成角度的角平分线和与之正交的方向，即图中 $\angle AMB$ 的角平分线及其垂直线上。随着 M 点位置的变化，2β 不断变化。

若假定土的静止土压力系数 $K_0=1$，则由土体自重产生的大、小主应力数值相等，表达式为

$$\sigma_z=\sigma_x=\gamma_0 d+\gamma z \tag{9-28}$$

式中，γ 为基底以下土的加权平均重度，kN/m^3；z 为 M 点从基础底面起算的深度，m。

因此，根据叠加原理，地基中任一点 M 处的大、小主应力分别为

$$\sigma_1=\frac{p-\gamma_0 d}{\pi}(2\beta+\sin 2\beta)+\gamma_0 d+\gamma z \tag{9-29}$$

$$\sigma_3=\frac{p-\gamma_0 d}{\pi}(2\beta-\sin 2\beta)+\gamma_0 d+\gamma z \tag{9-30}$$

由 6.1 节可知，当 M 点处土体达到极限平衡状态时，该点的大、小主应力应满足极限平衡条件。将式（9-29）和式（9-30）代入式（6-6），可得

$$\sin\varphi=\frac{\sigma_1-\sigma_3}{\sigma_1+\sigma_3+2c\cdot\cot\varphi}=\frac{\dfrac{p-\gamma_0 d}{\pi}\sin 2\beta}{\dfrac{p-\gamma_0 d}{\pi}\cdot 2\beta+\gamma_0 d+\gamma z+c\cdot\cot\varphi} \tag{9-31}$$

将式（9-31）整理后可得

$$z=\frac{p-\gamma_0 d}{\pi\gamma}\left(\frac{\sin 2\beta}{\sin\varphi}-2\beta\right)-\frac{c}{\gamma\tan\varphi}-\frac{\gamma_0}{\gamma}d \tag{9-32}$$

式（9-32）即为荷载 p 作用下地基中塑性区的边界方程，表示塑性区开展边界与土的基本性质，以及待求点与基础两侧夹角之间的关系。若给出地基土体的性质指标 γ_0、γ、c、φ，荷载 p 和待求点坐标，即可得出地基中塑性区的边界。当某一工程确定后，土体性质及荷载 p 为确定的参数，则塑性区深度 z 只与 β 有关。实际工程中，无须得出整个塑性区边界，只考虑荷载 p 作用下地基塑性区开展的最大深度 z_{max}。因此，可通过对式（9-32）求导，得出其塑性区的最大开展深度：

$$\frac{\mathrm{d}z}{\mathrm{d}\beta}=\frac{p-\gamma_0 d}{\pi\gamma}\left(\frac{2\cos 2\beta}{\sin\varphi}-2\right)=0 \tag{9-33}$$

由此解得 $2\beta=\frac{\pi}{2}-\varphi$，代入式（9-32）可得

$$z_{max}=\frac{p-\gamma_0 d}{\pi\gamma}\left(\cot\varphi-\frac{\pi}{2}+\varphi\right)-\frac{c}{\gamma\tan\varphi}-\frac{\gamma_0}{\gamma}d \tag{9-34}$$

式中，c 为基底以下土的黏聚力，kPa；φ 为基底以下土的内摩擦角，rad。

由式（9-34）可得，当地基中塑性区开展最大深度为 z_{max} 时，荷载 p 的表达式为

$$p=\frac{\pi(\gamma z_{max}+c\cdot\cot\varphi+\gamma_0 d)}{\cot\varphi-\dfrac{\pi}{2}+\varphi}+\gamma_0 d \tag{9-35}$$

或

$$p = c\left(\frac{\pi \cdot \cot\varphi}{\cot\varphi - \frac{\pi}{2} + \varphi}\right) + \gamma_0 d\left(1 + \frac{\pi}{\cot\varphi - \frac{\pi}{2} + \varphi}\right) + \frac{\pi\gamma z_{\max}}{\cot\varphi - \frac{\pi}{2} + \varphi}$$

$$p = cN_c + \gamma_0 dN_q + \frac{1}{2}\gamma bN_\gamma \tag{9-36}$$

应该注意的是，以上公式中所有重度在地下水位以上均用天然重度，地下水位以下用浮重度。当考虑地基土的成层性时，式（9-36）中的γ_0是指基底埋深范围内的土体有效重度的加权平均值，γ则指基底以下破坏深度范围内的土体有效重度的加权平均值。

可将地基中的塑性区开展最大深度限制在某一范围内，通过式（9-36）确定地基承载力。当式（9-36）中$z_{\max}=0$时，表示地基中将出现但还未出现塑性区，此时基底压力为临塑荷载p_{cr}。工程实践研究表明，地基土中允许局部塑性区的出现，只要塑性区处于某一可控范围之内，就不会影响建筑物的稳定性。因此，采用临塑荷载p_{cr}作为地基的承载力偏于保守。工程中通常采用$z_{\max}=b/4$或$z_{\max}=b/3$时的地基承载力，此时地基内部具有一定的塑性区开展范围，又具有足够的安全储备，此时的荷载称为临界荷载$p_{1/4}$和$p_{1/3}$。将$z_{\max}=b/4$，$z_{\max}=b/3$分别代入式（9-36），得

$$p_{1/4} = \frac{1}{2}\gamma bN_{\gamma(1/4)} + \gamma_0 dN_q + cN_c \tag{9-37}$$

$$p_{1/3} = \frac{1}{2}\gamma bN_{\gamma(1/3)} + \gamma_0 dN_q + cN_c \tag{9-38}$$

式中，$N_{\gamma(1/4)}$、$N_{\gamma(1/3)}$、N_q、N_c为承载力系数，是φ的函数，计算式分别为

$$N_{\gamma(1/4)} = \frac{\pi}{2\left(\cot\varphi - \frac{\pi}{2} + \varphi\right)} \tag{9-39}$$

$$N_{\gamma(1/3)} = \frac{2\pi}{3\left(\cot\varphi - \frac{\pi}{2} + \varphi\right)} \tag{9-40}$$

$$N_q = 1 + \frac{\pi}{\cot\varphi - \frac{\pi}{2} + \varphi} = 1 + N_c\tan\varphi \tag{9-41}$$

$$N_c = \frac{\pi \cot\varphi}{\cot\varphi - \dfrac{\pi}{2} + \varphi} \tag{9-42}$$

例 9-2　某条形基础置于均质地基上，基础底宽 b=2m，埋深 d=1.5m，地基土的抗剪强度指标 c=10kPa，φ=20°，重度 γ_0=19.5kN/m^3，饱和重度 γ_{sat}= 21kN/m^3，地下水位埋深为 1.5m。试求该地基的 p_{cr}、$p_{1/4}$ 和 $p_{1/3}$。

解　根据式（9-36）、式（9-37）和式（9-38）计算该地基的 p_{cr}、$p_{1/4}$ 和 $p_{1/3}$，基底以下的土体取浮重度 γ':

$$\gamma' = \gamma_{sat} - \gamma_w = 21 - 10 = 11\ (\text{kN/m}^3)$$

将 z_{max}=0、z_{max}=b/4、z_{max}=b/3 分别代入式（9-35），得

$$p_{cr} = \frac{\pi(c\cdot\cot\varphi + \gamma_0 d)}{\cot\varphi - \dfrac{\pi}{2} + \varphi} + \gamma_0 d$$

$$= \frac{\pi(10\cdot\cot 20° + 19.5\times 1.5)}{\cot 20° - \dfrac{\pi}{2} + \dfrac{20°}{180°}\times\pi} + 19.5\times 1.5 \approx 146.0\ (\text{kPa})$$

$$p_{1/4} = \frac{\pi\left(\gamma'\cdot\dfrac{b}{4} + c\cdot\cot\varphi + \gamma_0 d\right)}{\cot\varphi - \dfrac{\pi}{2} + \varphi} + \gamma_0 d$$

$$= \frac{\pi\left(11\times\dfrac{2}{4} + 10\cdot\cot 20° + 19.5\times 1.5\right)}{\cot 20° - \dfrac{\pi}{2} + \dfrac{20°}{180°}\times\pi} + 19.5\times 1.5$$

$$\approx 157.4\ (\text{kPa})$$

$$p_{1/3} = \frac{\pi\left(\gamma'\cdot\dfrac{b}{3} + c\cdot\cot\varphi + \gamma_0 d\right)}{\cot\varphi - \dfrac{\pi}{2} + \varphi} + \gamma_0 d$$

$$= \frac{\pi\left(11\times\dfrac{2}{3} + 10\cdot\cot 20° + 19.5\times 1.5\right)}{\cot 20° - \dfrac{\pi}{2} + \dfrac{20°}{180°}\times\pi} + 19.5\times 1.5$$

$$\approx 161.1\ (\text{kPa})$$

因此，该地基的 p_{cr}、$p_{1/4}$ 和 $p_{1/3}$ 分别为 146.0kPa、157.4kPa、161.1kPa。

9.3.2 规范法确定地基承载力

当偏心距 $e \leqslant 0.033b$ 时，可根据土的抗剪强度指标计算地基承载力特征值

$$f_{ak} = M_b \gamma b + M_d \gamma_0 d + M_c c_k \tag{9-43}$$

式中，f_{ak} 为地基承载力的特征值，kPa；b 为基础底面宽度，大于 6m 时按 6m 取值，对于砂土小于 3m 时按 3m 取值；M_b、M_d、M_c 为承载力系数，可按表 9-1 取值；c_k、φ_k 为基底以下 1 倍底宽 b 内的地基土黏聚力标准值和内摩擦角标准值。

表 9-1　承载力系数表

φ_k/(°)	M_b	M_d	M_c	φ_k/(°)	M_b	M_d	M_c	φ_k/(°)	M_b	M_d	M_c
0	0	1.00	3.14	14	0.29	2.17	4.69	28	1.40	4.93	7.40
2	0.03	1.12	3.32	16	0.36	2.43	5.00	30	1.90	5.59	7.95
4	0.06	1.25	3.51	18	0.43	2.72	5.31	32	2.60	6.35	8.55
6	0.10	1.39	3.71	20	0.51	3.06	5.66	34	3.40	7.21	9.22
8	0.14	1.55	3.93	22	0.61	3.44	6.04	36	4.20	8.25	9.97
10	0.18	1.73	4.17	24	0.80	3.87	6.45	38	5.00	9.44	10.80
12	0.23	1.94	4.42	26	1.10	4.37	6.90	40	5.80	10.84	11.73

9.3.3 现场原位试验法

通过理论计算地基承载力的方法，必须基于准确测定原状地基土的物理或力学性质指标，而取样、运输、制备过程中，土样难免受到扰动，必然影响地基承载力的计算值。为避免原状土取样时扰动的影响，工程中采用原位试验法获取地基容许承载力。现场原位试验确定承载力的方法有载荷试验、标准贯入试验、静力触探试验等。

1. 载荷试验

载荷试验时，在地基土上放置一块刚性承压板（深度位于基底设计标高，承压板面积一般约为 0.5m^2），然后在其上逐级施加荷载 p，同时测定在各级荷载下承压板的沉降量 s，并观察周围土体位移情况，直至地基土破坏失稳（图 9-8）。载荷试验是一种根据荷载-位移关系（p-s 曲线）判定相应地基承载力大小的原位试验方法。

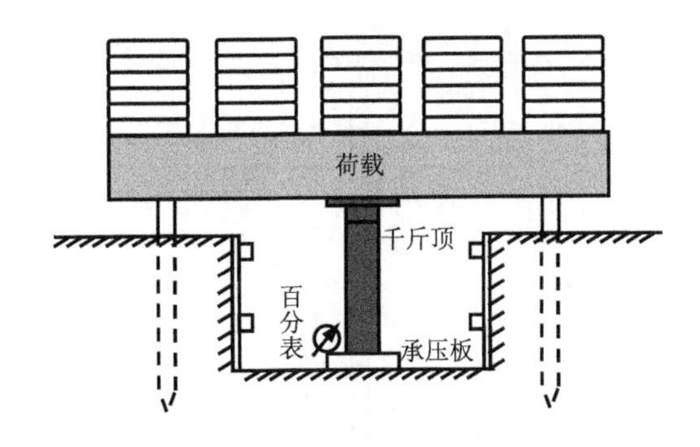

图 9-8　载荷试验示意图

载荷试验承载力特征值 f_{ak} 应按下列规定确定：

（1）当 p-s 曲线上有比例界限时，取该比例界限所对应的荷载值；

（2）当极限荷载小于对应比例界限荷载值的 2 倍时，取极限荷载值的一半；

（3）当不能按上述要求确定时，承压板面积为 0.25～0.5m^2，可取 s/b 为 0.01～0.015 所对应的荷载，但不应大于最大加载量的一半。

2. 标准贯入试验

试验时先行钻孔，再把上端接有钻杆的标准贯入器（图 9-9）放至孔底，用质量为 63.5kg 的重锤，以 76cm 的高度自由下落将贯入器击入土中 15cm，测得继续打入 30cm 所需要的击数，该击数称为标准贯入击数 $N_{63.5}$。据此建立标准贯入击数与地基承载力之间的对应关系，可以得到标准贯入击数对应的地基承载力。

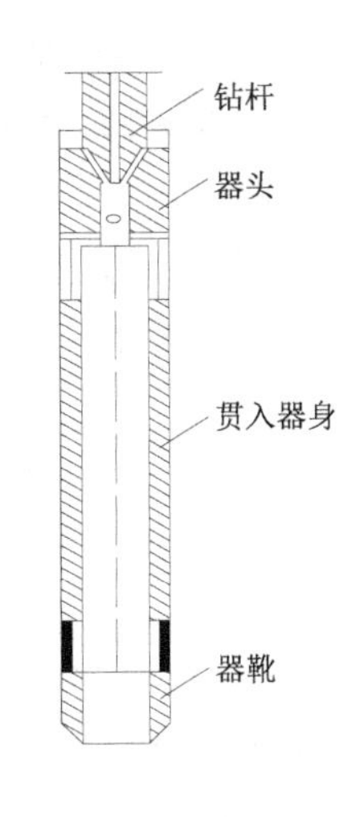

图 9-9　标准贯入器

3. 静力触探试验

静力触探试验是指利用压力装置将有触探头的触探杆压入试验土层，通过测定土的贯入阻力，确定土的一些基本物理力学特性，如变形模量、容许承载力等。静力触探加压方式有机械式、液压式和人力式三种，静力触探试验示意图见图 9-10。现场试验后，将静力触探所得比贯入阻力 p_s 与载荷试验、土工试验有关指标进行回归分析，可以得到适用于一定地区或一定土性的经验公式，可以通过静力触探所得的计算指标确定土的天然地基承载力。

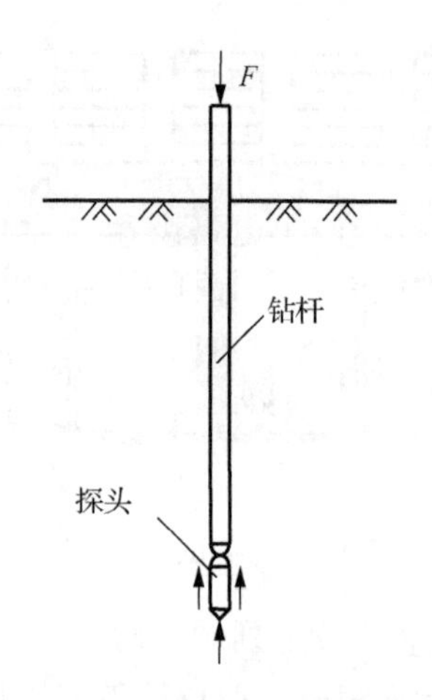

图 9-10　静力触探试验示意图

《建筑地基基础设计规范》（GB 50007—2011）规定，地基承载力特征值 f_{ak} 可由载荷试验或其他原位试验、公式计算，并结合工程实践经验等方法综合确定。当基础宽度大于 3m 或埋置深度大于 0.5m 时，应修正为

$$f_{\mathrm{a}} = f_{\mathrm{ak}} + \eta_b \gamma (b-3) + \eta_d \gamma_0 (d-0.5) \tag{9-44}$$

式中，f_{a} 为修正后的地基承载力特征值，kPa；η_b、η_d 为基础宽度和埋置深度的地基承载力修正系数；其他符号意义同前，当 $b<3\mathrm{m}$ 时，按 $b=3\mathrm{m}$ 取值，当 $b>6\mathrm{m}$ 时，按 $b=6\mathrm{m}$ 取值。

具体工程中可采用以上方法综合确定，然后进行沉降量计算，有时还要验算软弱下卧层地基承载力。

9.4　地基承载力的影响因素

由地基极限承载力计算的普遍公式 $p_{\mathrm{u}} = cN_c + \gamma_0 dN_q + \frac{1}{2}\gamma bN_\gamma$ 可知，地基承载力由三部分组成，影响地基承载力的主要因素如下。

1. 土体自重及地下水位

在外荷载作用下，基础下方地基土所受荷载达到极限荷载，将发生沿滑动面的滑动，滑动土体自身重力产生的土体抗力是地基承载力的重要组成部分。土体的自重由土的重度 γ 决定，除了与土的种类有关外，还受到地下水位的影响。若地下水位从理论滑动面以下上升到地面，则土的重度由天然重度降为浮重度，此时地基极限承载力 p_{u} 也相应降低。若地下水位上升至与基底齐平，则只需将极限

承载力 p_u 公式中最后一项的重度取浮重度。若地下水位在滑动面与基底面之间，一般可近似认为滑动面的最大深度等于基础宽度，可取重度的平均值进行计算。

2. 基础的宽度和埋深

随着基础宽度的增加，地基承载力提高。图 9-11 表明，随着基础宽度 b 的增加，滑动土体的长度和深度都随之增加，说明地基用以抵抗外荷载的能力增大。增加基础的埋深，基础两侧的土体将对基础产生一定的“环抱”效应，基底净压力减小，相应地会提高地基的极限承载力 p_u，如图 9-12 所示，基础两侧的均布荷载使得地基的极限承载力 p_u 有所增加。

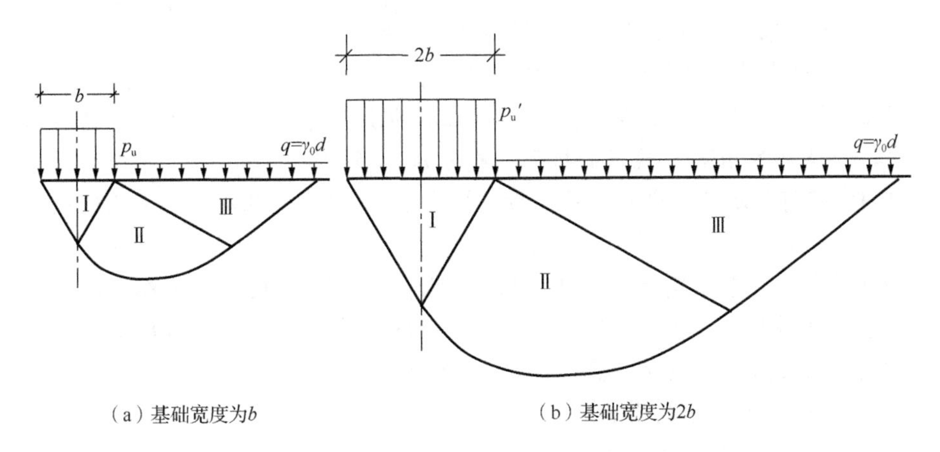

（a）基础宽度为 b　　（b）基础宽度为 $2b$

图 9-11　基础宽度对地基承载力的影响

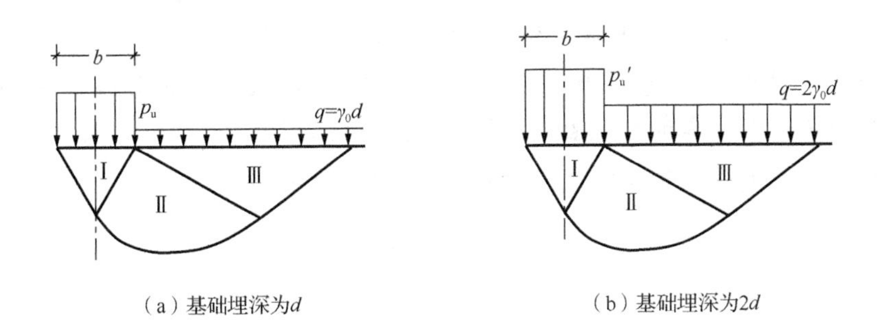

（a）基础埋深为 d　　（b）基础埋深为 $2d$

图 9-12　基础埋深对地基承载力的影响

3. 土体黏聚力和内摩擦角

在外荷载作用下，地基内部产生滑动面，滑动面将克服土体自身的黏聚力而发生移动，滑动面上的土体抗力与土体黏聚力 c 有关。从极限承载力 p_u 计算的普遍公式来看，随着地基土的黏聚力增加，公式中的第一项增大，则地基承载力增大。此外，土体内摩擦角 φ 的大小对地基极限承载力的影响也很大。φ 增大，承载力系数 N_q、N_c、N_γ 都随之增大，因此极限承载力就越大，土体内摩擦角对极限承载力 p_u 计算公式中的三项数值都起作用。

习　题

9-1　某条形基础底面宽度 b=2.0m，埋置于均质地基中，埋深 d=1.5m，地下水位在基底面以下 5m 处，土的重度 γ=17.5kN/m^3，黏聚力 c= 8kPa，内摩擦角 φ=20°，稳定安全系数 F_s 取 3。

（1）求地基的临塑荷载 p_{cr}，临界荷载 $p_{1/4}$ 和 $p_{1/3}$；

（2）根据太沙基计算公式求极限承载力 p_u，并计算容许承载力[p]。

9-2　某圆形基础直径为 2.5m，基础埋深为 0.8m，地基土为低压缩性砂土，φ=32°，γ=18.0kN/m^3，则地基的极限承载力 p_u 为多少？

9-3　若将习题 9-2 中的基础改为边长为 2.5m 的方形基础，则地基的极限承载力 p_u 为多少？

9-4　某条形基础底面宽度 b=1.0m，埋深 d=2.0m，地基土为黏土，黏聚力 c=8.0kPa，内摩擦角 φ=20°，土的天然重度 γ=18.5kN/m^3，γ_{sat}= 20.0kN/m^3，试按照太沙基公式计算以下两种情况下的地基极限承载力:

（1）不考虑地下水的影响;

（2）地下水位与基底平齐。

9-5　已知持力层临界荷载 $p_{1/4}$ =112.5kPa，临塑荷载 p_{cr}=101.3kPa，实际基底总压力 p=110.2kPa，试求基底下持力层塑性区开展的最大深度。

9-6　某条形基础宽 3.2m，已知地基的临塑荷载 p_{cr}=86.7kPa，临界荷载 $p_{1/4}$ =91.3kPa。若要求地基中塑性区最大深度不超过 1m，求地基承载力。

9-7　试按规范法确定习题 9-1 的地基承载力特征值。

附录A　土力学教学案例

A1　土力学对改善民生的保障

1. 案例内容

延安市是革命圣地，位于黄河中游的黄土高原丘陵沟壑区，城市发展、人民安居工程挤压革命旧址，城区土地资源异常紧缺。为解决此矛盾，延安以老城为中心向外拓展和延伸，形成“一心三轴多组团”的新区空间格局。

延安新区位于清凉山北部，群山环绕，面向延河，眺望宝塔，占地面积 38km^2，规划建设用地 25km^2，人口 20 万，规划图如图 A1-1 所示。规划坚持世界眼光、国际标准、地方特色、高点定位，以公共服务、金融商贸、教育科研、高新产业等功能为主。依据“保护圣地，疏解老城，建设新区”的空间发展战略建设新区。仅北区一期工程规划用地 10.5km^2，工程土方总量 3.63 亿 m^3，其中挖方 2.0 亿 m^3，填方 1.63 亿 m^3。2012 年 4 月开工以来，已完成造地 2.4 万亩，6 条新老城连接线及 28 条市政道路及配套综合管廊全部建成，新区城市形象初步形成。

图 A1-1　延安新区规划图

高填方区面积在延安新区占比很大，工程沉降量预测计算是一大难题，严重影响填方区的开发利用。以延安新区桥儿沟流域填方区地面沉降量预测计算为例，计算点位分布见图 A1-2，该处压实黄土土样的物理性质指标见表 A1-1。原状黄土及不同压实度重塑黄土的 e-p 关系曲线见图 A1-3，压缩指数与含水率的关系曲线见图 A1-4。试计算 P_1～P_9 的地基最终沉降量，并与现场实测结果（图 A1-5）比较。如果计算结果与实测结果不一致，请分析其中的原因。

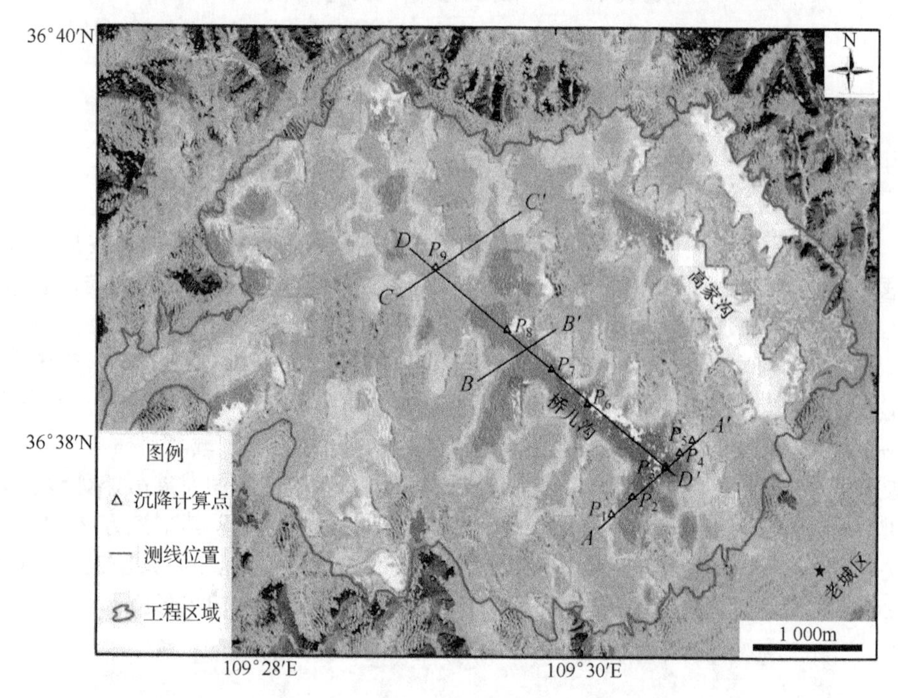

图 A1-2　计算点位分布

表 A1-1　压实黄土土样的物理性质指标

黄土类型	塑限/%	液限/%	最优含水率/%	最大干密度/(g/cm^3)	土粒比重
Q_3	18.4	33.1	15.3	1.75	2.71

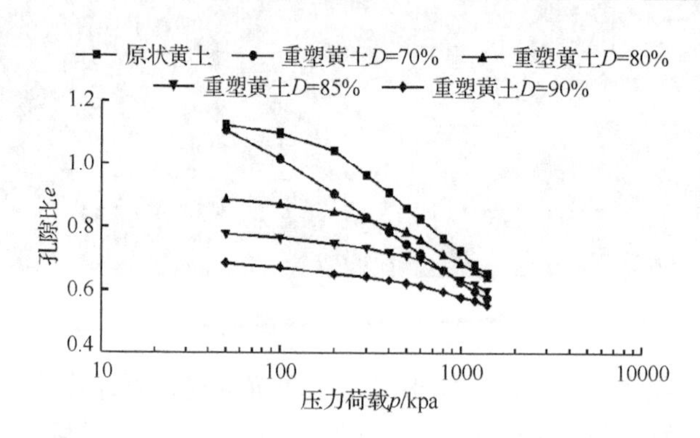

图 A1-3　原状黄土及不同压实度 D 的重塑黄土 e-p 关系曲线（w＝15.3%）

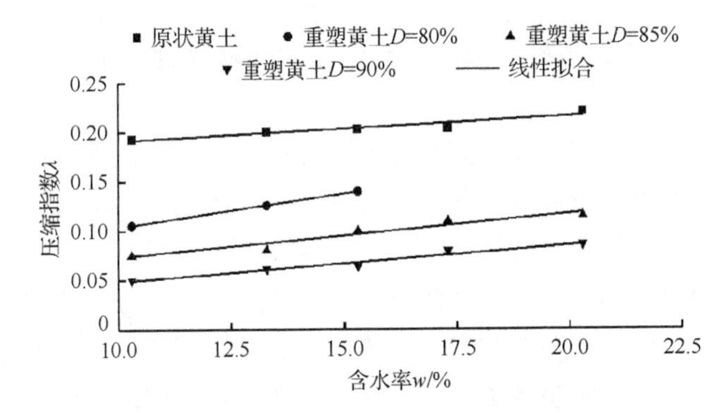

图 A1-4 原状黄土及不同压实度 D 的重塑黄土压缩指数与含水率的关系曲线

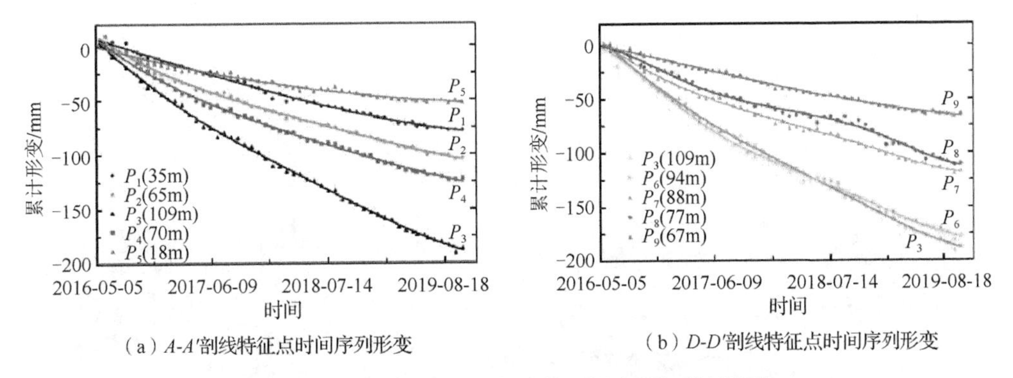

图 A1-5 不同剖线典型计算点的现场实测沉降过程线

2. 案例知识点

（1）黄土的力学性质；

（2）地基沉降分层总和法计算方法。

3. 案例目的

通过教学案例，让学生体会学习土力学在改善民生条件、增加就业机会、创建未来城市、保护红色遗址方面发挥的作用，激发学生的家国情怀和革命理想信念。

A2 土力学对国防建设的贡献

1. 案例内容

填海造地以人为的方式改变海岸线、滩涂、海岛、陆地四者之间的自然形态、数量关系和生态格局，利用滩涂、港湾或其他海洋地物为基础，或者以修建人工岛的方式，通过筑堤围割海域，按照国家法律法规规定进行填充，最终形成土地。

南海诸岛及相关海域是我国固有领土，神圣不可侵犯，具有重大国防战略地位。为改善驻岛人员工作和生活条件，2013年，我国陆续启动南海的扩礁造岛工程，利用挖泥船直接将海砂向浅滩吹填（图A2-1）。2018年9月，我国拥有完全自主知识产权的全球第一艘适应远洋作业的挖泥船“天鲲号”建成，填补我国自主设计建造重型自航绞吸船的空白，大幅提升我国填海造陆、航道疏浚、港口建设等领域能力。在采用吹填技术扩建的岛礁上面进行工程结构建设，通常会面临饱和土地基的固结沉降问题，这主要与建筑物荷载的大小、性质、吹填的岩土体性质有关。

图A2-1　挖泥船作业图

以某吹填造地地块为例，该拟建项目的地基处理主要采用真空预压浅层排水固结法，局部吹填砂及吹填龙口承载力较好区域采用表层振动碾压整平处理，主要建设内容为施打塑料排水板、真空预压（3个月）、振动碾压加固土层及回填土层。C1-2-1区块内的表层地质土主要为吹填淤泥，采用真空预压浅层排水固结法处理，平均处理深度为7m，典型断面如图A2-2所示，加固前后地基土土体力学指标见表A2-1，分层沉降量统计见表A2-2。

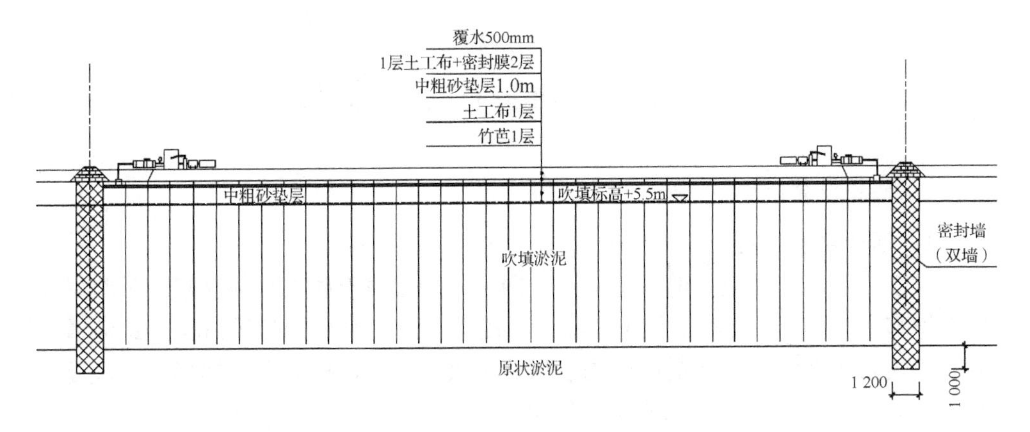

图 A2-2　真空预压浅层排水固结法典型断面图（李千，2020）

表 A2-1　C1-2-1 区加固前后地基土土体力学指标对比表（李千，2020）

处理阶段	取土深度 /m	含水率 w/%	孔隙比 e	液性指数 I_L	垂直渗透系数 k_v/(cm/s)	水平渗透系数 k_h/(cm/s)	压缩系数 $a_{v1\text{-}2}$/(MPa^{-1})
处理前	1.40～1.70	63.3	1.630	1.68	3.2×10^{-6}	5.4×10^{-6}	1.583
处理后	1.80	51.4	1.406	1.12	5.0×10^{-7}	9.0×10^{-7}	0.961

表 A2-2　C1-2-1 区分层沉降量统计（李千，2020）

序号	深度/m	真空预压期累计沉降量/mm	固结度/%
1	3.0	228	87.0
2	6.0	240	87.6
3	9.0	0	73.5

试用饱和土单向渗透固结理论计算此吹填淤泥层在真空预压地基处理期间的沉降量，并与现场实测结果比较。如果计算结果与实测结果不一致，请分析其中的原因。

2. 案例知识点

饱和土单向渗透固结理论计算地基沉降量的方法。

3. 案例目的

体会土力学学习与国防建设的关系，激发学生的爱国主义情怀。

A3　土力学对生态文明的推动

1. 案例内容

1）河岸修复工程

汉江为长江左岸最大的一级支流，四明滩护岸属于武汉蔡甸汉阳闸至南岸嘴段航道整治工程，工程河道位于汉江河口段长江交汇处，全长约 33km。该河道为武汉市堤防确保河段，河道两岸均已修建了汉江干堤，横断面呈梯形，一般堤高 5.2～8.0m，堤顶宽 8m，堤顶高程约 30m。

四明滩段四明上护岸全长 530m，原护岸工程采用平顺护岸方式，由陆上护坡、基平台、水下护底和水下镇脚共四个部分组成，于 2018 年上半年完工。2018 年 12 月，四明上护岸工程局部发生塌陷，坍岸区实景图见图 A3-1。坍岸发生后，经过多次现场踏勘，收集坍塌沉降、位移观测、地质勘察数据并综合分析，判定堤身内外水位差增大，场内外渗透压力增加，是影响岸坡稳定的主要因素。

图 A3-1　坍岸区实景图（唐从华等，2022）

考虑到坍岸区形成的主要原因是降雨，后缘积水、岸坡地下水上升等，护岸排水系统采用“上截下排”方式，设置截排水沟来加强坡面降雨向汉江的排导，对表层填土层进行换填来加强地下水的渗流和排导，既减小渗透压力，又在一定程度上增加坡体的抗剪强度；增加水下镇脚抛石区的厚度，从而增加水下部分的抗滑力，提高岸坡的稳定性。岸坡土体换填前，对变形土体进行夯实碾压，压实度不小于 0.93。四明上护岸修复工作在 2020 年 9 月～2021 年 5 月完成，各项工程实体质量符合相关技术规范要求，修复后实景效果见图 A3-2。2021 年汛后，经过现场踏勘观测，护岸结构整体稳定，观感质量合格。

图 A3-2　护岸修复后实景效果图（唐从华等，2022）

2）尾矿库的治理

2015 年 12 月 20 日，位于深圳市光明新区的红坳余渣土受纳场（简称“受纳场”）发生了特别重大滑坡事故（图 A3-3），造成 73 人死亡、4 人失踪，直接经济损失超过 8.8 亿元。此次滑坡灾害由受纳场渣土堆填体滑动引起，是一起生产安全事故。该受纳场曾为采石场的尾矿库，规划库容 400 万 m^3，封场标高 95m，事

图 A3-3　深圳光明新区渣土受纳场“12·20”特别重大滑坡事故（新华社记者毛思倩摄）

故发生时实际堆填量已达 583 万 m^3，堆填体后缘实际标高已达 160m，严重超库容、超高堆填，增加了堆填体的下滑推力。加之受纳场地势南高北低，北侧基岩狭窄、凸起，导致体积庞大的高势能堆填体滑出后迅速转化为高速远程滑坡体。

以某尾矿库工程为例，其初期坝采用堆石碾压坝型，如图 A3-4 所示。初期坝坝高 16m，坝底标高 974m，坝顶标高 990m，下游坝坡比为 1∶2，上游坝坡比为 1∶1.75，坝顶宽 4m，筑坝方量为 12 万 m^3。采用上游法最终冲填至 1030.0m，冲填高度 40m，总坝高为 56m，堆积坝平均外边坡坡比为 1∶4.25。涉及的材料包括初期堆石坝和堆积坝两大类。其中，堆积坝材料包括干密度分别为 1.45g/cm^3、1.55g/cm^3 的尾粉土和干密度为 1.55g/cm^3 的尾粉砂。各材料计算参数见表 A3-1。试采用圆弧法，计算尾矿坝下游坝坡的整体安全系数，对其稳定性进行评价。

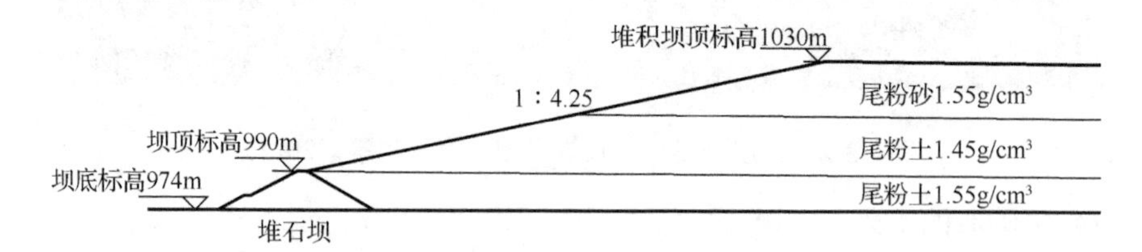

图 A3-4　某尾矿库剖面图及材料分区

表 A3-1　尾矿库材料特性计算参数

土类	干密度/(g/cm^3)	c/kPa	ϕ/(°)
尾粉土	1.45	30	30.5
	1.55	38	30.1
尾粉砂	1.55	15	33.9
初期堆石坝	2.20	0	35.0

2. 案例知识点

边坡稳定分析方法。

3. 案例目的

体会土力学学习与生态修复、环境治理的关系，增强学生的社会责任感和激发主人翁精神。

A4　土力学对文化传承的作用

1. 案例内容

西安市地铁二号线穿越国家级文物明城墙（图A4-1）的北门、南门及钟楼保护区。地铁施工过程中引起的地面沉降、运营过程中产生的振动都会危及城墙和钟楼的安全。为实现城市建设与古建筑的协调发展，须对地铁穿越影响范围内的城墙北门、南门区段和钟楼采取相应的措施进行保护，确保在地铁修建及运营过程中钟楼及城墙的安全。

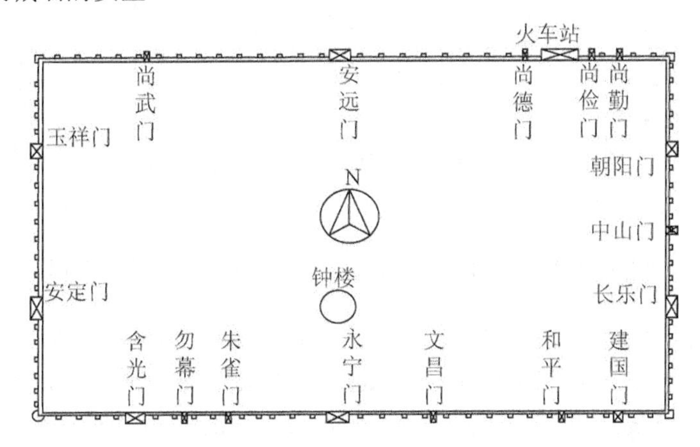

图A4-1　西安明城墙平面示意图（朱才辉等，2019）

明代古建筑基座内一般采用夯土，受文物保护限制，其内部夯土的力学特性研究资料较少。通过对钟楼（图A4-2）基座进行钻孔勘探（图A4-3）取夯土样，开

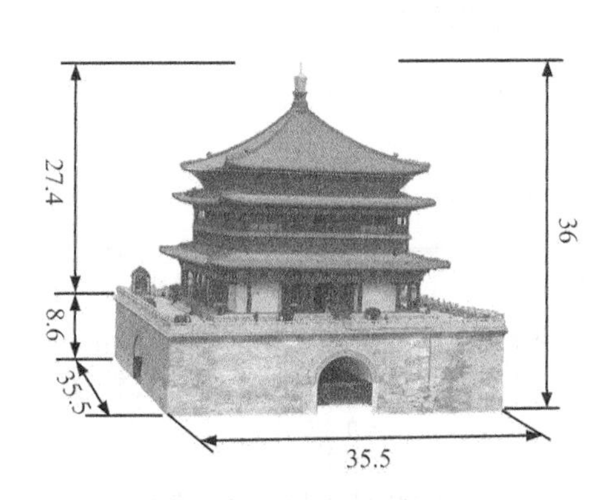

图A4-2　钟楼立面图（单位：m）
（雷永生，2010）

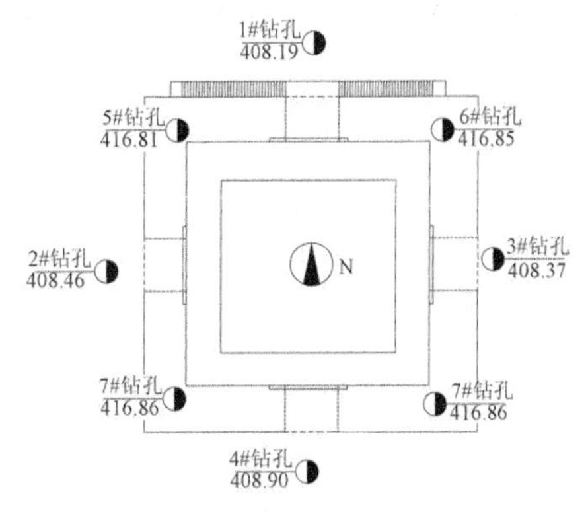

图A4-3　钟楼基座勘探点布设平面
（徐宗杰等，1985）

展室内试验，得到其夯土层的干密度 ρ_d 为 1.4～1.7g/cm^3，由顶部至底部分布不均，其平均干密度 ρ_d=1.53g/cm^3，压缩系数 a_v 随深度 H 呈减小趋势，含水率 w 随深度 H 呈增大趋势，见图 A4-4。

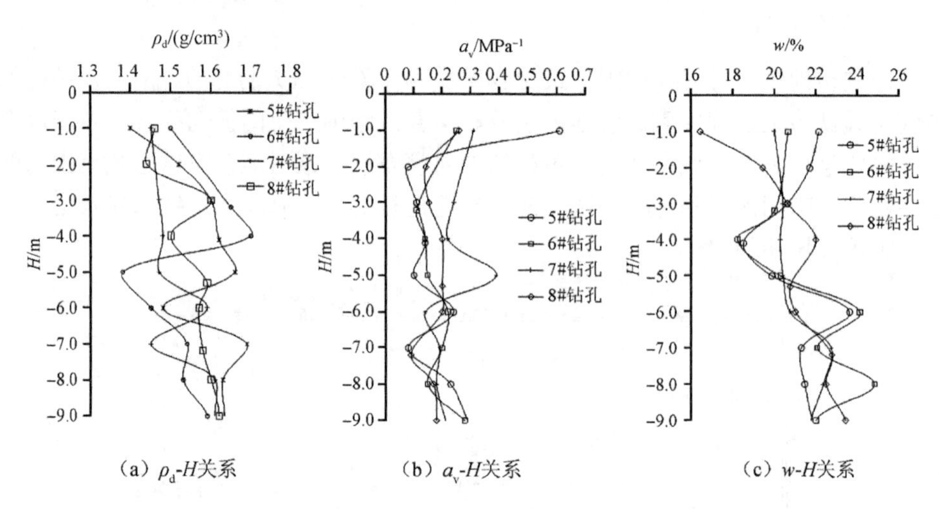

图 A4-4 钟楼基座内夯土物理力学参数分布（徐宗杰等，1985）

古建筑保护难度较大，水分入渗或人为破坏易使夯土强度降低而使其承载力减弱。为便于分析基座夯土层在水分入渗下的软化规律，对古建筑基座外侧深度为 3.0m 的夯土地基进行钻孔取样，针对平均干密度 ρ_d=1.53g/cm^3，土粒比重 G_s=2.71，天然含水率 w=18%的重塑压实黄土开展不同初始饱和度下的室内单轴压缩试验和直剪试验，设定其初始饱和度 S_r 分别为 10%、20%、30%、40%、60%、100%，得到不同饱和度下的弹性模量、抗剪强度指标与强度指标关系曲线，见图 A4-5，其中弹性模量 E 采用压实黄土的压缩模量 E_s 和初始孔隙比 e_0 的经验关系估算。

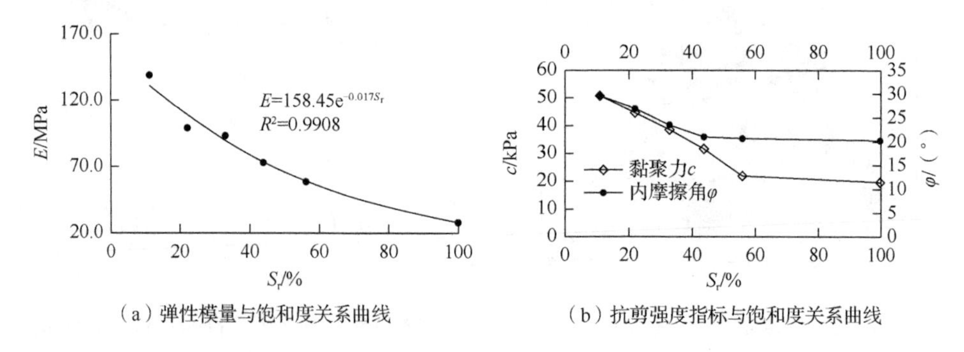

（a）弹性模量与饱和度关系曲线 （b）抗剪强度指标与饱和度关系曲线

图 A4-5 不同饱和度下夯土软化特征（朱才辉等，2019）

试计算此钟楼夯土的初始孔隙比和初始饱和度，分析其压缩特性、强度特性与初始物理三相指标的关系，思考为保护古建筑该采取什么样的措施？

2. 案例知识点

土的物理力学指标及性质。

3. 案例目的

体会土力学学习与文物保护的关系，让学生认知中华五千年文明的历史遗存，增强学生的文化自信和民族自豪感，激发爱国主义情怀。

参 考 文 献

陈希哲, 叶菁, 2013. 土力学地基基础[M]. 5 版. 北京: 清华大学出版社.

党发宁, 刘云贺, 陈军强, 等, 2006. 浑水渗流理论及其工程应用[J]. 中国科学(E 辑): 科学技术, 36(9): 1029-1036.

党发宁, 张乐, 王旭, 等, 2020. 基于弹性理论的有限位移条件下挡土墙上土压力解析[J]. 岩石力学与工程学报, 39(10): 2094-2103.

高俊, 党发宁, 丁九龙, 等, 2019. 考虑初始固结状态影响的软基固结计算方法研究[J]. 岩石力学与工程学报, 38(S1): 3189-3196.

龚晓南, 2002. 土力学[M]. 北京: 中国建筑工业出版社.

国家铁路局, 2016. 铁路路基设计规范: TB 10001—2016[S]. 北京: 中国铁道出版社.

胡再强, 于淼, 李宏儒, 等, 2016. 上游式尾矿坝的固结及静动力稳定分析[J]. 岩土工程学报, 38(S2): 48-53.

黄河勘测规划设计研究院有限公司, 2020. 碾压式土石坝设计规范: SL 274—2020[S]. 北京: 中国水利水电出版社.

黄云, 胡其高, 张硕云, 2018. 吹填岛礁地基稳定性问题研究综述[C]. 第 27 届全国结构工程学术会议, 西安: 17-21.

雷永生, 2010. 西安地铁二号线下穿城墙及钟楼保护措施研究[J]. 岩土力学, 31(1): 223-228, 236.

李广信, 张丙印, 于玉贞, 2013. 土力学[M]. 2 版. 北京: 清华大学出版社.

李千, 2020. 吹土填海造陆地基的真空预压法监测与应用效果研究[J]. 土工基础, 34(5): 633-638.

刘祖典, 1997. 黄土力学与工程[M]. 西安: 陕西科技出版社.

卢廷浩, 2005. 土力学[M]. 2 版. 南京: 河海大学出版社.

邵生俊, 郑文, 王正泓, 等, 2010. 黄土的构度指标及其试验确定方法[J]. 岩土力学, 31(1): 15-19, 38.

苏更林, 2017. “造岛神器”——“天鲲”号[J]. 百科知识, (24): 16-17.

唐从华, 张柠, 柯亨富, 等, 2022. 汉江河口区四明滩段四明上护岸坍岸修复技术[J]. 中国水运, (4): 67-69.

王博, 黄雪峰, 邱明明, 等, 2022. 延安新区黄土压缩特性试验研究[J]. 水资源与水工程学报, 33(2): 186-193.

王丽琴, 2017. 黄土的结构性与湿载变形特性及其评价方法研究[D]. 西安: 西安理工大学.

王丽琴, 邵生俊, 鹿忠刚, 2017. 物理性质对黄土初始结构性的综合影响研究[J]. 岩土力学, 38(12): 3484-3490.

王丽琴, 邵生俊, 王帅, 等, 2019. 原状黄土的压缩曲线特性[J]. 岩土力学, 40(3): 1076-1084, 1139.

王丽琴, 邵生俊, 赵聪, 等, 2018. 黄土初始结构性对其压缩屈服的影响[J]. 岩土力学, 39(9): 3223-3228, 3236.

新华网, 2016. 广东深圳光明新区渣土受纳“12·20”特别重大滑坡事故调查报告公布[EB/OL]. (2016-07-15)[2022-07-21]. http://www.xinhuanet.com//politics/2016-07/15/c_1119227686.htm.

徐宗杰, 张旷成, 1985. 西安钟楼工程地质勘察报告书[R]. 西安: 机械工业部勘察研究院.

许强, 蒲川豪, 赵宽耀, 等, 2021. 延安新区地面沉降时空演化特征时序 InSAR 监测与分析[J]. 武汉大学学报(信息科学版), 46(7): 657-969.

延安市新区管理委员会, 2019. 新区简介[EB/OL]. (2019-01-22)[2022-09-18]. http://xq.yanan.gov.cn/xggk/xgjg/1541260406222319618.html.

杨华, 2016. 海洋战略背景下中国南海填海造地的国际法分析[J]. 社会科学战线, (12): 197-205.

杨小平, 2001. 土力学[M]. 广州: 华南理工大学出版社.

姚仰平, 2004. 土力学[M]. 北京: 高等教育出版社.

中国建筑科学研究院, 2012. 建筑地基处理技术规范: JGJ 79—2012[S]. 北京: 中国建筑工业出版社.

中国建筑科学研究院, 2012. 建筑基坑支护技术规程: JGJ 120—2012[S]. 北京: 中国建筑工业出版社.

中华人民共和国建设部, 2009. 岩土工程勘察规范(2009 年版): GB 50021—2001[S]. 北京: 中国建筑工业出版社.

中华人民共和国水利部, 2008. 土的工程分类标准: GB/T 50145—2007[S]. 北京: 中国计划出版社.

中华人民共和国水利部, 2009. 水利水电工程地质勘察规范: GB 50487—2008[S]. 北京: 中国计划出版社.

中华人民共和国水利部, 2013. 堤防工程设计规范: GB 50286—2013[S]. 北京: 中国计划出版社.

中华人民共和国水利部, 2014. 岩土工程基本术语标准: GB/T 50279—2014[S]. 北京: 中国计划出版社.

中华人民共和国水利部, 2018. 水工建筑物抗震设计标准: GB 51247—2018[S]. 北京: 中国计划出版社.

中华人民共和国水利部, 2019. 土工试验方法标准: GB/T 50123—2019[S]. 北京: 中国计划出版社.

中华人民共和国住房和城乡建设部, 2011. 建筑地基基础设计规范: GB 50007—2011[S]. 北京: 中国建筑工业出版社.

朱才辉, 刘钦佩, 周远强, 2019. 古建筑砖-土结构力学性能及裂缝成因分析[J]. 建筑结构学报, 40(9): 175-186.

WANG L Q, SHAO S J, SHE F T, 2020. A new method for evaluating loess collapsibility and its application[J]. Engineering Geology, 264, 105376.